Aufgabensammlung Chemie

für die Sekundarstufe I

Richard Kifmann
Rolf Mauerer

Ernst Klett Verlag
Stuttgart München Düsseldorf Leipzig

Gedruckt auf Papier aus
chlorfrei gebleichtem Zellstoff,
säurefrei.

1. Auflage 1 6 5 4 3 2 | 2001 00 99 98 97

Alle Drucke dieser Auflage können im Unterricht nebeneinander benutzt werden,
sie sind untereinander unverändert. Die letzte Zahl bezeichnet das Jahr dieses Druckes.

Redaktion: Godela Andexser, Dr. Ursula Boberlin
Satz: infowerk nürnberg
Druck: Gutmann + Co, 74388 Talheim
ISBN 3-12-759401-1

Inhaltsverzeichnis

Vorwort

Die vorliegende Aufgabensammlung Chemie enthält eine Vielzahl detailliert ausgearbeiteter Fragen und Lösungen für Übungsaufgaben und Klassenarbeiten in der Sekundarstufe I. Die Aufgabensammlung will Chemielehrerinnen und Chemielehrern die Möglichkeit bieten, durch Aufgaben unterschiedlichen Schwierigkeitsgrades die Kenntnisse der Schülerinnen und Schüler gezielt zu vertiefen und Gelerntes in neuen Zusammenhängen richtig anzuwenden.

Der Band I enthält Aufgaben zu Schwerpunktthemen der Sekundarstufe I, wie Gemische und Reinstoffe, chemische Reaktionen, Stöchiometrie, Energieumsatz, Atombau, Bindungsverhältnisse, Transferreaktionen, Hauptgruppenelemente, Kohlenwasserstoffe sowie Chemie und Umwelt.

Die Vielfalt der Aufgaben ermöglicht einen mehrfachen Wechsel der im Unterricht oder in den Klassenarbeiten behandelten Aufgaben ohne zusätzliche Arbeit.

Neben der klassischen Fragestellung werden Lückentextaufgaben und auch abgewandelte Multiple-choice-Aufgaben angeboten, die besonders korrekturfreundlich sind. Die Musterlösungen sind ausführlich formuliert und können direkt als Erwartungshorizont benutzt werden.

Ein Vorschlag zur Gewichtung der einzelnen Aufgaben mit Hilfe der Bewertungseinheiten erleichtert die Zusammenstellung von Prüfungsarbeiten.

Die Trennung von Aufgabenstellung und Lösungen gibt Lehrerinnen und Lehrern die Möglichkeit, sich in eine Art Prüfungssituation zu versetzen und die Lösungsvorschläge auf ihren Unterricht hin zu überprüfen. Aufgaben, die über die Inhalte von Elemente Chemie I hinausgehen, sind besonders gekennzeichnet (*).

Herrn Rolf Mauerer, der vor dem Erscheinen dieses Buches verstorben ist, möchte ich für die intensive Zusammenarbeit danken.

Fürth, den 20. März 1995 Richard Kifmann

1. Gemische – Reinstoffe

1.1 Eigenschaftsvergleich und Gemischtypen

1. Wie sind
   a) Reinstoffe und b) Gemische definiert? [4 BE]

2. Wie läßt sich beweisen, ob ein Stoff zu den Reinstoffen zählt oder nicht? [3 BE]

3. Zähle mindestens drei physikalische Merkmale auf, die dazu dienen können, einen Reinstoff zu charakterisieren. [3 BE]

4. Welche Aussage läßt sich über die Art der kleinsten Teilchen eines Reinstoffs treffen? [1 BE]

5. Erläutere die Begriffe
   a) Nebel, b) Rauch, c) Schaum, d) Suspension, e) Emulsion,
   und gib für jede Gemischart ein konkretes Beispiel an! [10 BE]

6. Nenne jeweils ein konkretes Beispiel (Angabe der Komponenten) für folgende homogene Gemische:
   a) fest-fest b) fest-flüssig c) flüssig-flüssig
   d) flüssig-gasförmig e) gasförmig-gasförmig [10 BE]

7. Nenne jeweils ein konkretes Beispiel (Angabe der Komponenten) für folgende heterogene Gemische:
   a) fest-fest b) fest-flüssig c) fest-gasförmig
   d) flüssig-flüssig e) flüssig-gasförmig [10 BE]

8. Ordne (durch Ankreuzen) die angegebenen Systeme den Gemischtypen homogen und heterogen zu und gib die Erscheinungsform (Aggregatzustand) der Bestandteile an: [12 BE]

	Gemischtyp		Aggregatzustand der Bestandteile
	homogen	heterogen	
a) Granit			
b) Schaum			
c) Luft			
d) Rauch			
e) Emulsion			
f) Kaffee$_{(aq)}$			

9. Kreuze die jeweils richtige Antwort an! [je 1 BE]
   a) Einen Reinstoff erkennt man
      1) an seiner besonderen Sauberkeit.
      2) an seinem äußerlich einheitlichen, gleichartigen Erscheinungsbild.
      3) an bestimmten einheitlichen Eigenschaften, die unveränderlich sind.
   b) Stoffgemische sind gekennzeichnet
      1) durch unterschiedlich gefärbte Phasen.
      2) durch bestimmte, unveränderliche Eigenschaften.
      3) durch unbestimmte, veränderliche Eigenschaften.
   c) Heterogene Stoffgemische sind z. B.
      1) klare, echte Lösungen.
      2) Suspensionen.
      3) Gasgemische.
   d) Homogene Stoffgemische sind z. B.
      1) Emulsionen.
      2) klare, echte Lösungen.
      3) Suspensionen.
   e) In einem Stoffgemisch
      1) behält jeder Bestandteil seine charakteristischen Eigenschaften bei, so daß sie sich gleichzeitig auswirken.
      2) bestimmt einzig der mengenmäßig dominierende Bestandteil die Gemischeigenschaft.
      3) behält keiner der Bestandteile seine charakteristischen Eigenschaften, vielmehr treten an deren Stelle völlig neue Merkmale.
   f) Unter einem Nebel versteht man
      1) schwebende Flüssigkeitströpfchen in einem Gas.
      2) schwebende Flüssigkeitströpfchen in einer Flüssigkeit.
      3) schwebende Feststoffteilchen in einem Gas.
   g) Unter einem Schaum versteht man
      1) schwebende Flüssigkeitströpfchen in einem Gas.
      2) feine Gasbläschen in einem Gas.
      3) feine Gasbläschen in einer Flüssigkeit.
   h) Unter einem Rauch versteht man
      1) schwebende Feststoffteilchen in einem Gas.
      2) schwebende Feststoffteilchen in einer Flüssigkeit.
      3) schwebende Flüssigkeitströpfchen in einem Gas.

10. Überprüfe die nachfolgenden Behauptungen, entscheide, ob diese richtig oder falsch sind und stelle die falschen richtig! [21 BE]
   a) Mineralien sind Reinstoffe, Gesteine sind Gemische.
   b) Ein Reinstoff ist stets ein homogener Stoff.
   c) Stoffgemische bestehen stets aus mindestens zwei verschiedenen Komponenten.
   d) Tinte ist ein heterogenes Gemisch aus einer Flüssigkeit und einem Farbstoff.
   e) Müsli stellt ein homogenes Gemisch dar.
   f) Waschpulver (z. B. Vollwaschmittel) ist ein homogenes Gemisch aus mehreren Feststoffen.

g) Legierungen sind die einzigen homogenen Gemische vom Typ fest-fest.
h) Unter einer Phase versteht man den homogenen Anteil in einem heterogenen Gemisch.
i) Eine Suspension ist stets ein zweiphasiges Gemisch.
k) Der Granit ist ein heterogenes, zweiphasiges System.
l) In einer Suspension liegt der wasserunlösliche Feststoff so fein verteilt vor, daß man ihn mit dem bloßen Auge nicht mehr erkennen kann.
m) Blut ist eine biologisch bedeutsame Suspension.
n) Milch ist für Säugetiere eine biologisch wichtige Emulsion.
o) Jeder Reinstoff besitzt eine Reihe von Eigenschaften, die in ihrer Gesamtheit nur einmal auftreten.
p) Heterogene Gemische sind immer aus Reinstoffen zusammengesetzt.

11. Eine vorliegende farblose, klare Flüssigkeit könnte entweder reines Wasser oder ein homogenes Gemisch aus Wasser und Alkohol sein.
a) Wie ließe sich (ohne Geruchs- oder Geschmacksprobe) eine sichere Entscheidung treffen? [1 BE]
b) Welche physikalische Eigenschaft wird dabei zur Entscheidung benutzt? [1 BE]
c) Erläutere das Untersuchungsergebnis! [2 BE]

12. Die nachfolgend angegebenen Stoffe werden mit Wasser versetzt und anschließend kräftig geschüttelt.
Entscheide, ob dabei Suspensionen, Emulsionen oder echte Lösungen entstanden sind! [15 BE]
a) Pulverisierte Schulkreide
b) Kakaopulver
c) Haushaltszucker
d) Mehl
e) Speiseöl
f) Aluminiumstaub
g) Speiseessig
h) Gartenerde
i) Petroleum
k) Kochsalz
l) gemahlener Pfeffer
m) Kaffeepulver
n) Ruß
o) Milch
p) Wein

13. Wird Heizöl unter laufender Messung der Siedetemperatur destilliert, so stellt man fest, daß diese dabei langsam, aber kontinuierlich ansteigt.
Welche Aussage über das Heizöl ist dadurch möglich geworden? [3 BE]

14. Glas wird ab etwa 500 °C weich und verformbar. Je höher die Temperatur wird, desto leichter kann das Glas verformt werden.
Kann Glas ein Reinstoff sein? Begründung! [3 BE]

1.2 Gemischtrennung

1. Gib im folgenden Schema tabellarisch verschiedene gängige Trennungsverfahren an, ordne ihnen die zum Trennen ausgenutzten unterschiedlichen physikalischen Eigenschaften zu und nenne den jeweils trennbaren Gemischtyp! [16 BE]

Trennverfahren	zur Trennung ausgenutzte physikalische Eigenschaft	trennbarer Gemischtyp
a)		
b)		
c)		
d)		
e)		

2. Welche Eigenschaft ist dafür verantwortlich, daß elementares Eisen sehr leicht aus nahezu jedem Stoffgemisch isoliert werden kann? [1 BE]

3. Trinkalkohol, der in Deutschland durch die Alkoholsteuer sehr teuer gemacht wird, ist zu 96 Prozent im Brennspiritus enthalten. Dieser ist durch einen Zusatz ungenießbar, aber auch sehr billig geworden.
Welche Eigenschaft muß der Zusatz noch besitzen, damit nicht jeder, der von Gemischtrennung etwas versteht, daraus den Trinkalkohol gewinnen kann? [2 BE]

4. Überprüfe die nachfolgenden Behauptungen, entscheide, ob diese richtig oder falsch sind und stelle die falschen richtig! [23 BE]
   a) Die Verfahren zur Gemischtrennung beruhen auf physikalischen Prozessen.
   b) Geeignet sind stets solche Trennungsverfahren, die Eigenschaften ausnutzen, in denen sich die Gemischkomponenten am wenigsten unterscheiden.
   c) Bei der Gemischtrennung werden die Komponenten teilweise chemisch verändert.
   d) Bei der Destillation wird die Komponente mit der niedrigsten Siedetemperatur verdampft und anschließend wieder kondensiert.
   e) Zentrifugieren ist ein beschleunigtes Sedimentieren.
   f) Die bei der Filtration durchlaufende klare Flüssigkeit nennt man Filtrat.
   g) Milch kann durch Zentrifugieren nicht getrennt werden.
   h) Eine Kochsalzlösung kann durch Filtration nicht getrennt werden.
   i) Die Filtrationsgeschwindigkeit läßt sich nicht beschleunigen.
   k) Das Destillat sammelt sich im Destillierkolben an.
   l) Beim Filtrieren wird die unterschiedliche Löslichkeit von Stoffen zur Gemischtrennung ausgenützt.
   m) Im Filtrat befinden sich Lösungsmittel und gelöster Stoff.
   n) Dekantieren bedeutet, daß sich die Teilchen mit der höheren Dichte in einem homogenen Gemisch unten ansammeln.
   o) Beim Destillieren findet man den Stoff mit der niedrigeren Siedetemperatur im Destillationsrückstand.

p) Besitzen die Bestandteile einer Emulsion eine stark unterschiedliche Dichte, so bilden sich sehr rasch zwei Phasen.

5. Ein homogenes Gemisch soll durch Destillation getrennt werden. Welche Voraussetzungen muß das Gemisch dafür erfüllen? [2 BE]

6. Begründe, weshalb beim Destillieren das Kühlwasser im Liebigkühler dem ankommenden Dampf entgegenströmt (Gegenstromprinzip)! [3 BE]

7. Erläutere das Prinzip der Abtrennung von Sand in Kläranlagen, wo das Wasser zuerst durch große Becken, die sogenannten Sandfänge, fließt! [2 BE]

8. Entwickle Vorschläge, wie man nacheinander vorgehen müßte, um die nachfolgend angegebenen Gemische jeweils so zu trennen, daß am Ende wieder die Komponenten vorliegen!
   a) Zucker, Holzkohlepulver [3 BE]
   b) Alkohol, Öl [3 BE]
   c) Stärke, Kochsalz [3 BE]
   d) Benzin, Wasser [3 BE]
   e) Kochsalz, Sägespäne, Sand [4 BE]
   f) Schwefelpulver, Eisenpulver, Zucker [4 BE]
   g) Kochsalz, Eisenpulver, Kupferspäne [4 BE]
   h) Wasser, Quecksilber, Alkohol [4 BE]
   i) Quarzsand, Bleikörner, Traubenzucker [4 BE]
   k) Alkohol, Aceton, Wasser [4 BE]
   l) Sand, Iod, Kochsalz, Eisenspäne [5 BE]

9. In einem Gemisch befinden sich Kochsalzkristalle, Sägespäne, Eisenspäne und Schwefelpulver.
   Hinweis: Schwefel ist wasserunlöslich, löst sich aber in der giftigen Flüssigkeit Schwefelkohlenstoff. Die Dichte des Schwefels ist größer als die von Wasser.
   a) Welche Gemischart liegt vor? [1 BE]
   b) Wie kann das Gemisch getrennt werden? [8 BE]
   Art und Reihenfolge der Trennverfahren sind anzugeben!
   c) Wie ließe sich herausfinden, ob die isolierten Substanzen homogene Gemische, Verbindungen oder Elemente sind? [3 BE]

2. Chemische Reaktionen

2.1 Chemische Reaktion – Analyse – Synthese

1. Was ist das Wesentliche an einem Element (a), was an einer Verbindung (b)? [4 BE]

2. Nenne Einteilungsmöglichkeiten (nach physikalischen Gesichtspunkten) für Elemente! [3 BE]

3. Ordne die aufgeführten Merkmale (a–h) den angegebenen Begriffen zu! (Mehrfachnennungen sind möglich!) [12 BE]

Elemente	Verbindungen	Gemische

a) bestehen nur aus einer Art kleinster Teilchen,
b) besitzen beliebige Zusammensetzung,
c) werden aus gleichartigen Atomen gebildet,
d) haben einheitliche, exakt bestimmbare Eigenschaften,
e) sind chemisch nicht mehr in einfachere Stoffe zerlegbar,
f) enthalten verschiedenartige Atome,
g) zeichnen sich durch jeweils konstante Schmelz- und Siedetemperaturen aus,
h) beinhalten mindestens zwei Arten kleinster Teilchen.

4. Überprüfe die nachfolgenden Behauptungen, entscheide, ob diese richtig oder falsch sind und stelle die falschen richtig! [21 BE]
   a) Elemente sind stets Reinstoffe.
   b) Verbindungen sind Gemische aus mindestens zwei Elementen.
   c) Die heute verwendeten Elementsymbole führte der schwedische Chemiker Jöns Jacob Berzelius ein.
   d) Aus einer chemischen Reaktion resultieren stets Verbindungen.
   e) Die Elemente Sauerstoff, Wasserstoff, Stickstoff und Schwefel gehören zu den Nichtmetallen.
   f) Die Elemente Kupfer, Silber, Gold, Quecksilber, Eisen, Aluminium, Magnesium, Chlor und Kohlenstoff gehören zu den Metallen.
   g) Die in f) genannten Elemente sind unter Normbedingungen allesamt Gase.
   h) Eine Stoffzerlegung gelingt nur durch Erhitzen.

i) Die bei einer chemischen Reaktion eingesetzten Stoffe (Ausgangsstoffe) heißen Edukte.
k) Jedes Element besitzt eine Reihe von Eigenschaften, die in ihrer Gesamtheit nur einmal auftreten.
l) Verschiedene Verbindungen können ein Element aufbauen.
m) Verbindungen können chemisch nicht weiter zerlegt werden.
n) Ein Element besitzt immer Reinstoffeigenschaften.
o) Die Reaktion, bei der aus den Elementen Stickstoff und Wasserstoff die Verbindung Ammoniak gebildet wird, zählt zu den Synthesen.

5. An welchen Kriterien ist eine chemische Reaktion erkennbar? [2 BE]

6. Was versteht man unter
a) Analyse und b) Synthese? [4 BE]

7. Erstelle für die nachstehend genannten chemischen Reaktionen Reaktionsschemata ohne Berücksichtigung des Energieumsatzes. Gib an, bei welchen der Reaktionen es sich um Synthesen handelt! [14 BE]
a) Wirkt das Element Chlor auf Magnesiumiodid ein, so entsteht Magnesiumchlorid und ein weiteres Element.
b) Beim Erhitzen zerfällt die Verbindung Magnesiumiodid.
c) Zink und Schwefel bilden eine Verbindung.
d) Magnesium verbrennt in einer Wasserdampfatmosphäre zu einem weißen Feststoff und einem farb- und geruchlosen Gas, mit dem die Knallgasprobe positiv verläuft.
e) Unter starkem Aufglühen vereinigen sich die Elemente Eisen und Schwefel.
f) Wird Quecksilberoxid längere Zeit erhitzt, so entsteht ein farb- und geruchloses, nicht brennbares Gas, das allerdings die Verbrennung unterhält, sowie eine silbrig glänzende Flüssigkeit.
g) Bei Belichtung zerfällt Silberchlorid in die Elemente.

8. Nenne fünf Beispiele für chemische Reaktionen aus dem täglichen Erfahrungsbereich! [je 1 BE]

9. Entscheide bei folgenden Reaktionen, ob sie zur Analyse oder Synthese geeignet sind: [9 BE]

a)	Kohlenstofff	+	Sauerstoff	→	Kohlenstoffdioxid
	Element		Element		Verbindung
b)	Wasser	→	Sauerstoff	+	Wasserstoff
	Verbindung		Element		Element
c)	Schwefel	+	Eisen	→	Eisensulfid
	Element		Element		Verbindung
d)	Natriumchlorid	→	Natrium	+	Chlor
	Verbindung		Element		Element
e)	Silberoxid	→	Silber	+	Sauerstoff
	Verbindung		Element		Element

f) Magnesium	+ Brom	→	Magnesiumbromid	
Element	Element		Verbindung	
g) Zink	+ Chlor	→	Zinkchlorid	
Element	Element		Verbindung	
h) Kohlensäure	→	Kohlenstoffdioxid	+	Wasser
Verbindung		Verbindung		Verbindung
i) Ammoniak	→	Stickstoff	+	Wasserstoff
Verbindung		Element		Element

10. Formuliere die Synthese jener Zinkverbindung, die auf Zugabe von Salzsäure (Chlorwasserstoffsäure) ein nach faulen Eiern riechendes Gas (Schwefelwasserstoff) freisetzt. [3 BE]

2.2 Oxidation – Reduktion

1. Was versteht man allgemein unter der Verbrennung eines Stoffes? [2 BE]

2. Welche Voraussetzungen müssen erfüllt sein, damit eine Verbrennung eintreten kann? [3 BE]

3. Wovon ist die Verbrennungsgeschwindigkeit abhängig? [2 BE]

4. Durch welche Maßnahmen kann eine in Gang befindliche Verbrennung gestoppt werden? [3 BE]

5. Unter welchen Bedingungen erlischt ein Zimmerbrand von selbst? [2 BE]

6. In zwei gleich großen, verschlossenen Standzylindern brennt jeweils eine Kerze, wobei das eine Gefäß mit Luft, das andere mit reinem Sauerstoff gefüllt ist.
In welchem Glas verlischt die Kerze zuerst? Begründung! [3 BE]

7. Die quantitative Ermittlung des Sauerstoffgehaltes der Luft erfolgt experimentell im allgemeinen durch Verbrennung von Phosphor im abgeschlossenen Luftraum (Glasglocke).
Weshalb können für dieses quantitative Verfahren weder Kohlenstoff noch Schwefel unter der Glasglocke verbrannt werden? [3 BE]

8. Wird eine brennbare Flüssigkeit, z. B. Alkohol, Benzin etc., im Reagenzglas erhitzt, so entzünden sich die Dämpfe nur an der Reagenzglasmündung, nicht jedoch an der Flüssigkeitsoberfläche im Reagenzglas. Erkläre dieses Phänomen! [2 BE]

9. Erläutere, weshalb ein kompaktes Holzstück nicht ohne weiteres mit einem Streichholz entzündet werden kann! [2 BE]

10. Was geschieht, wenn in einen vollständig und ausschließlich mit brennbarem Wasserstoff gefüllten, begehbaren Gasbehälter, von einer gasdichten Schleuse aus, ein brennendes Streichholz geworfen wird? Begründung! [3 BE]

11. Wie läßt sich der Begriff Oxidation in einem Satz definieren? [1 BE]

12. a) Welche Formen der Oxidation unterscheiden wir? [4 BE]
    b) Zähle die Merkmale der verschiedenen Oxidationsformen auf! [4 BE]

13. Nenne wenigstens zwei Beispiele für eine langsame (stille) Oxidation! [2 BE]

14. Was versteht man unter dem Begriff Reduktion? [1 BE]

15. Was versteht man unter einem Oxidationsmittel und wie wird es während der chemischen Reaktion verändert? [2 BE]

16. Was versteht man unter einem Reduktionsmittel und wie wird es während der chemischen Reaktion verändert? [2 BE]

17. Wie werden die Verbindungen genannt, die bei der Reaktion eines Elements mit Sauerstoff entstehen? [1 BE]

18. Formuliere das allgemeine Schema für die Reaktion zwischen Metallen und Sauerstoff! [2 BE]

19. Formuliere mit je einem Reaktionsschema die folgenden Reaktionen:
    a) Magnesium verbrennt an der Luft.
    b) Erhitzte Eisenwolle verglüht in reinem Sauerstoff unter Bildung eines braunroten Feststoffs.
    c) Bei der Verwertung von Pyrit (Eisensulfid), einem Rohstoff der Metallindustrie, werden daraus zunächst die entsprechenden Oxide hergestellt. [7 BE]

20. Leitet man Sauerstoff über heiße Kupferspäne, so werden diese schwarz. [6 BE]
    a) Formuliere die Reaktion durch ein Reaktionsschema!
    b) Handelt es sich hierbei um eine Verbrennung? Begründung!
    c) Die Masse der Kupferspäne wird vor und nach der Reaktion bestimmt. Begründe, wie das Ergebnis ausfallen muß!

21. Ergänze die nachfolgenden Reaktionsschemata: [5 BE]

a) Wasserstoff	+	____________	→	Wasserstoffoxid
b) ____________	+	____________	→	Kohlenstoffoxid
c) ____________	+	Sauerstoff	→	Aluminiumoxid
d) Stickstoff	+	Sauerstoff	→	____________
e) Calcium	+	Sauerstoff	→	____________

22. Um Einmachgläser sicher luftdicht zu verschließen, wird oft folgender Trick angewandt: Die kochendheißen Früchte werden mit reinem Alkohol übergossen und dieser entzündet. Anschließend wird der Glasdeckel sofort auf den Gummiring aufgesetzt. Bei dieser Verbrennung entstehen Wasser und Kohlenstoffdioxid. Erkläre diesen Trick! [4 BE]

23. Bei der Verbrennung von Alkohol können nur Wasser und Kohlenstoffdioxid als Verbrennungsprodukte nachgewiesen werden. Aus der Analytik ist aber bekannt, daß der Alkohol aus drei Elementen aufgebaut ist.
Erkläre, um welche Elemente es sich handelt und formuliere die Verbrennungsreaktion als Reaktionsschema! [5 BE]

24. Ein brennendes Magnesiumband, das in einen mit Kohlenstoffdioxid gefüllten Glaskolben überführt wird, brennt dort weiter. Als Reaktionsprodukte entstehen sowohl ein weißer als auch ein schwarzer Feststoff.
a) Wie lautet das Reaktionsschema für diese Reaktion? [3 BE]
b) Welcher Stoff stellt das Oxidations-, welcher das Reduktionsmittel dar? [1 BE]

25. In zwei verschlossenen Reagenzgläsern befindet sich jeweils ein farb- und geruchloses Gas.
Wie könnte man auf chemischem Wege entscheiden, in welchem Reagenzglas Sauerstoff, in welchem Stickstoff eingefüllt ist? [2 BE]

26. In einem verschlossenen Reagenzlas befindet sich ein farb- und geruchloses Gas. Wie ließe sich durch chemische Reaktionen entscheiden, ob dieses Gas Sauerstoff, Wasserstoff oder Kohlenstoffdioxid ist? [3 BE]

27. Roter Phosphor und gelber Schwefel werden verbrannt.

	Roter Phosphor	Schwefel
Beobachtung bei Verbrennung in reinem Sauerstoff?		
Beobachtung bei Verwendung von Luft?		
Chemische Reaktionstypen?		
Reaktionsschema für den Phosphor?		

[10 BE]

28. Nenne drei verschiedene Methoden, um Wasserstoff im Labor herzustellen und gib zu jeder eine Reaktionsgleichung an! [9 BE]

29. Überprüfe die nachfolgenden Behauptungen, entscheide, ob diese richtig oder falsch sind und stelle die falschen richtig! [14 BE]
   a) Unter Oxidation versteht man die Reaktion eines Elements oder einer Verbindung mit Sauerstoff.
   b) Ein Oxid ist die Verbindung eines Elements mit Sauerstoff.
   c) Die Luft ist ein Gemisch, in dem der Sauerstoff mit einem Volumenanteil von etwa 80 % enthalten ist.
   d) Ein brennbarer Stoff kann niemals unterhalb seiner Zündtemperatur mit Luftsauerstoff reagieren.
   e) Die Luft ist ein komprimierbares Gasgemisch und kann deshalb verflüssigt werden.
   f) Die technisch wichtigen Voraussetzungen zur Luftverflüssigung schuf C. Wilhelm Scheele.
   g) Wasserstoff kommt in blauen, Sauerstoff in roten Stahlflaschen in den Handel.
   h) Eine wichtige chemische Eigenschaft des Wasserstoffs ist seine Verwendbarkeit als Reduktionsmittel.
   i) Der Wasserstoff ist das leichteste Elementargas.

30. Formuliere folgende Oxidationsvorgänge durch Reaktionsgleichungen: [je 3 BE]
   a) Alkohol (C_2H_5OH) wird verbrannt, wobei u. a. Kohlenstoffdioxid entsteht.
   b) Ammoniak (NH_3) wird verbrannt. Dabei wird auch Stickstoff(IV)-oxid gebildet.
   c) Benzol (C_6H_6) verbrennt u. a. zu Kohlenstoffdioxid.
   d) Das zweiwertige Metall Barium reagiert mit Sauerstoff.
   e) Phosphor wird zu Phosphor(V)-oxid verbrannt.
   f) Pyrit (FeS_2) wird abgeröstet (d. h. im Sauerstoffstrom erhitzt), wobei Eisen(III)-oxid und Schwefel(IV)-oxid gebildet werden.
   g) Oktan (C_8H_{18}) wird verbrannt. Das entstehende Kohlenstoffoxid ist mit dem aus a) identisch.
   h) Kohlenstoffmonooxid wird verbrannt.

31. Formuliere für die folgenden Vorgänge die Reaktionsgleichungen und kennzeichne in jeder das Oxidations- und Reduktionsmittel: [je 3 BE]
   a) Wasserstoff reagiert mit erhitztem Kupfer(II)-oxid. Dabei entstehen zwei Produkte, ein rötlich-brauner Feststoff und eine farblose Flüssigkeit.
   b) Über erhitztes Eisenpulver wird Wasserdampf geleitet. Es entstehen zwei Produkte, das Eisenoxid Fe_3O_4 und ein farbloses, brennbares Gas.
   c) In einen mit heißem Wasserdampf vollständig gefüllten Standzylinder wird ein brennendes Magnesiumband gehalten. Darin brennt das Metallband unter Bildung eines weißen Feststoffs (in dem das Metall zweiwertig ist) und eines brennbaren, farblosen Gases weiter.
   d) Wird Wasserstoff über erhitztes Eisen(III)-oxid geleitet, so entstehen eine farblose Flüssigkeit und ein magnetischer Feststoff.
   e) Wird Zinkoxid (ZnO) mit gemahlenem Kohlenstoff vermischt und stark erhitzt, so entstehen ein glänzender Feststoff und das farblose Gas Kohlenstoffmonooxid.
   f) Mangandioxid wird mit Aluminiumgrieß gemischt und das Gemisch anschließend gezündet. Bei diesem „aluminothermischen" Verfahren entsteht neben elementarem Mangan (Mn) das Oxid des dreiwertigen Aluminiums.

g) Elementares Eisen kann „aluminothermisch" (vgl. f) aus Eisen(III)-oxid hergestellt werden.
h) Silicium (Si) läßt sich in elementarer Form aus Siliciumdioxid durch eine Reaktion mit Kohlenstoff gewinnen, wobei Kohlenstoffmonooxid gebildet wird.
i) Das Oxid des dreiwertigen Aluminiums reagiert mit Kohlenstoffmonooxid zum reinen Metall und dem höher oxidierten Oxid des Kohlenstoffs.
k) Kohlenstoff reagiert mit Bleidioxid zu einem metallischen Feststoff und Kohlenstoffdioxid.

32. Die nachfolgend angegebenen Reaktionsgleichungen sind unvollständig.
Ergänze die fehlenden Koeffizienten und kennzeichne in jeder Reaktionsgleichung das Reduktionsmittel! [je 2 BE]
a) $Cr_2O_3 + Al \rightarrow Al_2O_3 + Cr$
b) $Fe_2O_3 + CO \rightarrow CO_2 + Fe$
c) $C + SnO_2 \rightarrow CO + Sn$
d) $PbO + CO \rightarrow CO_2 + Pb$
e) $H_2O + C \rightarrow CO + H_2$
f) $CO_2 + Mg \rightarrow MgO + C$
g) $Al + SiO_2 \rightarrow Al_2O_3 + Si$
h) $MoO_3 + H_2 \rightarrow H_2O + Mo$
i) $H_2 + CuO \rightarrow H_2O + Cu$
k) $C + Cu_2O \rightarrow CO + Cu$
l) $PbO_2 + C \rightarrow CO_2 + Pb$
m) $Al + H_2O \rightarrow Al_2O_3 + H_2$

33. Überprüfe die nachfolgenden Behauptungen, entscheide, ob diese richtig oder falsch sind und stelle die falschen richtig! [7 BE]
a) Wasserstoff wird bei der Knallgasprobe oxidiert.
b) Ein Oxidationsmittel hat ein starkes Bestreben, mit Sauerstoff zu reagieren.
c) Ein Reduktionsmittel wird bei einer Redoxreaktion oxidiert.
d) Die Oxidation ist eine chemische Reaktion, wobei eine Verbindung mit Sauerstoff entsteht.
e) Ein Reduktionsmittel hat ein starkes Bestreben, mit Sauerstoff zu reagieren.
f) Ein Oxidationsmittel wird bei einer Redoxreaktion reduziert.

34. Ein Behälter mit Magnesiumpulver geriet in Brand.
Erläutere auch mit Hilfe von Reaktionsgleichungen, weshalb das brennende Magnesium weder mit Wasser noch mit Kohlenstoffdioxid gelöscht werden kann! [5 BE]

35. Nenne wenigstens drei physikalische Eigenschaften des Wasserstoffs! [3 BE]

36. a) Erläutere, weshalb es katastrophale Folgen hätte, falls der Wasserstoff in der Natur in großen Mengen elementar vorkäme! [2 BE]
    b) Nenne drei binäre Wasserstoffverbindungen, die hauptsächlich zur Herstellung von Wasserstoff genutzt werden! [3 BE]
    c) Wie kann der Wasserstoff großtechnisch und labortechnisch hergestellt werden? Gib jeweils ein Verfahren an und formuliere dazu die entsprechende Reaktionsgleichung! [4 BE]

37. Als Energieträger gewinnt der Wasserstoff stetig an Bedeutung. Nenne zwei wesentliche Gründe, die dieses Element als Energieträger der Zukunft favorisieren! [2 BE]

38. Das Füllgas der Luftschiffe war früher Wasserstoff, obwohl die damit verbundenen Risiken bekannt waren.
    a) Erläutere, weshalb erst viel später das unproblematischere Edelgas Helium als Füllgas eingesetzt wurde! [2 BE]
    b) Zeige kurz auf, welche Vorteile, aber auch welchen Nachteil die Verwendung von Helium anstelle von Wasserstoff als Füllgas für Luftschiffe und metereologische Ballons hat! [3 BE]

39. a) Was versteht man unter „Solar-Wasserstoff“? [1 BE]
    b) „Solar-Wasserstoff“ ist eventuell der Energieträger der Zukunft! Nenne drei Einsatzmöglichkeiten zur Energiegewinnung aus „Solar-Wasserstoff“! [3 BE]
    c) Welche entscheidenden Vorteile hat der Einsatz des „Solar-Wasserstoffs“ gegenüber anderen Brennstoffen? [2 BE]

40. Wasserstoff hat eine Siedetemperatur von −252,8 °C. Versuche diese extrem niedrige Siedetemperatur zu erklären! [4 BE]

41. Stahl ist ein wichtiger Werkstoff für Industrieländer.
    a) Formuliere die Reaktionsgleichungen für die chemischen Prozesse in der Reduktionszone des Hochofens! [3 BE]
    b) Charakterisiere ausführlich ein Verfahren zur Gewinnung von Stahl aus Roheisen! [4 BE]
    c) Erläutere die wesentlichen Unterschiede zwischen
       1) Roheisen und reinem Eisen und
       2) Roheisen und Stahl! [3 BE]

2.3 Säuren – Laugen – Indikatoren

1. Nenne zwei allgemeine chemische Kennzeichen einer Säure! [2 BE]

2. Nenne zwei allgemeine chemische Kennzeichen einer Lauge! [2 BE]

3. Gib in Form von Reaktionsschemata das allgemeine Prinzip der Säuren- bzw. der Laugenherstellung an! [4 BE]

4. Aus welchen der folgenden Elemente kann man durch chemische Reaktionen Säuren gewinnen?
   Fe / Cu / S / O / Al / N / Mg / C
   Kurze Erläuterung! [4 BE]

5. Bariumoxid ist ein wasserlöslicher, weißer pulverförmiger Feststoff, dessen wäßrige Lösung rotes Lackmuspapier blau färbt. Begründe, zu welcher Gruppe von Elementen folglich das Barium gehört! [2 BE]

6. Zwei Reagenzgläser werden je zur Hälfte mit Wasser gefüllt. In das erste wird Magnesiumoxid, in das zweite Schwefeltrioxid gegeben.
   a) Welche Beobachtungen können gemacht werden, wenn die entstandenen Lösungen I und II jeweils mit neutraler Lackmuslösung versetzt werden? [2 BE]
   b) Welche Aussagen kann man aufgrund der Beobachtungen bei a) über den Charakter der Lösungen machen? [2 BE]
   c) Formuliere die Reaktionen der Oxide mit Wasser durch Reaktionsschemata oder Reaktionsgleichungen! [4 BE]
   d) Die Lösung I wird mit der Lösung II neutralisiert. Wie lautet dafür das Reaktionsschema bzw. die Reaktionsgleichung? [2 BE]

7. Phosphorsäure (H_3PO_4) soll hergestellt werden. Formuliere diesen chemischen Vorgang als Reaktionsgleichung, ausgehend von einer geeigneten Phosphorverbindung, in der Phosphor fünfwertig ist! [2 BE]

8. Durch ein Versehen blieben drei Chemikalienflaschen, die jeweils einen weißen Feststoff enthalten, unbeschriftet.
   Wie könnte man durch chemische Reaktionen entscheiden, in welcher der Flaschen sich Kochsalz, Phosphoroxid (P_4O_{10}) und Magnesiumoxid befindet? [7 BE]

9. Eine Chemikalienflasche mit einem weißen Feststoff ist versehentlich unbeschriftet geblieben. Wie ließe sich durch chemische Reaktionen eindeutig und einfach feststellen, ob in der Flasche
   a) ein Erdalkalimetalloxid, z. B. Calciumoxid oder
   b) ein Nichtmetalloxid, z. B. Arsentrioxid (As_2O_3) enthalten ist? [3 BE]

10. Vervollständige folgende Reaktionsschemata:

Nichtmetall	+ Sauerstoff	→	______________
______________	+ ______________	→	Alkalimetallhydroxid
______________	+ ______________	→	Salz + ______________

[4 BE]

11. Calcium und Kupfer werden oxidiert.
Vervollständige folgende Tabelle! [8 BE]

	Calcium	Kupfer
Zugehörigkeit zur Gruppe der...		
Als Produkt entsteht...		
Energetischer Reaktionstyp?		
Was geschieht bei Zugabe von neutraler Lackmuslösung zum Produkt?		
Reaktionsschema Wasser + Calciumoxid		

12. Zwei Gefäße, die beide einen weißen Feststoff enthalten, tragen keine Beschriftung. Wie könnte man durch chemische Reaktionen sicher entscheiden, in welchem Gefäß Zinkoxid (ZnO) bzw. Calciumoxid aufbewahrt wird? [4 BE]

13. Für eine chemische Untersuchung wird das Reagenz auf (Nachweismittel für) Kohlenstoffdioxid benötigt. Es muß jedoch erst hergestellt werden. Wie hat man vorzugehen, wenn dafür u. a. metallisches Calcium zur Verfügung steht?
Erläuterungen mit Reaktionsschemata und/oder Reaktionsgleichungen! [6 BE]

14. Ein unbekanntes festes Element „X" wird verbrannt.
a) Formuliere die Reaktion als Reaktionsschema! [1 BE]
b) Das erhaltene Produkt ist ein Feststoff, der mit Wasser versetzt und filtriert wird. Das klare Filtrat färbt rotes Lackmuspapier blau (bzw. wird durch zugegebene Phenolphthaleinlösung rot gefärbt).
Was läßt sich auf Grund dieses Versuchsergebnisses über das Element „X" aussagen? [2 BE]
c) In das klare Filtrat aus b) wird ausgeatmete Luft (Kohlenstoffdioxid) eingeblasen; dabei entsteht ein weißer Niederschlag (Lösung wird trüb).
Was könnte man jetzt über das Element „X" aussagen?
Begründung! [3 BE]

15. Calciumcarbonat ($CaCO_3$) wird gebrannt, d. h. der Feststoff wird ohne Luftzufuhr erhitzt. Dabei entstehen ein zweiwertiges und ein vierwertiges Oxid, wovon eines Kalkwasser trübt. Parallel dazu wird Phosphor verbrannt; im Produkt ist der Phosphor fünfwertig.
a) Formuliere beide Reaktionen durch Reaktionsschemata bzw. Reaktionsgleichungen! [3 BE]

b) Die festen Reaktionsprodukte läßt man nach dem Abkühlen getrennt mit Wasser reagieren. Formuliere für die beiden Reaktionen jeweils das Reaktionsschema! [3 BE]

c) Wie ließen sich die beiden Reaktionsprodukte aus b) (nach der Reaktion mit Wasser) chemisch unterscheiden? [4 BE]

16. Ein weißer unbekannter Feststoff wird im schwerschmelzbaren Reagenzglas unter Luftabschluß erhitzt. Dabei entweicht ein farb- und geruchloses Gas, das „Kalkwasser“ trübt. Die wäßrige Lösung des im Reagenzglas zurückbleibenden, weißen pulvrigen Feststoffs liefert „Kalkwasser“.
a) Welche Produkte sind entstanden? [2 BE]
b) Aus welchen Elementen muß bzw. kann die unbekannte Ausgangssubstanz aufgebaut sein? [3 BE]

17. Ein unbekannter schwarzer pulverförmiger Feststoff „Z“ wird verbrannt. Es entsteht ausschließlich ein gasförmiges, geruchloses Produkt, dessen wäßrige Lösung ein Magnesiumband unter Wasserstoffentwicklung auflöst und blaues Lackmuspapier rötet.
a) Was kann man auf Grund dieses Versuchsergebnisses über den Ausgangsstoff aussagen? [3 BE]
b) Wird das bei der Verbrennung von „Z“ entstehende Gas in „Kalkwasser“ geleitet, so entsteht ein weißer Niederschlag.
Was läßt sich jetzt über das Edukt „Z“ aussagen? [2 BE]

18. Überprüfe die nachfolgenden Behauptungen, entscheide, ob diese richtig oder falsch sind und stelle die falschen richtig! [15 BE]
a) Die Oxide aller Metalle ergeben mit Wasser Laugen.
b) Die neutrale, saure oder alkalische Reaktion wäßriger Lösungen kann durch Indikatoren nachgewiesen werden.
c) Lackmus ist ein Indikator, dessen neutrale wäßrige Lösung violett gefärbt ist.
d) Saure Lösungen färben Lackmus blau.
e) Natronlauge ist die wäßrige Lösung von Natriumhydroxid.
f) Die wäßrige Lösung von Schwefeldioxid heißt Schwefelsäure.
g) Die Gesamtheit aller charakteristischen Eigenschaften von Säuren nennt man alkalische Reaktion.
h) Säuren sind Verbindungen aus zwei oder mehr Elementen und enthalten in allen Fällen das Element Wasserstoff.
i) Kohlensäure kann aus Kohlenstoffdioxid und Wasser hergestellt werden.
k) Laugen sind die wäßrigen Lösungen von Basen.
l) Wasser zeigt weder eine saure noch eine alkalische Reaktion; es reagiert neutral.

3. Stöchiometrie

3.1 Atome – Moleküle – Ionen

1. Welche Eigenschaften charakterisieren Atome, welche Moleküle? [4 BE]

2. Überprüfe die nachfolgenden Behauptungen, entscheide, ob diese richtig oder falsch sind und stelle falsche richtig! [10 BE]
   a) Alle Elemente liegen unter Normbedingungen einatomig vor.
   b) Die Atome eines bestimmten Elements besitzen dieselbe Masse.
   c) Ein Molekül ist stets aus verschiedenen Atomen aufgebaut.
   d) Moleküle können auf chemischem Weg zerlegt werden.
   e) Die Moleküle einer bestimmten Verbindung weisen stets identische Massen auf.
   f) Der Begriff „Atom" wurde zuerst von J. Dalton eingeführt.
   g) Edelgase sind immer aus Atomen aufgebaut.

3. Wie sind Ionen definiert? [2 BE]

4. Aus wieviel Atomen bestehen die angegebenen Verbindungen:
   a) HCl b) $NaOH$ c) KBr d) $MgCl_2$
   e) $FeSO_4$ f) $LiNO_3$ g) $AlCl_3$ h) MnO_2
   i) Fe_2O_3 k) $(NH_4)_2S$ l) $Na_2Cr_2O_7$ m) $CuSO_4$
   n) $Al_2(SO_4)_3$ o) H_3PO_4 p) Na_2CO_3 q) $(NH_4)_2Cr_2O_7$
   r) $Fe(OH)_3(H_2O)_3$ s) $Co(NH_3)_6(NO_2)_3$ [je 1 BE]

5. Zähle auf, wieviele Atome in den nachfolgenden Angaben enthalten sind!
   Moleküle:
   a) 3 HCl b) 4 Cl_2 c) 2 NO_2 d) 3 P_2O_5
   e) 2 H_2SO_4 f) 7 N_2O_3 g) 5 $C_6H_{12}O_6$ h) 2 $C_3H_5(OH)_3$
   i) 4 $C_6H_2OH(NO_2)_3$ k) 9 $C_6H_3O(SO_3)_3$ l) 10 $C_{12}H_{22}O_{11}$ m) 4 $C_{12}H_7O_2Cl_2$
   [je 1 BE]
   Formeleinheiten (Elementargruppen):
   a) 2 K_2SO_4 b) 3 $Mg(OH)_2$ c) 4 $Al_2(CO_3)_3$ d) 3 $Mg(HCO_3)_2$
   e) 6 $K_2Cr_2O_7$ f) 3 $K_4Fe(CN)_6$ g) 5 $(NH_4)_2SO_4$ h) 7 $Pt(NH_3)_2Cl_4$
   [je 1 BE]
   Ermittle die Massen m_a der einzelnen Moleküle und Formeleinheiten!
   (Auf eine Kommastelle runden!) [je 1 BE]

3.2 Chemische Formeln, Massenverhältnisse und Wertigkeit

1. a) Welche qualitativen und quantitativen Aussagen stecken in folgenden chemischen Formeln:
   1) He (Cl/Fe/S)
   2) H_2S
   3) 2 PH_3
   4) C_3H_6O
   5) MgO
   6) Cu_2O
   7) Fe_3O_4
   8) Na_2CO_3
   9) $K_4Fe(CN)_6$

   Anmerkung: Die Beispiele 5) – 9) zählen zu den aus Ionen aufgebauten Verbindungen. [20 BE]

   b) Wie groß ist die jeweilige Masse m_a (in u) der Atome, Formeleinheiten (Elementargruppen) bzw. Moleküle der Stoffe? [je 1 BE]

2. In welchen Fällen darf man den Ausdruck Molekülformel nicht verwenden? [2 BE]

3. Welche Verhältnisformeln (empirischen Formeln) lassen sich aus folgenden Massenverhältnissen ermitteln? [je 2 BE]
   a) $m(C) : m(O) = 1:2{,}67$
   b) $m(Al) : m(O) = 1:0{,}89$
   c) $m(Zn) : m(S) = 1:0{,}49$
   d) $m(C) : m(H) = 3:1$
   e) $m(Hg) : m(O) = 12{,}56:1$
   f) $m(Cu) : m(Cl) = 1:1{,}10$
   g) $m(Zn) : m(Br) = 0{,}818:2$
   h) $m(Na) : m(S) = 1{,}437:1$

4. Ermittle die Massenverhältnisse in folgenden Verbindungen:
   a) Silber (Ag) und Schwefel (S) im Silbersulfid (Ag_2S),
   b) Blei (Pb) und Sauerstoff im Bleioxid „Mennige" (Pb_3O_4) und
   c) Titan (Ti) und Chlor (Cl) in der Verbindung Titantetrachlorid. [je 2 BE]

5. Kupfer kann mit Sauerstoff zwei unterschiedliche Oxide A und B bilden. Ermittle die Verhältnisformeln (empirischen Formeln) beider Oxide, wenn folgende Daten gegeben sind: Oxid A mit einen Massenanteil von 79,9 % Kupfer und 20,1 % Sauerstoff, Oxid B mit einem Massenanteil von 88,8 % Kupfer und 11,2 % Sauerstoff. [6 BE]

6. Die Verbindung Benzol ist nur aus Kohlenstoff- und Wasserstoffatomen aufgebaut, wobei das Massenverhältnis $m(C) : m(H) = 12:1$ ist.
   Ermittle die Verhältnisformel (empirische Formel), aber auch die Molekülformel für das Benzol, dessen Molekülmasse 78 u beträgt. [4 BE]

7. Ermittle die Molekülformel für den Kohlenwasserstoff Cyclohexan, wenn das Massenverhältnis $m(C) : m(H) = 6:1$ und die Molekülmasse des Cyclohexans 84 u beträgt! [4 BE]

8. Die Verbindung Propanol ist aus Kohlenstoff-, Wasserstoff- und Sauerstoffatomen aufgebaut. Die Massenanteile betragen 60 % Kohlenstoff, 13,3 % Wasserstoff und 26,7 % Sauerstoff.
   Ermittle die Verhältnisformel (empirische Formel) sowie die Molekülformel des Propanols, dessen Molekülmasse 60 u beträgt! [5 BE]

9. Ermittle die Molekülformel für die Milchsäure, wenn das Massenverhältnis $m(\mathrm{C}) : m(\mathrm{H}) : m(\mathrm{O}) = 6{,}0 : 1{,}0 : 8{,}0$ und die Molekülmasse der Milchsäure 90 u beträgt! [5 BE]

10. Bei einer Synthese von Kupfersulfid (CuS) aus den Elementen kommen 17,9 g Kupfer und 8 g Schwefel zum Einsatz.
    Berechne die Masse an Kupfer, die am Ende der Reaktion unverbraucht vorliegt. [5 BE]

11. Kohlenstoff kann mit Sauerstoff zu Kohlenstoffdioxid verbrannt werden.
    Berechne die Masse an Kohlenstoff, die mindestens verwendet werden muß, um mit 8 g Sauerstoffgas vollständig zu reagieren. [4 BE]

12. Was versteht man unter dem Begriff der Wertigkeit? [2 BE]

13. Ermittle die Wertigkeit der Elemente in den folgenden Verbindungen:
    a) SiH_4 b) PH_3 c) HI d) Al_2O_3 e) K_2O f) $CuCl_2$
    g) SeO_3 h) LiBr i) OF_2 k) BaO l) CCl_4 m) N_2O
    n) N_2O_3 o) NO_2 p) As_2O_5 q) Ga_5As_3 [je 1 BE]

14. Bilde, unter Berücksichtigung der in Klammern angegebenen Wertigkeiten, die Formeln der folgenden binären Verbindungen: [je 2 BE]
    a) Eisenoxid (Fe:III)
    b) Calciumchlorid (Ca:II; Cl:I)
    c) Kupferoxid (Cu:I)
    d) Magnesiumsulfid (Mg:II; S:II)
    e) Chromoxid (Cr:VI)
    f) Zinkbromid (Zn:II; Br:I)
    g) Bleioxid (Pb:IV)
    h) Silberchlorid (Ag:I; Cl:I)
    i) Titanfluorid (Ti:IV; F:I)
    k) Calciumphosphid (Ca:II; P:III)

15. Überprüfe die nachfolgenden Behauptungen, entscheide, ob diese richtig oder falsch sind und stelle die falschen richtig! [8 BE]
    a) In einer chemischen Verbindung ist das Massenverhältnis der Elemente stets variabel.
    b) Die Wertigkeit eines Elements ist stets gleich.
    c) Die Verhältnisformel einer Verbindung gibt das Atomzahlenverhältnis der am Aufbau der Verbindung beteiligten Elemente an.
    d) In der Verbindung P_4O_{10} ist der Phosphor fünfwertig.
    e) Wenn die Verhältnisformel für eine Verbindung COH_2 lautet, dann könnte die Molekülformel dieser Verbindung z. B. $C_3O_2H_4$ sein.

16. a) 829 mg Uran (m_a(U) = 238 u) liefern mit Stickstoff 894 mg eines Urannitrids. Ermittle die Formeleinheit dieses Nitrids und gib die Wertigkeit des Urans in dieser Verbindung an! [5 BE]
    b) 710 mg Uran (m_a(U) = 238 u) reagieren mit 400 ml des Elementargases Fluor unter Normbedingungen zu Uranfluorid.
    Ermittle die Formeleinheit dieses Fluorids! [5 BE]

3.3 Reaktionsgleichungen

1. Formuliere die Reaktionsgleichungen für die nachfolgend angegebenen chemischen Reaktionen! [je 2 BE]
   a) Aluminium(III)-oxid wird aus den Elementen gebildet.
   b) Chlorwasserstoff (HCl) wird synthetisiert.
   c) Eisen(II)-sulfid soll synthetisiert werden.
   d) Magnesium wird mit der wäßrigen Lösung von Chlorwasserstoff zu Wasserstoff und Magnesium(II)-chlorid umgesetzt.
   e) Kohlenstoffmonooxid (CO) reagiert mit Wasserstoff zu Methan (CH_4) und Wasserdampf.
   f) Bei der Reaktion von Eisen(III)-oxid mit Kohlenstoff entsteht neben elementarem Eisen noch Kohlenstoffmonooxid.
   g) Beim Erhitzen von festem Calciumcarbonat ($CaCO_3$) entstehen Calcium(II)-oxid und Kohlenstoffdioxid.
   h) Bei der Verbrennung der Flüssigkeit Octan (C_8H_{18}) entstehen die Oxide der das Octan aufbauenden Elemente, also unter anderem Kohlenstoffdioxid.
   i) Bei der Verbrennung von Trinkalkohol (C_2H_5OH) entstehen die gleichen Reaktionsprodukte wie in h).
   k) Urannitrid wird synthetisiert. Im Produkt ist das Uran (U) vierwertig und die Wertigkeit des Stickstoffs ist die gleiche wie im Ammoniak.

2. Mache zu den folgenden Reaktionsgleichungen jeweils eine qualitative und eine quantitative Aussage: [je 2 BE]
   a) $H_2 + Cl_2 \rightarrow 2\,HCl$
   b) $Cu + S \rightarrow CuS$
   c) $2\,Ag + S \rightarrow Ag_2S$
   d) $Fe_2O_3 + 2\,Al \rightarrow Al_2O_3 + 2\,Fe$
   e) $2\,Na + Cl_2 \rightarrow 2\,NaCl$
   f) $FeS + 2\,HCl \rightarrow H_2S + FeCl_2$

3. Ermittle die stöchiometrischen Koeffizienten in den nur diesbezüglich unvollständigen, nachfolgend angegebenen Reaktionsgleichungen. [je 2 BE]
   a) $Fe + Cl_2 \rightarrow FeCl_3$
   b) $Al + HCl \rightarrow AlCl_3 + H_2$
   c) $PbO + HCl \rightarrow PbCl_2 + H_2O$
   d) $Na + H_2O \rightarrow NaOH + H_2$
   e) $Cu + H_2SO_4 \rightarrow CuSO_4 + SO_2 + H_2O$

f) $Mg + N_2 \rightarrow Mg_3N_2$
g) $C_6H_6 + O_2 \rightarrow H_2O + CO_2$
h) $C_4H_{10}O + O_2 \rightarrow H_2O + CO_2$
i) $NaOH + H_2SO_4 \rightarrow Na_2SO_4 + H_2O$
k) $CuO + NH_3 \rightarrow Cu + H_2O + N_2$
l) $CaCO_3 + HCl \rightarrow CaCl_2 + H_2O + CO_2$
m) $NH_4NO_3 \rightarrow H_2O + N_2 + O_2$
n) $FeCr_2O_4 + Na_2CO_3 + O_2 \rightarrow Na_2CrO_4 + Fe_2O_3 + CO_2$
o) $KMnO_4 + HCl \rightarrow MnCl_2 + KCl + H_2O + Cl_2$

4. Ermittle zunächst aus den in Klammern angegeben Wertigkeiten die Formeln der an der Reaktion beteiligten Stoffe. Formuliere danach die jeweiligen Reaktionsgleichungen durch Festlegung der Koeffizienten! [je 2 BE]
a) $P + Cl_2$ → Phosphorchlorid (P:V; Cl:I)
b) Zinnoxid (Sn:II) + C → Sn + Kohlenstoffmonooxid (C:II)
c) $Al + O_2$ → Aluminiumoxid (Al:III)
d) Ammoniak (N:III; H:I) + O_2 → Stickstoffoxid (N:II) + Wasser
e) Stickstofffluorid (N:III; F:I) + H_2 → N_2 + Fluorwasserstoff (F:I)
f) Schwefeloxid (S:IV) + O_2 → Schwefeloxid (S:VI)
g) $Ca + N_2$ → Calciumnitrid (Ca:II; N:III)
h) Zinnchlorid (Sn:II; Cl:I) + Chlorwasserstoffsäure (Cl:I) + O_2 → Zinnchlorid (Sn:IV; Cl:I) + Wasser
i) Arsenoxid (As:III) + Mg → As + Magnesiumoxid (Mg:II)
k) F_2 + Wasser → Fluorwasserstoff (F:I) + O_2
l) Stickstoffchlorid (N:III; Cl:I) → $N_2 + Cl_2$
m) Eisensulfid (Fe:II; S:II) + O_2 → Schwefeloxid (S:IV) + Eisenoxid (Fe:III)
n) $N_2 + C + O_2$ → Stickstoffoxid (N:II) + Kohlenstoffdioxid (C:IV)
o) Siliciumwasserstoff (Si:IV) + O_2 → Siliciumoxid (Si:IV) + Wasser
p) Quecksilbersulfid (Hg:II; S:II) + O_2 → Hg + Schwefeloxid (S:IV)
q) $Ge + F_2$ → Germaniumfluorid (Ge:IV; F:I)
r) Kohlenstoffdioxid (C:IV) + Wasser → H_2CO_3
s) Borbromid (B:III; Br:I) + H_2 → B + Bromwasserstoff (Br:I)
t) Eisenoxid (Fe:III) + C → Fe + Kohlenstoffoxid (C:II)

3.4 Stöchiometrische Berechnungen

1. Ermittle die molaren Massen der nachstehend angegebenen Verbindungen:
a) FeS b) NH_3 c) CH_4 d) Cu_2O e) B_2O_3
f) H_2SO_4 g) C_2H_6O h) $C_6H_{12}O_6$ i) $Al(OH)_3$ [je 1 BE]

2. Berechne die Masse (in Gramm) eines
a) Stickstoffatoms
b) Wasserstoffmoleküls
c) Methanmoleküls (CH_4)
d) Glycerinmoleküls ($C_3H_8O_3$) [je 2 BE]

3. Wieviele Teilchen enthalten folgende Stoffmengen, Massen bzw. Volumina unter Normbedingungen? Die entsprechende Teilchenart (Atom/Molekül/Formeleinheit) ist jeweils anzugeben!
   a) 0,7 mol Kupfer
   b) 73 g Chlorwasserstoff
   c) 4,48 l Sauerstoff
   d) 500 g Kohlenstoffdioxid
   e) 1008 l Ammoniak (NH_3)
   f) 11 mol Chlor
   g) 0,1 mol Schwefel
   h) 124 g Silbersulfid (Ag: I, S: II) [je 2 BE]

4. Wieviele Moleküle sind in 84 g Wasser enthalten? [3 BE]

5. Ermittle die molare Masse von Dichloroctan, wenn 0,3 mol davon 54,9 g wiegen. [2 BE]

6. Welcher Stoffmenge entspricht eine Masse von 10,7 g Ammoniumchlorid (NH_4Cl)? [2 BE]

7. Wieviel Massenprozent Aluminium enthält Aluminium(III)-oxid? [3 BE]

8. Ein Laborant soll ein Reaktionsgefäß, das ein Volumen von 1,5 m^3 besitzt, mit reinem Sauerstoff bei konstanter Temperatur und 1013 hPa füllen. Ist dies mit Hilfe einer Sauerstoffflasche, die ein Volumen von 5 Liter hat und unter einem Druck von 1.250.000 hPa steht, möglich?
   Begründung unter Angabe der entsprechenden Gesetzmäßigkeit und Berechnung! [4 BE]

9. Wieviel Gramm Eisen benötigt man zur Herstellung von 500 g Eisen(II)-sulfid? [3 BE]

10. Wieviel Gramm Schwefel reagieren mit 4,1 Gramm Silber vollständig zu Silber(I)-sulfid? [3 BE]

11. Wieviel Gramm Magnesium(II)-oxid entstehen, wenn man 1 Kilogramm Magnesium vollständig verbrennt? [3 BE]

12. Wieviel Gramm Eisen braucht man zur Synthese von 250 Gramm Eisen(III)-chlorid? [3 BE]

13. Welche Stoffportion Kohlenstoff muß man zur Reduktion von 320 Gramm Eisen(III)-oxid bereitstellen, wenn dabei Eisen und Kohlenstoffdioxid gebildet werden? [3 BE]

14. Wieviel Liter Chlorgas sind zur Synthese von 3 Mol Chlorwasserstoffgas unter Normbedingungen nötig? [3 BE]

15. Wieviel Gramm Alkohol (C_2H_5OH) muß man verbrennen, um 5 mol Kohlenstoffdioxidgas unter Normbedingungen zu bekommen? [3 BE]

16. Welches Sauerstoffvolumen (Normbedingungen) wird benötigt, um 5 mol Wasser zu bilden? [3 BE]

17. Magnesium reagiert mit Wasser unter Bildung von Wasserstoff und Magnesium(II)-oxid. Wieviel Liter Wasserstoff erhält man bei dieser Reaktion unter Normbedingungen aus 10 Gramm Wasser? [3 BE]

18. a) Welches Wasserstoffvolumen wird unter Normbedingungen zur Reduktion von 40 Gramm Kupfer(II)-oxid benötigt? [3 BE]
    b) Wieviel cm^3 Wasser müßte man zersetzen, um so den in a) erforderlichen Wasserstoff unter Normbedingungen zu bekommen? [3 BE]

19. Wieviel Gramm Natrium und wieviel Gramm bzw. Liter Chlorgas (Normbedingungen) liefert die Schmelzelektrolyse von 29,0 Gramm Kochsalz? [4 BE]

20. Schwarzes Kupfer(II)-oxid wird aus den Elementen synthetisiert. Reichen dabei 160,0 Gramm Kupfer aus, um 50,5 Gramm Sauerstoff zu binden? [3 BE]

21. Schwefeldioxidgas kann man durch Erhitzen von festem Eisen(II)sulfid im Sauerstoffstrom erzeugen (Rösten), wobei noch Eisen(III)-oxid entsteht. Wieviel Gramm Eisensulfid braucht man, um 448 Liter Schwefeldioxid (Normbedingungen) herzustellen? [3 BE]

22. Welches Sauerstoffvolumen (Normbedingungen) muß vorhanden sein, damit 3,0 Gramm Propan (C_3H_8) vollständig verbrannt werden können? Wieviel Gramm Wasser entstehen hierbei? [4 BE]

23. a) Beim Rösten (Erhitzen im Sauerstoffstrom) des Feststoffs Pyrit (FeS_2) entsteht u. a. Eisen(II)-oxid.
    Formuliere die Reaktionsgleichung für diesen Vorgang und berechne die Masse an eingesetztem Pyrit, wenn durch den Röstvorgang 18,0 Gramm Eisen(II)-oxid entstanden sind. [4 BE]
    b) Berechne das Normvolumen des beim Rösten verbrauchten Gases, wenn 0,2 mol Pyrit eingesetzt wurden. [3 BE]

24. a) Wieviel Liter Sauerstoff (Normvolumen) braucht ein Mensch, damit er 15,0 Gramm Traubenzucker ($C_6H_{12}O_6$) in der Muskulatur vollständig verbrennen kann? [3 BE]
    b) Wieviel Gramm Wasser entstehen dabei? [2 BE]
    c) Wieviel Liter Luft muß der Mensch unter Normbedingungen dafür einatmen? [3 BE]

25. Wieviel Kubikmeter Schwefeldioxidgas (Normbedingungen) entstehen bei der Verbrennung von 100 Tonnen Steinkohle, die 2 % Schwefel enthält? [4 BE]

26. a) Welches Sauerstoffvolumen (Normbedingungen) erhält man bei der thermischen Zersetzung von 20,0 Gramm Quecksilber(II)-oxid? [3 BE]
    b) Wie groß ist das in a) entstehende Sauerstoffvolumen bei 27 °C und 953 hPa? [2 BE]
    c) Wieviel Liter Luft würde man zur Synthese derselben Verbindungsmenge aus a) unter Normbedingungen benötigen? [2 BE]

4. Energieumsatz bei chemischen Reaktionen

1. Was versteht man unter dem Begriff Energie? [3 BE]

2. Nenne Energieformen, die bei einer chemischen Reaktion auftreten können. [je 1 BE]

3. Welche Reaktionstypen unterscheidet man bezüglich der Energetik chemischer Reaktionen und worin besteht dieser Unterschied? [3 BE]

4. Nenne aus dem bisherigen Erfahrungsbereich je zwei konkrete Beispiele für
   a) endotherme, b) exotherme Reaktionen. [je 1 BE]

*5. Fertige ein beschriftetes Energieschema für eine
   a) endotherme, b) exotherme Reaktion an. [6 BE]

*6. Fertige das beschriftete Energieschema für
   a) die Wassersynthese mit und ohne Katalysator,
   b) die thermische Zersetzung (Analyse) von Silberoxid,
   c) die Umsetzung von Magnesium mit Wasser(dampf) an. [9 BE]

7. a) Was versteht man energetisch unter einem stabilen, metastabilen und instabilen System? [5 BE]
   b) Nenne zu jedem System aus a) wenigstens ein konkretes Beispiel! [3 BE]
   *c) Ordne die Begriffe stabil, metastabil und instabil den Energieinhalten in den Diagrammen in Frage 5. zu! [3 BE]

8. Erläutere, welche Voraussetzungen erfüllt sein müssen, damit zwei metastabile Stoffe miteinander reagieren können. [2 BE]

9. Überprüfe die nachfolgenden Behauptungen, entscheide, ob diese richtig oder falsch sind und stelle die falschen richtig! [17 BE]
   a) Die bei einer chemischen Reaktion freiwerdende Energie ist ausschließlich von der Differenz der Energieinhalte zwischen den Edukten und Produkten abhängig.
   b) Die Synthese von Verbindungen (aus den Elementen) verläuft exotherm.
   c) Die Photosynthese ist für alle höheren Organismen die wichtigste exotherme Reaktion.
   d) Die Aktivierungsenergie ist jener Energiebetrag, der zur Auslösung (Zündung) einer chemischen Reaktion benötigt wird.
   e) Der Betrag der chemisch gespeicherten Energie ist bei einer endothermen Reaktion größer als die Aktivierungsenergie.
   f) Die Produkte sind bei endothermen Reaktionen instabil.
   g) Ein Katalysator erhöht die Aktivierungsenergie einer chemischen Reaktion ohne dabei verbraucht zu werden.
   h) Wird Wasser in die Elemente Wasserstoff und Sauerstoff zerlegt, so beinhalten die Produkte weniger Energie als das Edukt.
   i) Die Reaktionswärme ist die Differenz zwischen den Energieinhalten der Produkte und denen der Edukte.

k) Bei endothermen Reaktionen erhält der Betrag der Reaktionswärme ein negatives Vorzeichen.
l) Eine Elektrolyse stellt eine endotherme Reaktion dar.

10. In einem Standzylinder, das vollständig mit Kohlenstoffdioxid gefüllt ist, brennt ein Magnesiumband heftig weiter. Eine analoge exotherme Reaktion ist bei Verwendung von elementarem Zink nicht möglich.
Ordne die Verbindungen Zinkoxid, Magnesiumoxid und Kohlenstoffdioxid nach steigender energetischer Stabilität! [3 BE]

*11. Bei einer Synthese von Magnesiumoxid aus den Elementen betrug die gemessene Reaktionswärme (Reaktionsenthalpie) $\Delta H^\circ_R = -903$ kJ.
Ermittle daraus
a) die Masse an eingesetztem Magnesium
b) das Normvolumen an verbrauchtem Sauerstoff, wenn gilt:
$2\,Mg + O_2 \rightarrow 2\,MgO \qquad \Delta H^\circ_R = -1204$ kJ [6 BE]

*12. Bei der Verbrennung des Kohlenwasserstoffs Methan (CH_4) beträgt die molare Reaktionswärme (Reaktionsenthalpie) $\Delta H^\circ_{Rm} = -890$ kJ pro mol Methan.
Wieviel Liter Methan (Normbedingungen) müssen verbrannt werden, damit ein Energiebedarf von 30.260 kJ abgedeckt wird? [3 BE]

*13. Die Herstellung von elementarem Wasserstoff gelingt auch mittels Zink und Salzsäure. Bei einer solchen Reaktion konnten unter Normbedingungen 5,6 Liter Wasserstoff gewonnen werden. Es wurde dabei eine Reaktionswärme (Reaktionsenthalpie) ΔH°_R von $-38{,}25$ kJ gemessen.
Berechne die molare Reaktionswärme ΔH°_{Rm} bezogen auf ein mol Wasserstoff. [2 BE]

*14. Der Schwefel kann zwei Oxide bilden, deren molare Standardbildungsenthalpien nachfolgend angegeben sind:
(1) $SO_2(g) \qquad \Delta H^\circ_{Bm} = -297$ kJ/mol
(2) $SO_3(g) \qquad \Delta H^\circ_{Bm} = -395$ kJ/mol
Berechne die molare Reaktionswärme (Reaktionsenthalpie) ΔH°_{Rm} für den Übergang von Schwefeldioxidgas in gasförmiges Schwefeltrioxid. [3 BE]

5. Atombau

5.1 Modelle

1. a) Welche Entdeckung und welches spezielle Experiment führten zur Abkehr von der Modellvorstellung, daß Atome kompakte Kugeln seien? [3 BE]
   b) Erläutere das Ergebnis des Experiments und gib eine schematische Skizze dazu an! [5 BE]
   c) Welche Aussagen über ein Atom macht das sogenannte Kern-Hülle-Modell? [3 BE]

2. Erläutere, weshalb sämtliche Atome aufgrund des Rutherfordschen Atommodells instabil sein müßten! [3 BE]

3. a) Welche Aussagen, die das Rutherfordsche und das Bohrsche Atommodell liefern, stimmen überein und welche nicht? [4 BE]
   b) Weshalb war es notwendig, nach dem Bohrschen Atommodell weitere Atommodelle zu entwickeln? [2 BE]

4. Welche Aussagen macht das sogenannte „Schalenmodell"? [5 BE]

5. a) Der Durchmesser der Atome ist maximal 10^5 mal größer als der entsprechende Kerndurchmesser.
   Berechne die maximale Größe (Durchmesser) eines Atoms, wenn dessen Kern die Größe eines Tennisballs mit einem Durchmesser von 7 cm hätte! [2 BE]
   b) Berechne die maximale Größe eines Atomkerns, wenn das Gesamtatom einen Durchmesser von 100 m hätte! [2 BE]

6. a) Amerikanische Flugzeugträger, wie z. B. die 300 Meter lange Niemitz, besitzen eine Masse von etwa 84.000 Tonnen. Zur Vereinfachung nehmen wir an, daß die Schiffe nur aus Eisen bestünden.
   Berechne das Volumen der Atomkerne eines solchen Flugzeugträgers unter den Voraussetzungen, daß die Hülle eines Eisen-Atoms etwa 10.000 mal größer als der Kern, und die Dichte von Eisen 5,9 g/cm^3 ist. [3 BE]
   b) Wieviele Flugzeugträger fänden demnach in einem Schnapsglas ($V = 20\ cm^3$) Platz, wenn man nur deren Kernvolumina berücksichtigt? [1 BE]

7. Überprüfe die nachfolgenden Behauptungen, entscheide, ob diese richtig oder falsch sind und stelle die falschen richtig! [13 BE]
   a) Beim sog. „Streuversuch" verwendete *E. Rutherford* Elektronen als Projektile.
   b) α-Teilchen sind doppelt positiv geladene Heliumionen und entstehen beim radioaktiven Zerfall.
   c) α-Teilchen können durch die Gold-Atome einer dünnen Goldfolie hindurchfliegen.
   d) Der Kern eines Atoms hat stets dieselbe Masse wie die dazugehörige Elektronenhülle.
   e) Der Kern eines Atoms besitzt stets dieselbe Ladung wie die dazugehörige Elektronenhülle.

f) Die starke Streuung der positiv geladenen α-Teilchen im Rutherfordschen Versuch wird mit ihrer Ablenkung durch die negative Ladung der Elektronenhüllen erklärt.
g) Springt ein Elektron aus der zweiten Energiestufe (L-Schale) in die dritte Energiestufe (M-Schale), so wird dabei Energie freigesetzt.
h) Die zweite Energiestufe (L-Schale) faßt maximal 8 Elektronen, die alle etwa gleichen Energieinhalt besitzen.

5.2 Bausteine der Atome – Isotope – Atomhülle und PSE

1. Nenne die Kernbausteine und ordne ihnen jeweils zwei wichtige Eigenschaften zu. [5 BE]

2. Formuliere die allgemeine mathematische Gleichung, mit deren Hilfe man die Anzahl der Neutronen eines Atoms aus Elementarteilchen ermitteln kann. [1 BE]

3. Welche unterschiedliche Zusammensetzung besitzen die Kerne
   a) der drei Wasserstoffisotope,
   b) der beiden Kohlenstoffisotope ^{12}C und ^{14}C,
   c) der drei Sauerstoffisotope ^{16}O, ^{17}O und ^{18}O,
   d) der beiden Uranisotope ^{235}U und ^{238}U? [je 2 BE]

4. Von den nachfolgend beschriebenen Atomen soll die Anzahl der Elementarteilchen und die Art ihrer Verteilung angegeben werden.

   a) $^{6}_{3}Li$ b) $^{31}_{15}P$ c) $^{37}_{17}Cl$ d) $^{56}_{26}Fe$ e) $^{108}_{47}Ag$ f) $^{201}_{80}Hg$ g) $^{233}_{92}U$

   [je 2 BE]

5. Beschreibe den Aufbau eines Atoms des Elements $^{32}_{16}S$ sowohl nach dem Kern-Hülle-Modell als auch nach dem Schalenmodell. [4 BE]

6. a) Aus welchen experimentellen Daten können Rückschlüsse über die Abstände der Elektronen vom Kern gewonnen werden? [1 BE]
   b) Wie lautet die zugrundeliegende Gesetzmäßigkeit? [2 BE]

7. a) Nach welcher mathematischen Formel läßt sich die maximale Elektronenzahl pro Energiestufe ($n = 1, 2, 3, \ldots$) berechnen? [2 BE]
   b) Wie kennzeichnet man die verschiedenen Energiestufen? [1 BE]

8. a) Definiere den Begriff „Isotope“. [2 BE]
   b) Erläutere, was man unter einem Element versteht, wenn der Begriff Isotop zugrundegelegt wird! [2 BE]

9. Der Wissenschaftler *Weis-von-Nix* findet in einem Gemenge folgende vier (frei erfundene) Atomsorten:

   $^{40}_{20}W$ $^{36}_{18}X$ $^{40}_{18}Y$ $^{40}_{19}Z$

   a) Begründe, um wieviele verschiedene Elemente es sich handelt! Welche zählen zu den Edelgasen und in welcher Periode müßten diese Edelgase stehen? [5 BE]
   b) Welches der vier oben angegebenen Atome bildet als Metall das Oxid MeO (Me steht für Metall)? Begründung! [3 BE]

10. Begründe, welche Formeleinheiten die Oxide der Elemente mit den Protonenzahlen 3, 7 und 13 bilden können! [je 3 BE]

11. Warum weisen viele Elemente im Periodensystem starke Abweichungen von ganzen Massenzahlen auf? [2 BE]

12. Gegeben sind die Atome $^{27}_{13}X$, $^{19}_{9}Y$ und $^{32}_{16}Z$.
    a) Gib die jeweilige Elektronenkonfiguration der Atome sowie Gruppe und Periode der Elemente an, denen diese Atome angehören. [6 BE]
    b) Um aus den beiden Elementen X und Y einfach positiv geladene Ionen zu erzeugen, müßten bei X 578 kJ/mol und bei Y 1680 kJ/mol aufgewendet werden. In welchem der beiden Atome befände sich das jeweils zu entfernende Elektron näher am Kern? [2 BE]

13. Ein Element Z hat die Atommasse 32 u. In welcher Periode und Gruppe des PSE steht dieses Element? Begründung! [4 BE]

14. Das Edelgas Argon ist ein Mischelement. Es hat die Ordnungszahl (OZ) 18 und besteht aus Isotopen mit der Atommasse 36 u und 40 u.
    Gib die Anordnung der Elektronen in den einzelnen Energiestufen (Schalen) für jedes dieser Isotope an und begründe diese Elektronenverteilung. [4 BE]

15. Ergänze die Leerstellen in der nachfolgend angegebenen Tabelle: [13 BE]

Element	OZ	Periode	Gruppe	äußerste Energiestufe	Anzahl Außenelektronen
A			IV.	L	
B	20				
C		1.	VIII.		
D				M	7

16. Überprüfe die nachfolgenden Behauptungen, entscheide, ob diese richtig oder falsch sind und stelle die falschen richtig! [19 BE]
   a) Die Elektronen in der Atomhülle lassen sich gruppenweise nach Energiestufen ordnen.
   b) Die Kernbausteine werden als Nukleonen bezeichnet.
   c) Einfach positiv geladene Wasserstoffionen haben im Kern jeweils ein Proton mehr als Wasserstoffatome.
   d) Ein Element besteht stets aus Atomen gleicher Nukleonenzahl.
   e) Isotope eines Elements haben stets unterschiedliche Neutronenzahlen, aber die gleiche Anzahl von Elektronen.
   f) Ein Ion hat im Vergleich zum entsprechenden neutralen Atom in jedem Fall weniger Elektronen.
   g) Die Edelgase zeichnen sich durch dieselbe Elektronenanzahl aus.
   h) Fluoratome gehen unter Aufwand von Ionisierungsenergie in Fluoridionen über.
   i) Magnesiumionen haben einen größeren Radius als Magnesiumatome.
   k) Chloratome (OZ 17) erreichen die Edelgaskonfiguration der Argonatome (OZ 18) durch Aufnahme jeweils eines Elektrons in die M-Schale.
   l) Anionen besitzen stets einen kleineren Radius als die zugrunde liegenden Atome.
   m) Ein Natriumkation ist viel weniger reaktiv als ein Natriumatom.

17. Welche Schwäche zeigte Mendelejews Periodensystem und welche Schwierigkeiten traten dadurch auf? Nenne das heute verwendete Ordnungsprinzip des Periodensystems und dessen Begründer! [4 BE]

18. Was versteht man unter einer Periode bzw. Gruppe des Periodensystems der Elemente und nach welchen Prinzipien erfolgt deren Aufbau? Erläutere, ob sich die Eigenschaften der Elemente in den Perioden bzw. Gruppen ändern! [6 BE]

19. Die Elemente mit den Ordnungszahlen 4, 8 und 12 besitzen unterschiedliche Atomradien. Ordne die Elemente nach steigender Größe der Atomradien und begründe die Entscheidung. [5 BE]

20. Barium (Ba) ist ein Element der 2. Hauptgruppe. Begründe, ob die im Bariumoxid vorliegenden Bariumionen größer oder kleiner als die Bariumatome sind. [3 BE]

21. Auf welche nicht radioaktiven Elemente treffen im gekürzten PSE folgende Eigenschaften zu:
   a) größter/kleinster Atomradius,
   b) größter/kleinster Ionenradius,
   c) höchste/niedrigste Ionisierungsenergie für das erste Valenzelektron. [6 BE]

22. Vervollständige den nachfolgenden Lückentext und streiche dort, wo Entscheidungen möglich sind, das Falsche aus! [20 BE]
Das Element „A" mit der Ordnungszahl (OZ) 12 steht im PSE in der ______ Periode und in der ______ Hauptgruppe und gehört damit zur Familie der ______________________
Die Atome dieses Elements bilden / **ein-** / **zwei-** / **drei-** / fach / **positive** / **negative** / Ionen. Der Ionenradius ist in diesem Falle / **größer** / **kleiner** / als der betreffende Atomradius.
Innerhalb der angegebenen Periode nimmt der Atomradius von links nach rechts / **zu** / **ab** / weil ____
____
____
Innerhalb einer Hauptgruppe nimmt der Nichtmetallcharakter von oben nach unten / **zu** / **ab** / und damit die Reaktivität der Nichtmetalle in einer Gruppe / **zu** / **ab** /.
Das Element „Y" steht im PSE in der 2. Periode und in der VII. Hauptgruppe.
Demnach hat es die OZ ______, ist das ______________________ (Elementname) und gehört zur Elementfamilie der ______________________.
Die Ionisierungsenergien nehmen / **in jeder** / **nur in der 2.** / Periode / **zu** / **ab** /, weil ____
____
____

23. Edelgase sind chemisch sehr reaktionsträge. Wie läßt sich diese Tatsache theoretisch aus der Elektronenkonfiguration dieser Elemente begründen? [2 BE]

24. Im Periodensystem stehen Metalle, Halbmetalle und Nichtmetalle. Wie sind diese systematisch im gekürzten PSE angeordnet? [3 BE]

25. Welches ist im gekürzten Periodensystem das am ausgeprägtesten metallische Element, wenn man den Metallcharakter nach der Fähigkeit, Elektronen abzugeben, beurteilt? Welches ist das am ausgeprägtesten nichtmetallische Element, wenn man den Nichtmetallcharakter nach der Fähigkeit, Elektronen aufzunehmen, beurteilt? Wie läßt sich diese jeweilige Eigenschaft aus der Elektronenkonfiguration der beiden Elemente begründen? [6 BE]

26. Welche Beziehung besteht bei Atomen und daraus gebildeten Ionen bezüglich der jeweiligen Anzahl der Elementarteilchen? [2 BE]

27. Welche Aussagen kann man über den Aufbau eines Atoms machen, wenn man die Stellung des betreffenden Elements im Periodensystem kennt? [3 BE]

6. Bindungsverhältnisse

6.1 Ionenbindung – Salze

1. Auf welche Weise entstehen aus Atomen unterschiedliche Ionen? [2 BE]

2. a) Was versteht man unter der Edelgaskonfiguration? [2 BE]
   b) Welche Besonderheit in energetischer Hinsicht zeichnet die Edelgaskonfiguration aus? [1 BE]

3. Es sind folgende Elementpaare gegeben:
   Cl/Li, Ca/F, S/Ba, O/In, Ga/H, P/Na
   a) Begründe, welches Element in diesen Paaren bei der Ionenbildung zum Anion, welches zum Kation wird! [4 BE]
   b) Auf welche Weise erreichen die jeweiligen Atome Edelgaskonfiguration, und welche Ladungen tragen die gebildeten Ionen? [6 BE]

4. Gegeben sind folgende Elemente und deren Wertigkeiten:
   Pb (II,IV); I (I); S (II); Ne (0); N (III); Al (III); Li (I).
   Welche unterschiedlichen binären, aus Ionen aufgebauten Verbindungen sind zwischen den Atomen dieser Elemente theoretisch möglich?
   Gib die Verhältnisformeln (empirische Formeln) der entsprechenden Verbindungen an! [6 BE]

5. Gegeben sind folgende Salze:

1) KBr	2) MgF_2	3) CaS
4) $GaBr_3$	5) Calciumoxid	6) Aluminiumchlorid
7) Magnesiumnitrid (Mg_3N_2)	8) Aluminiumsulfid	9) Natriumoxid

   a) Formuliere zunächst über jeweils zwei Teilgleichungen das Zustandekommen der Ionen und danach zusammenfassend die Reaktionsgleichung zur Bildung dieser Salze aus den entsprechenden Elementen. [je 3 BE]
   b) Ordne die Kationen nach zunehmendem Radius unter Zuhilfenahme des Periodensystems! [5 BE]

6. Beschreibe ausführlich, was man unter einer Ionenbindung versteht! [3 BE]

7. Oxidionen, Fluoridionen und Neonatome verfügen in ihren Elektronenhüllen über dieselbe Anzahl von Elektronen und zeigen trotzdem unterschiedliche chemische Eigenschaften!
   Wie lassen sich derartige Unterschiede in den Eigenschaften erklären? [2 BE]

8. Nenne vier charakteristische physikalische Eigenschaften von Salzen, die diese aufgrund der Bindungsverhältnisse im Ionengitter auszeichnen! [4 BE]

9. Begründe, eventuell unter Mitverwendung einer schematischen Skizze, in welchem Fall ein Schlag auf einen Kochsalzkristall zum Zerspringen desselben führt, und wie der Schlag theoretisch ausgeführt werden müßte, damit keine Spaltung auftritt! [5 BE]

10. Erläutere, weshalb die räumliche Anordnung der Ionen in einem Ionengitter von den Radien der das Gitter aufbauenden Ionen abhängig ist! [2 BE]

11. Nenne die drei wichtigsten Ionengitterarten des Verbindungstyps AB und gib an, wieviele nächste Nachbarn darin jeweils vorliegen! [3 BE]

12. Ermittle die Gittertypen der folgenden Verbindungen:
    a) LiBr b) CaO c) NaI d) NH_4Cl e) NH_4I [5 BE]
    Die zum Lösen der Aufgabe notwendigen Ionenradien sind den einschlägigen Lehrbüchern zu entnehmen!
    Gegeben sind die den jeweiligen Gittertypen entsprechenden Radienverhältnisse ($r^+ : r^-$):
    $0{,}73 < r^+ : r^- < 1{,}00$ bedeutet CsCl-Struktur
    $0{,}41 < r^+ : r^- < 0{,}73$ bedeutet NaCl-Struktur
    $0{,}23 < r^+ : r^- < 0{,}41$ bedeutet ZnS-Struktur

13. Zink hat in der Substanz Zinksulfid (ZnS) eine Koordinationszahl von vier, Cäsium eine von acht im Cäsiumchlorid.
    a) Was versteht man allgemein unter der Koordinationszahl? [1 BE]
    b) Welche räumliche Anordnung der Kationen und Anionen findet man im Zinksulfid-, welche im Cäsiumchloridgitter? [2 BE]

14. a) Berechne die jeweilige Stoffmenge der einzelnen Ionen in
    1) 2 mol $MgCl_2$ 2) 1,5 mol Ca_3P_2 3) 0,8 mol Aluminiumbromid
    4) 1 mol Natriumoxid 5) 0,5 mol HgS. [5 BE]
    b) Berechne die Massen der in a) angegebenen Stoffmengen. [5 BE]

15. Die Schmelztemperatur ist eine wichtige physikalische Kenngröße einer Substanz.
    a) Die Schmelztemperaturen der vier Lithiumhalogenide differieren in der Reihenfolge LiF, LiCl, LiBr und LiI in charakteristischer Weise.
    Erläutere, wie und weshalb sie voneinander abweichen! [5 BE]
    b) Ordne die Schmelztemperaturen (°C) 2642, 2576, 2430 und 1717 den Oxiden der II. Hauptgruppe (MgO, CaO, SrO und BaO) zu und begründe die getroffene Entscheidung! [3 BE]

*16. Das Salz Kaliumbromid kann aus den Elementen Kalium und Brom gebildet werden.
    a) Diese Salzbildung aus den Elementen läßt sich gedanklich in mehrere Teilschritte zerlegen. Zähle diese Schritte auf und gib qualitativ den Energieumsatz der einzelnen Schritte an! [5 BE]
    b) Nenne alle Energiearten, die bei der Bildung dieses Salzes aus den Elementen auftreten! [3 BE]

17. a) Was versteht man unter der Gitterenergie? [3 BE]
b) Welche Faktoren bestimmen im wesentlichen die Gitterenergie? [2 BE]

*18. Gegeben sind folgende molare Enthalpiewerte:

Gitterenthalpien (ΔH°_{Gm} in kJ/mol)

NaF : − 923	NaI : − 690	MgO : −3887	
$CaCl_2$: −2233	CaF_2 : −2610		

Standardbildungsenthalpien (ΔH°_{Bm} in kJ/mol)

NaI(s) : − 288	KF(s) : − 564	$CaCl_2$: − 796	

Sublimationsenthalpien (ΔH°_{Sm} in kJ/mol)

Na : + 109	K : + 90	Mg : + 150	Ca : + 193

Ionisierungsenthalpien (ΔH°_{Im} in kJ/mol)

1. Ionisierungsenthalpie:	Na : + 495	K : + 416
	Mg : + 735	Ca : + 587
2. Ionisierungsenthalpie:	Mg^+ : +1446	Ca^+ : +1144

Bindungsenthalpien (ΔH°_{Dm} in kJ/mol)

F_2(g) : + 158	Cl_2(g): + 243	I_2(s) : + 151	O_2(g): + 496

Elektronenaffinitäten (ΔH°_{EAm} in kJ/mol)

1. Elektronenaffinität:	F : − 351	Cl : − 364	O : − 145
2. Elektronenaffinität:			O^- : + 850

mit deren Hilfe die nachfolgenden Berechnungen vorzunehmen sind!

a) Berechne die molare Standardbildungsenthalpie des Natriumfluorids. Formuliere die einzelnen Teilreaktionsgleichungen bei der Synthese aus den Elementen. [7 BE]
b) Berechne die molare Gitterenthalpie des Kaliumfluorids. Die Teilreaktionsgleichungen sind zu formulieren! [7 BE]
c) Berechne aus den vorgegebenen Daten die molare Standardbildungsenthalpie des Calciumfluorids.
Formuliere die Teilreaktionsgleichungen! [7 BE]
d) Berechne aus den vorgegebenen Daten die molare Standardbildungsenthalpie des Magnesiumoxids! [3 BE]
e) Berechne aus den vorgegebenen Daten die molare Elektronenaffinität des Iods! [3 BE]
f) Berechne aus den vorgegebenen Daten die erste Ionisierungsenthalpie des Calciums! [3 BE]

19. Nachfolgend sind die Gitterenergien einiger Salze angegeben:

1)	Salz	NaF	NaCl	NaBr	NaI	
	Gitterenergie (in kJ/mol)	−923	−766	−737	−690	
2)	Salz	LiCl	NaCl	KCl	RbCl	CsCl
	Gitterenergie (in kJ/mol)	−816	−766	−703	−687	−653

a) Welche Regelmäßigkeit läßt sich aus 1) und 2) erkennen? [1 BE]
b) Wie kann man diese Regelmäßigkeit erklären? [5 BE]

20. a) Ordne die folgenden Substanzen nach abnehmender Gitterenergie und begründe die Entscheidung!
NaBr / Al_2O_3 / MgO / LiCl / MgS [6 BE]
b) Ordne die folgenden Substanzen nach zunehmender Gitterenergie und begründe die Entscheidung!
CsBr / Fe_2O_3 / KF / BaO [5 BE]

21. Ordne die Salze CaF_2, CaO, KF und BaO aufgrund ihrer angegebenen Gitterenergien nach steigender Schmelztemperatur und begründe die Reihenfolge! [5 BE]

Salz	CaF_2	CaO	KF	BaO
Gitterenergie (kJ/mol)	−2610	−3481	−798	−3046

22. Erläutere, weshalb die Schmelztemperatur des Natriumbromids niedriger als die des Magnesiumoxids sein muß! [4 BE]

23. Welche Voraussetzungen müssen von einer Substanz erfüllt sein, damit diese den elektrischen Strom leiten kann? [2 BE]

24. Wie kann man erklären, daß eine Salzlösung den elektrischen Strom leitet? [4 BE]

25. a) Was versteht man unter einer Elektrolyse? [2 BE]
b) Skizziere einen schematischen Versuchsaufbau, aus dem ersichtlich wird, wie Elektrolysen wäßriger Lösungen durchgeführt werden können! [3 BE]

26. Nimm eine Einteilung von Stoffen nach deren Leitfähigkeit vor und nenne je ein Beispiel. [3 BE]

27. a) Nimm eine Einteilung der angegebenen Substanzen in Nichtleiter, Elektronenleiter und Ionenleiter vor. Entscheide durch Ankreuzen, ob eine elektrische Leitfähigkeit unter den gegebenen Bedingungen jeweils vorhanden ist. [6 BE]

Substanzen	Einteilung	Elektrische Leitfähigkeit der wäßrigen Lösung		der Schmelze	
		ja	nein	ja	nein
1) Zucker					
2) KBr					
3) Cu					
4) S					
5) HCl(g)					
6) Alkohol					

b) Erläutere das Ergebnis einer Leitfähigkeitsmessung der in a) angegebenen Substanzen 1), 2), 5) und 6) in wäßriger Lösung! [4 BE]

28. Wäßrige Lösungen von
1) $NiCl_2$ 2) Aluminium(III)-bromid 3) Kaliumiodid
und Schmelzen von
4) Al_2O_3 5) Blei(II)-chlorid 6) LiCl
sollen jeweils elektrolysiert werden.
a) Formuliere die Bildung der freibeweglichen Ionen in den wäßrigen Lösungen von 1), 2) und 3), sowie in den Schmelzen 4), 5) und 6) in Form von Reaktionsgleichungen! [6 BE]
b) Formuliere die Teilreaktionsgleichungen an den jeweiligen Elektroden! [je 3 BE]

29. Bei aus Ionen aufgebauten Substanzen besteht nicht nur ein Zusammenhang zwischen Gitterenergie und Schmelztemperatur, sondern auch ein solcher zwischen Gitterenergie und Wasserlöslichkeit.
Erläutere diese Tatsache! [3 BE]

30. Durch welche unterschiedlichen Reaktionstypen können Salze hergestellt werden? Gib zu jedem Reaktionstyp ein selbstgewähltes Beispiel in Form einer Reaktionsgleichung an! [8 BE]

31. Überprüfe die nachfolgenden Behauptungen, entscheide, ob diese richtig oder falsch sind und stelle die falschen richtig! [22 BE]
a) Atom und Ion ein und desselben Elements unterscheiden sich in der Anzahl der Protonen.
b) Die Ionenladungszahl gibt die Anzahl der positiven oder negativen Ladungsträger in einem Salz an.
c) Die höchste positive Ionenladungszahl eines Elements ergibt sich aus der Oktettregel und ist mit der jeweiligen Gruppennummer des PSE identisch.

d) Als Ionenbindung bezeichnet man eine chemische Bindung, die in Salzen als Anziehungskraft zwischen Kationen und Anionen wirkt.
e) In verschiedenen Ionengittern sind Kationen und Anionen äußerst dicht gepackt, so daß ihre räumliche Anordnung stets die gleiche ist.
f) Die Elektronenaffinität ist jene Energie, die bei der Aufnahme eines Elektrons in die Elektronenhülle eines Atoms umgesetzt wird.
g) Bei der Salzbildung aus den Elementen muß die jeweilige Gitterenergie aufgewendet werden.
h) Im Ionengitter des Natriumchlorids ist jedes Anion von sechs würfelförmig angeordneten Kationen umgeben.
i) Ionenwanderung findet stets dann statt, wenn an einen Salzkristall ein elektrisches Feld angelegt wird.
k) Bei einer Elektrolyse finden chemische Reaktionen an den Elektroden statt.
l) Bei einer Schmelzelektrolyse werden die Kationen und Anionen eines Salzes entladen.
m) Die Schmelzelektrolyse ist die erzwungene Umkehr der Salzbildung aus den Elementen.
n) Bei einer Schmelzelektrolyse wird der Stromfluß durch die Wanderung der Elektronen in der Schmelze aufrechterhalten.
o) Während einer Elektrolyse bleibt die Leitfähigkeit der Salzschmelze bzw. -lösung konstant.

6.2 Elektronenpaarbindung (Atombindung)

1. Zwischen welchen Atomen kann es zur Ausbildung von Elektronenpaarbindungen kommen? Begründung! [3 BE]

2. a) Charakterisiere den Begriff Elektronenpaarbindung und erläutere, worauf die Bindung beruht! [4 BE]
   b) Wann spricht man von bindenden, wann von freien Elektronenpaaren? [2 BE]

3. Was versteht man unter einer Elektronenwolke (einem Orbital)? [2 BE]

4. Wie entsteht eine gemeinsame Elektronenwolke (ein Molekülorbital)? [2 BE]

5. a) Welche mathematische Aussage gilt für die Bindungslänge R im Vergleich zu den Atomradien r_A und r_B der an einer Elektronenpaarbindung beteiligten Atome A und B? [1 BE]
   b) Was geschieht, wenn gleiche, isolierte Nichtmetallatome zusammentreffen? [2 BE]
   c) Was geschieht, wenn 1) zwei Iodatome
      2) zwei Stickstoffatome zusammentreffen?
   Formuliere die Atome mit Außenelektronen, sowie die „Produkte" in Elektronenpaarschreibweise. [3 BE]

6. Nach der klassischen Vorstellung wird die Bildung von Molekülen durch Vereinigung von Atomen dadurch erreicht, daß die Atome im Molekül eine stabile Edelgaskonfiguration aufweisen.
   a) Begründe, weshalb die Bildung eines Brommoleküls nicht durch Elektronenübergänge erklärt werden kann, wenn man das Konzept der stabilen Edelgaskonfiguration zugrunde legt! [3 BE]
   b) Welche Modellvorstellung macht es möglich, für die Bromatome des Brommoleküls eine energiearme Edelgasschale zu erhalten?
   Wie erklärt man dies für die Sauerstoff- und Stickstoffatome in den jeweiligen Elementmolekülen?
   Formuliere dazu auch Reaktionsgleichungen und die darin auftretenden Atome mit ihren Außenelektronen! [6 BE]

7. Die physikalischen Eigenschaften molekular aufgebauter Substanzen unterscheiden sich von jenen der Salze. Zeige dies auf Grund der charakteristischen Bindungsverhältnisse am Beispiel der Schmelz- und Siedetemperaturen. [4 BE]

8. Gib die Strukturformeln folgender Moleküle in Elektronenpaarschreibweise an:

a) HF	b) Br_2	c) CF_4	d) CS_2	e) CO	f) SCl_2
g) IBr	h) H_2O_2	i) PCl_3	k) HOCl	l) N_2H_4	m) CH_3OH
n) C_2H_4	o) HCN	p) ONF	q) CH_2O	r) SNI	s) $CO(NH_2)_2$
t) P_3H_3 (Ring!)					[je 2 BE]

9. Ermittle die Bindigkeit der Atome in folgenden Molekülen:

a) N_2	b) HCl	c) CO_2	d) H_2S	e) OF_2	
f) ICl	g) CH_3Cl	h) $C_2H_2Cl_2$	i) N_2H_4	k) PCl_5	[je 1 BE]

10. Erläutere, weshalb Kohlenstoff- und Stickstoffatome in den Molekülen ihrer Verbindungen maximal vierbindig sind, während Phosphor- oder Schwefelatome durchaus eine höhere Bindigkeit zeigen können. [4 BE]

11. Welcher Zusammenhang besteht
    a) zwischen zwei Bindungspartnern bezüglich der Anzahl der Elektronenpaarbindungen und der Länge dieser Bindungen?
    b) zwischen der Bindungslänge und der Bindungsenergie? [4 BE]

12. Definiere den Begriff Elektronegativität (EN)! [2 BE]

13. Welche Gesetzmäßigkeit läßt sich zwischen der Größe der Elektronegativität und der Stellung eines Elements im PSE herstellen? [2 BE]

*14. Berechne die Reaktionswärme (Reaktionsenthalpie) für die Bildung von 2 mol Fluorwasserstoff aus den Elementen, wenn die folgenden molaren Standardbindungsenthalpien (ΔH°_{Bm}) gegeben sind:
Wasserstoff: −436 kJ/mol
Fluor: −159 kJ/mol
Fluorwasserstoff: −567 kJ/mol.
Entscheide, ob die Synthese exo- oder endotherm verläuft, und begründe die Energiedifferenz zwischen Edukt- und Produktmolekülen! [5 BE]

15. Ordne die Halogenwasserstoffe nach steigender Bindungsenergie und begründe die Reihenfolge! [3 BE]

16. Ordne
   a) den angegebenen Elementmolekülen ihre Bindungslänge zu und berücksichtige dabei u. a. die nachstehenden Bindungsenergien.
   b) die Elementmoleküle nach steigender Bindungslänge!

Element	H−H	Cl−Cl	O=O	N≡N	Br−Br	I−I
Bindungsenergie (kJ/mol)	−436	−243	−498	−945	−193	−151

Bindungslängen: 2,67 / 2,28 / 1,99 / 1,21 / 1,09 / 0,74 ($\times 10^{-10}$ m) [5 BE]

17. Welche Voraussetzungen müssen Moleküle erfüllen, damit sie Dipolcharakter besitzen? [2 BE]

18. Das Element „X" mit der Ordnungszahl 17 kann sowohl mit dem Element „Y", das im Periodensystem vier Stellen vor ihm steht, als auch mit Wasserstoff und mit Sauerstoff Verbindungen bilden.
   a) Leite die Verhältnisformeln der drei möglichen Verbindungen ab und entscheide, ob diese aus Ionen aufgebaut oder molekular aufgebaut sind! [6 BE]
   b) Gib von den molekular aufgebauten Verbindungen die Strukturformeln in Elektronenpaarschreibweise an und erläutere, ob diese Moleküle Dipoleigenschaften besitzen! [4 BE]

19. a) Wie verändern sich die Bindungsverhältnisse in der Reihe der Chlorverbindungen der 3. Periode? [3 BE]
   b) Gib die Strukturformeln der molekular aufgebauten Verbindungen aus a) in Elektronenpaarschreibweise an. [3 BE]

20. Begründe mit Hilfe einer Tabelle über Elektronegativitätswerte, welche spezielle Art der Bindung bei den Stoffen LiF, BeI_2, OF_2 und F_2 vorliegt! [6 BE]

21. Gegeben sind folgende Stoffe:
$MgCl_2$, NH_3, Cl_2, NF_3, CsBr, BrCl, HBr.
   a) Ordne diese Substanzen nach steigender Polarisierung der jeweils vorliegenden Bindungen! [3 BE]
   b) Gib die Strukturformeln der vorliegenden Dipolmoleküle in Elektronenpaarschreibweise an, kennzeichne darin die Atome, welche positive Teilladungen tragen, und begründe die getroffene Entscheidung! [5 BE]

22. Welche Regeln sind bei Überlegungen zum räumlichen Bau von Molekülen zu berücksichtigen? [3 BE]

23. Gegeben sind die Moleküle:
1) HF 2) NCl_3 3) CS_2 4) SCl_2 5) IBr 6) PCl_3 7) CF_4 8) C_2H_2
   a) Charakterisiere den räumlichen Bau der Moleküle schlagwortartig! [je 1 BE]
   b) Liegen bei den jeweiligen Molekülen polare oder unpolare Elektronenpaarbindungen vor?
   Gib die Teilladungen an und beschreibe die Lage der eventuell vorhandenen Ladungsschwerpunkte! [je 2 BE]
   c) Begründe, welche der angegebenen Moleküle Dipoleigenschaften zeigen, welche nicht. [4 BE]

24. Wie läßt sich a) experimentell leicht feststellen,
b) theoretisch herleiten,
ob das Wassermolekül linear oder gewinkelt gebaut ist? [6 BE]

25. Das Fluorwasserstoffmolekül besitzt eine größere Bindungsenergie als das Wasserstoffmolekül, obwohl die H-F-Bindung länger ist als die H-H-Bindung. Wie kann man das erklären? [3 BE]

26. Begründe, wie sich die Siedetemperaturen der Substanzen A und B relativ zueinander verhalten werden! [3 BE]

A) 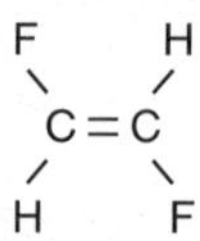

B) 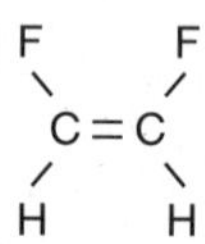

27. Ordne den nachstehend angegebenen Molekülen X, Y und Z die Siedetemperaturen 48 °C, 60 °C und 113 °C zu und begründe die getroffenen Zuordnungen! [5 BE]

X) 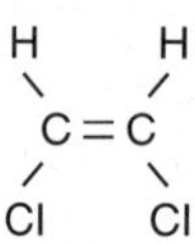

Y) 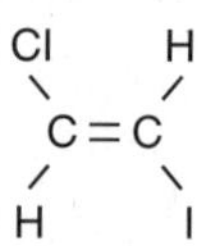

Z) 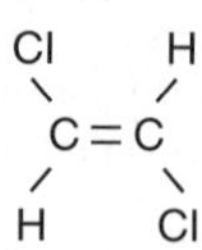

28. Ordne den Molekülen H_2S, Cl_2O und OF_2 die Bindungswinkel 111°, 103° und 92° zu und begründe die Entscheidung! [6 BE]

29. Überprüfe die nachfolgenden Behauptungen, entscheide, ob diese richtig oder falsch sind und stelle die falschen richtig! [9 BE]
    a) Die Annäherung zweier zunächst isolierter Chloratome bis zum molekularen Endzustand ist ein endothermer Prozeß.
    b) Die Bindigkeit eines Atoms gibt die Anzahl von Elektronenpaarbindungen an, die dieses Atom mit Wasserstoffatomen eingehen könnte.
    c) An einer Elektronenpaarbindung können nur Valenzelektronen beteiligt sein.
    d) Durch die Elektronenpaarbindung/en erhalten die beteiligten Atome innerhalb eines Moleküls grundsätzlich ein Elektronenoktett.
    e) Ein Molekül hat immer dann Dipolcharakter, wenn zwischen den Bindungspartnern Elektronegativitätsdifferenzen bestehen.
    f) Wenn Moleküle die allgemeine Formel AX_2 besitzen und ihr Bindungswinkel 180° beträgt, so sind sie unpolar.

6.3 Kräfte zwischen Teilchen

1. a) Welche unterschiedlichen Kräfte können zwischen Molekülen auftreten? [3 BE]
   b) Beschreibe kurz das Zustandekommen der unter a) aufgezählten Kräfte! [6 BE]

2. a) Welche physikalische Kenngröße eines Stoffes läßt Rückschlüsse auf die vorherrschende Bindungsart zu? Begründung! [3 BE]
   b) Nenne wenigstens zwei Stoffe, die Ausnahmen von der in a) gegebenen Begründung darstellen! [2 BE]

3. Erläutere, weshalb Iod bei Raumtemperatur ein Feststoff, Fluor und Chlor dagegen Gase sind! [4 BE]

4. Ordne die Wasserstoffverbindungen der VI. Hauptgruppe des PSE nach steigender Siedetemperatur und begründe die getroffene Anordnung! [6 BE]

5. In welcher physikalischen Kenngröße spiegelt sich die Stärke der Wasserstoffbrückenbindung und welche Eigenschaft beeinflußt diese Kenngröße grundsätzlich? [2 BE]

6. Erkläre, weshalb bei den Verbindungen Chlorwasserstoff, Schwefelwasserstoff und Phosphorwasserstoff, im Gegensatz zu Wasser und Fluorwasserstoff, nur noch andeutungsweise Wasserstoffbrückenbindungen gebildet werden! [3 BE]

7. Begründe, ob Blausäuremoleküle (HCN) Wasserstoffbrückenbindungen untereinander eingehen können! [3 BE]

8. Gib eine Erklärung, warum Eis auf Wasser schwimmt! [5 BE]

9. Wasser und Methan (CH_4) zeigen trotz annähernd gleicher Molekülmassen deutlich voneinander abweichende Siedetemperaturen. Gib hierfür eine Erklärung! [4 BE]

10. Zu Stickstoff, Sauerstoff, Chlorwasserstoff, Helium, Fluorwasserstoff und Bromwasserstoff gehören folgende in Kelvin angegebene Siedetemperaturen:
4 / 77 / 90 / 188 / 206 / 292
Ordne die Siedetemperaturen den entsprechenden Stoffen zu und begründe die getroffene Entscheidung! [6 BE]

11. Erläutere, weshalb die Siedetemperatur des Wassers deutlich höher liegt als die des Fluorwasserstoffs, obwohl beide Verbindungen annähernd gleiche Molekülmassen besitzen und Fluor der elektronegativere Bindungspartner ist. [4 BE]

12. Nenne die Gesetzmäßigkeit, nach welcher ein Chemiker vorgeht, wenn er Stoffe lösen will! [3 BE]

13. Vergleiche und begründe die Löslichkeit der Gase
a) Chlor und Chlorwasserstoff
b) Ammoniak (NH_3) und Methan (CH_4) in Wasser! [je 3 BE]

14. Vergleiche die Löslichkeit der beiden Flüssigkeiten Tetrachlormethan (CCl_4) und Methanol (CH_3OH) in Wasser und begründe die Aussage! [3 BE]

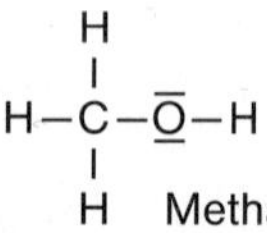
Methanol

15. a) Wieviel Gramm Kaliumnitrat (KNO_3) müssen in 500 Gramm Wasser aufgelöst werden, damit bei 25 °C eine gesättigte Lösung entsteht?
Löslichkeit von KNO_3 in Wasser (bei 25 °C): 40 g/(100 g) [1 BE]
b) Ermittle die Stoffmengenkonzentration dieser gesättigten Kaliumnitratlösung! [3 BE]

16. Berechne die Löslichkeit von Natriumchlorid, wenn eine gesättigte Lösung eine Konzentration von 6,1 mol/l hat! [3 BE]

17. Die Konzentration einer gesättigten Magnesiumsulfatlösung beträgt $c\,(MgSO_4) =$ 2,14 mol/l. Berechne daraus die Löslichkeit des Magnesiumsulfats! [3 BE]

18. Von welchen Faktoren ist die Löslichkeit verschiedener Stoffe in einem Lösungsmittel abhängig? [3 BE]

19. a) Welche Energien müssen beim Lösen eines Stoffes in Wasser stets überwunden werden? [2 BE]
b) Welche Konsequenz hat es, falls die Hydratationsenergie im Betrag geringfügig kleiner ist als die unter a) angesprochenen Energien? [1 BE]

*20. Für die Lösung der nachstehenden Aufgaben gelten folgende Enthalpiewerte:
Molare Hydratationsenthalpien ΔH_{Hm} (in kJ/mol) ausgewählter Ionen:

Anionen:		Kationen:	
F^-	: −510	Na^+	: − 398
Cl^-	: −376	K^+	: − 314
Br^-	: −342	Ag^+	: − 478
I^-	: −298	Ca^{2+}	: −1577
		Mg^{2+}	: −1918

Molare Gitterenthalpien ΔH_{HGm} (in kJ/mol) einiger Salze:

NaF	: − 923	NaBr	: − 740	KCl	: −703
AgF	: − 933	AgBr	: − 875		
$CaCl_2$	: −2146	$MgBr_2$	: −2402		

a) Berechne die Lösungsenthalpie ΔH_L für das Auflösen von
   1) 1 mol Kaliumchlorid
   2) 2 mol Calciumchlorid
   3) 0,5 mol Magnesiumbromid
   4) 1,3 mol Natriumfluorid

   in Wasser, und gib an, ob der jeweilige Lösevorgang exo- oder endotherm verläuft! [je 3 BE]

b) Ermittle die molaren Lösungsenthalpien von Natriumbromid und Silberbromid! [2 BE]

c) Berechne die molaren Hydratationsenthalpien beim Lösen von Magnesiumbromid und Magnesiumiodid und begründe den Unterschied beider Werte! [5 BE]

7. Transferreaktionen

7.1 Säuren – Basen (Protonenübergänge)

1. a) Wie lassen sich, der *Brönsted*-Theorie entsprechend, Säuren und Basen definieren? [4 BE]
   b) Formuliere je ein einfaches, dieser Definition entsprechendes Reaktionsschema! [2 BE]

2. Weder reine Schwefelsäure (H_2SO_4) noch reines Wasser besitzen eine merkliche elektrische Leitfähigkeit. Vermischt man jedoch Säure und Wasser, so steigt die Leitfähigkeit der resultierenden Lösung stark an. Erkläre diese Beobachtung unter Mitverwendung geeigneter Reaktionsgleichungen! [5 BE]

3. Gib die jeweils fehlende korrespondierende Säure bzw. Base an! [12 BE]

	Säure	Base		Säure	Base
a)	H_2O	________	g)	HSO_3^-	________
b)	________	I^-	h)	________	H_2O
c)	________	ClO_2^-	i)	$[Fe(H_2O)_6]^{3+}$	________
d)	$H_2PO_4^-$	________	k)	CH_3COOH	________
e)	________	$HCOO^-$	l)	________	HO_2^-
f)	________	O^{2-}	m)	________	$[Zn(OH)(H_2O)_5]^+$

4. Ordne sämtliche in Aufgabe 3 auftretenden Säuren und Basen den Klassen
   Neutralsäuren – Neutralbasen [4 BE]
   Kationsäuren – Kationbasen [3 BE]
   Anionsäuren – Anionbasen [6 BE]
   zu und kennzeichne alle möglichen Ampholyte! [4 BE]

5. Überprüfe die nachfolgenden Behauptungen, entscheide, ob diese richtig oder falsch sind und stelle die falschen richtig! [10 BE]
   a) Reaktionen mit Protonenübergang nennt man Protolysen.
   b) Allen sauren Lösungen gemeinsam ist der Besitz von Hydroxidionen.
   c) Ampholyte sind Stoffe (Teilchen), die weder als Säuren noch als Basen wirken können.
   d) Die Neutralisation ist eine Protolyse und damit eine Säure-Base-Reaktion.
   e) Wenn eine Substanz als Säure wirkt, dann müssen Bindungen dieser Moleküle oder Ionen heterolytisch gespalten werden.
   f) Das Hydrogencarbonation (HCO_3^-) kann als Ampholyt wirken.
   g) Zu jeder Säure gehört eine korrespondierende Base; letztere ist um eine positive Elementarladung reicher als die zugehörige Säure.

6. Durch je zwei unterschiedliche Reaktionen sollen folgende Verbindungen hergestellt werden:
   - Natriumchlorid
   - Zinksulfat ($ZnSO_4$)
   - Aluminiumbromid ($AlBr_3$)
   - Calciumsulfit ($CaSO_3$)

   a) Verwende dazu jeweils Redoxreaktionen. Gib die jeweiligen Edukte, die Reaktionsgleichung und die zugehörigen Teilreaktionsgleichungen an. [je 3 BE]
   b) Formuliere hierfür jeweils Säure-Base-Reaktionen! [je 3 BE]

7. Welche der folgenden Reaktionen sind Protolysen, welche Redoxreaktionen? Die Reaktionsgleichungen sind bezüglich der Koeffizienten möglicherweise unvollständig und sollen, soweit nötig, richtiggestellt werden! [je 2 BE]
   a) $CaO(s) + H_2O(l) \rightarrow Ca(OH)_2(aq)$
   b) $CaH_2(s) + H_2O(l) \rightarrow Ca(OH)_2(aq) + H_2(g)$
   c) $H_2S(g) + HNO_3(aq) \rightarrow S(s) + NO(g) + H_2O(l)$
   d) $Cl_2(g) + OH^-(aq) \rightarrow Cl^-(aq) + ClO^-(aq) + H_2O(l)$
   e) $Mg_3N_2(s) + H_2O(l) \rightarrow NH_3(g) + Mg(OH)_2(aq)$
   f) $SO_2(g) + O_2(g) + H_2O(l) \rightarrow SO_4^{2-}(aq) + H_3O^+(aq)$
   g) $HBr(g) + NH_3(g) \rightarrow NH_4Br(s)$
   h) $HNO_3(aq) + Cu(s) \rightarrow Cu(NO_3)_2(aq) + NO_2(g) + H_2O(l)$
   i) $S^{2-}(aq) + NH_4^+(aq) \rightarrow H_2S(g) + NH_3(g)$
   k) $H_2SeO_4(aq) + HCO_3^-(aq) \rightarrow CO_2(g) + H_2O(l) + HSeO_4^-(aq)$

8. Zu 50 ml Natronlauge unbekannter Stoffmengenkonzentration wird tropfenweise aus einer Bürette Salzsäure der Stoffmengenkonzentration $c(HCl) = 0{,}1$ mol/l zugegeben. Bis zum Farbumschlag des zugegebenen Säure-Base-Indikators werden 10 ml der Säure verbraucht.
   Formuliere die der Titration zu Grunde liegende Reaktionsgleichung, berechne die Stoffmengenkonzentration der Natronlauge $c(NaOH)$ und ermittle daraus die Masse an Natriumhydroxid $m(NaOH)$, die in der Analysenlösung (50 ml) enthalten war! [6 BE]

9. Bei der Titration von 34 ml Salzsäure werden bis zum Umschlagspunkt eines Säure-Base-Indikators (Endpunkt der Titration) 17 ml einer Natronlauge verbraucht, die durch Auflösen von 4 g Natriumhydroxid in 100 ml Wasser hergestellt wurde.
   Berechne die Stoffmengenkonzentration der Salzsäure $c(HCl)$ und ermittle sowohl Normvolumen als auch Masse des HCl-Gases, die zur Herstellung von 1 Liter dieser Säure verwendet werden mußten! [7 BE]

10. Bei der Titration einer wäßrigen Ammoniaklösung wurden bis zum Endpunkt der Titration 20 ml Salzsäure der Stoffmengenkonzentration $c(HCl) = 0{,}5$ mol/l verbraucht. Berechne die Masse an Ammoniakgas $m(NH_3)$, die in der Analysenlösung mit Wasser reagiert hatte. [4 BE]

11. Zur vollständigen Neutralisation von 40 ml Kalilauge unbekannter Stoffmengenkonzentration wurden bis zum Endpunkt der Titration 61,5 ml Schwefelsäure der Stoffmengenkonzentration $c(H_2SO_4) = 0{,}2$ mol/l verbraucht.
Ermittle die Stoffmengenkonzentration der Kalilauge c(KOH) und die Masse an festem Kaliumhydroxid, die in der Analysenlösung gelöst sein mußte! [5 BE]

12. 18,2 ml einer Schwefelsäure unbekannter Stoffmengenkonzentration wurden mit Natronlauge titriert, die durch Auflösen von 200 mg Natriumhydroxid in 250 ml Wasser hergestellt wurde. Bis zur vollständigen Neutralisation wurden 91 ml der Lauge verbraucht.
Berechne die Stoffmengenkonzentration der Schwefelsäure! [5 BE]

13. Bei der Titration von 70 ml einer wäßrigen Calciumhydroxidlösung wurden bis zum Endpunkt 14 ml einer Salzsäure verbraucht. Diese wurde durch Einleiten von 2,8 Liter Chlorwasserstoffgas (Normbedingungen) in 125 ml Wasser hergestellt.
Berechne die Stoffmengenkonzentration der Calciumhydroxidlösung! [7 BE]

14. Bei der Titration einer wäßrigen Calciumhydroxidlösung werden 20 ml Schwefelsäure der Stoffmengenkonzentration $c(H_2SO_4) = 0{,}1$ mol/l verbraucht.
   a) Berechne die Masse an Calciumhydroxid $m(Ca(OH)_2)$, die in der Analysenlösung gelöst war! [4 BE]
   b) Während der Titration wird laufend die Leitfähigkeit gemessen und diese gegen das Volumen der zugetropften Maßlösung graphisch aufgetragen.
   Man erhält daraus ein Leitfähigkeitsdiagramm mit folgendem Aussehen:

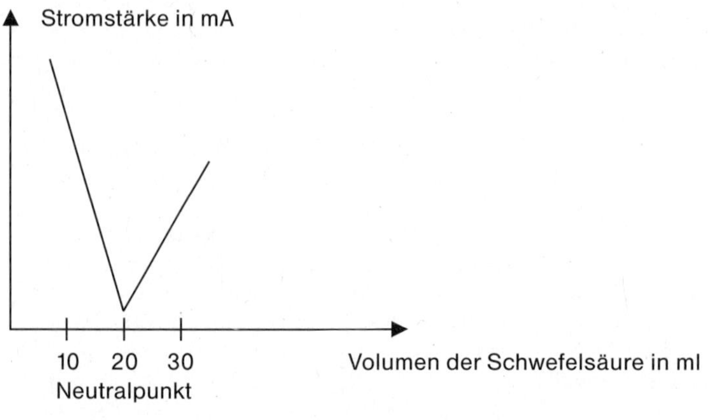

Interpretiere den Verlauf der Meßwerte! [4 BE]

15. Zur Titration von 97 ml einer wäßrigen Bariumhydroxidlösung („Barytlauge“) wurden bis zum Endpunkt 19,4 ml Schwefelsäure der Stoffmengenkonzentration $c(H_2SO_4) = 0{,}1$ mol/l verbraucht.
    a) Formuliere die der Titration zu Grunde liegende Reaktionsgleichung, berechne die Stoffmengenkonzentration der Lauge und die Masse an Bariumhydroxid $m(Ba(OH)_2)$, die in der Analysenlösung gelöst war. [5 BE]
    b) Bei dieser Titration wird fortwährend die Leitfähigkeit gemessen. Skizziere das zugehörige Leitfähigkeitsdiagramm, wenn die Schwefelsäure über den Neutralpunkt hinaus zugegeben wird! Achte auf eine möglichst quantitative Aussage! [4 BE]

16. In einem Liter Wasser werden bei Normbedingungen 560 ml Chlorwasserstoffgas gelöst und aus dieser Lösung 50 ml in einen Titrierkolben überführt. Zu dieser Salzsäurelösung gibt man anschließend 1 Gramm Natriumhydroxid, worauf die Lösung alkalisch reagiert. Die überschüssige Natronlauge wird mit Schwefelsäure der Stoffmengenkonzentration $c(H_2SO_4) = 0{,}1$ mol/l vollständig neutralisiert. Ermittle die Stoffmengenkonzentration der resultierenden Natronlauge sowie das Volumen an verbrauchter Schwefelsäure (unter Vernachlässigung der Volumenzunahme durch die Zugabe von festem Natriumhydroxid)! [10 BE]

7.2 Oxidation – Reduktion (Elektronenübergänge)

1. Ermittle die Oxidationszahlen der hervorgehobenen Atome in den folgenden Verbindungen: [je 1 BE]
   $\mathbf{Mg}H_2$, $\mathbf{C}Cl_4$, $\mathbf{C}H_4$, $\mathbf{S}O_2$, $\mathbf{C}_6H_6$, $\mathbf{C}_2H_6$, $\mathbf{P}_4O_{10}$, $H_2\mathbf{O}_2$, $\mathbf{N}H_3$, $\mathbf{N}_2$, $\mathbf{S}F_2$, $H\mathbf{Cl}O_3$,
   $H_2\mathbf{S}O_3$, $\mathbf{Li}_2O$, $\mathbf{Cl}O_2$, $H_2\mathbf{S}O_4$, $H_2\mathbf{S}$, $\mathbf{N}_2H_4$, $\mathbf{N}_2O$, $\mathbf{Cr}_2O_3$, $H\mathbf{Cl}O$, $\mathbf{S}_8$, $H_2\mathbf{C}_2O_4$, $H_5\mathbf{I}O_6$,
   $\mathbf{Cu}_2O$, $\mathbf{Al}_2(SO_4)_3$, $Mg_3\mathbf{N}_2$, $\mathbf{N}O$, $\mathbf{O}F_2$, $H_3\mathbf{P}O_4$, $\mathbf{Si}F_4$, $\mathbf{Si}H_4$, $\mathbf{C}F_2H_2$, $\mathbf{C}H_2O$, $H\mathbf{C}N$

2. Ermittle die Oxidationszahlen der hervorgehobenen Atome in den folgenden Ionen: [je 1 BE]

a) $\mathbf{C}O_3^{2-}$	b) $\mathbf{S}O_3^{2-}$	c) $\mathbf{S}O_4^{2-}$	d) $\mathbf{S}^{2-}$	e) $\mathbf{Ti}_2O_5^{2-}$	f) $H\mathbf{S}^-$
g) $\mathbf{Mn}O_4^-$	h) $\mathbf{Cr}_2O_7^{2-}$	i) $\mathbf{Br}O_3^-$	k) $\mathbf{C}_2O_4^{2-}$	l) $\mathbf{N}^{3-}$	m) $\mathbf{Si}F_6^{2-}$
n) $\mathbf{N}O_3^-$	o) $\mathbf{O}H^-$	p) $\mathbf{N}H_4^+$	q) $H\mathbf{P}O_4^{2-}$	r) $\mathbf{P}O_4^{3-}$	s) $\mathbf{H}_3O^+$

3. Ermittle die Ladungszahlen folgender Ionen: [je 1 BE]

$\overset{+VI}{Cr}O_4$ ____	$H_3\overset{+VII}{I}O_6$ ____	$\overset{+III}{Al}F_6$ ____	$\overset{+V}{P}Br_4$ ____	$\overset{+IV}{Pt}Cl_6$ ____	$\overset{+III}{Al}H_4$ ____
$Al\overset{+VI}{Si_3}O_8$ ____	$\overset{+III}{N}O$ ____	$\overset{+V}{N}O_2$ ____	$\overset{+I}{N_2}O_2$ ____	$\overset{+VII}{Cl}O_4$ ____	

4. Ein Knäuel erhitzter Eisenwolle wird in einen mit Chlorgas gefüllten Standzylinder gegeben. Die Stahlwolle verbrennt, wobei sich der Feststoff Eisen(III)-chlorid an der Glasinnenwand niederschlägt.
   a) Wie lauten die Teilreaktionsgleichungen für die Oxidation und Reduktion und die Reaktionsgleichung für diese Reaktion? [3 BE]
   b) Wozu dient das Erwärmen der Eisenwolle? [1 BE]
   c) In welcher besonderen Beziehung stehen Chlormoleküle und Chloridionen zueinander? [1 BE]
   d) Welche Reaktionsgleichungen (vgl. a) erhält man, wenn statt Eisen Antimon (Sb) und Brom statt Chlor verwendet werden? [3 BE]

5. a) Worin liegt der Grund, daß Halogene gute Oxidationsmittel darstellen? [2 BE]
   b) Worin liegt der Grund, daß Alkalimetalle gute Reduktionsmittel darstellen? [2 BE]

6. Das Fluor ist ausschließlich ein Oxidationsmittel. Begründe diese Eigenschaft aus dem Atombau des Halogens! [4 BE]

7. Formuliere die angegebenen Reaktionen über Teilreaktionsgleichungen für die Oxidation und Reduktion und die Redoxgleichung für diese Reaktion!
   Kennzeichne in der Redoxgleichung Oxidations- und Reduktionsmittel! Auftretende Protonen dürfen als H^+-Ionen geschrieben werden.
   a) Leitet man Chlorgas in Ammoniakgas ein, so kommt es zur Bildung von Stickstoff und Chlorwasserstoffgas. [6 BE]
   b) Aluminium reagiert mit Chlor zu Aluminiumchlorid. [3 BE]
   c) Wird konzentrierte Schwefelsäure mit Holzkohle (C) erhitzt, dann entstehen Schwefeldioxid und ein weiteres Gas, das wäßrige Calciumhydroxidlösung („Kalkwasser“) trübt. [6 BE]
   d) Elementares Kalium (oder Natrium, Lithium) wird zu Wasser gegeben. [4 BE]
   e) Bei einer chemischen Reaktion wird Methanol (CH_3OH) mittels Kupferoxid (CuO) in Methanal (CH_2O) überführt. Außerdem entsteht ein elementarer Feststoff. [6 BE]
   f) Ein Gemisch aus einer Iodid- und Bromatlösung (BrO_3^-) wird angesäuert (z. B. mit verdünnter Schwefelsäure). Bei anschließender Zugabe von Stärkelösung erfolgt eine intensive Blaufärbung; das Brom liegt jetzt in der Oxidationsstufe –I vor. [3 BE]
   g) Wird Kaliumpermanganat ($KMnO_4$) mit konzentrierter Salzsäure versetzt, entweicht elementares Chlor und die MnO_4^--Ionen gehen in Mn^{2+}-Ionen über. [6 BE]
   h) Moderne Schwimmwesten enthalten in speziellen Behältnissen das Salz Lithiumhydrid (LiH). Bei Berührung mit Wasser entsteht aus den Hydridionen ein farbloses brennbares Gas, wodurch die Rettungswesten schnell aufgeblasen werden. Zusätzlich entstehen Hydroxidionen. [7 BE]
   i) Schwefelwasserstoff wird in Chlorwasser eingeleitet. Als Reaktionsprodukte entstehen Chloridionen und ein gelber Feststoff. [3 BE]
   k) Chlorgas wird in eine alkalische Lösung geleitet und verliert dabei seine Giftigkeit, da aus den Chlormolekülen sowohl Chloridionen als auch Hypochloritionen (ClO^-) entstehen. [5 BE]
   l) Eine Eisen(II)-salzlösung wird mit mäßig konzentrierter Salpetersäure (HNO_3) derart oxidiert, daß neben Eisen(III)-ionen noch Distickstofftrioxid (N_2O_3) entsteht. [5 BE]

m) Eine saure Eisen(II)-salzlösung wird mit Wasserstoffperoxid versetzt. Es werden Eisen(III)-Ionen und Wasser gebildet. [5 BE]
n) Kaliumiodid reagiert mit konzentrierter Schwefelsäure. Die Iodidionen werden in Iod überführt und Schwefelwasserstoffgas entweicht. [5 BE]
o) Kupfer bildet mit konzentrierter Salpetersäure Cu^{2+}-Ionen und Stickstoffdioxid. [5 BE]
p) Konzentrierte Salpetersäure reagiert mit Iod zu Iodsäure (HIO_3), wobei die Salpetersäure in Stickstoffmonooxid überführt wird. [6 BE]
q) Eine saure Dichromatlösung ($Cr_2O_7^{2-}$) wird durch eine Eisen(II)-salzlösung in Cr^{3+}-Ionen umgewandelt, wobei noch Fe^{3+}-Ionen entstehen. [6 BE]
r) Kaliumdichromat reagiert in saurer Lösung mit Wasserstoffperoxid (H_2O_2) unter Sauerstoffentwicklung. Die Dichromationen ($Cr_2O_7^{2-}$) werden in Cr^{3+}-Ionen überführt. [6 BE]

8. Welche der folgenden Reaktionen sind Redoxreaktionen?
Entscheide mit Hilfe von Oxidationszahlen! [je 2 BE]
a) $3CuO + 2NH_3 \rightarrow 3H_2O + N_2 + 3Cu$
b) $4FeS_2 + 11O_2 \rightarrow 2Fe_2O_3 + 8SO_2$
c) $PbO_2 + SO_2 \rightarrow PbSO_4$
d) $2KNO_3 \rightarrow 2KNO_2 + O_2$
e) $CaSO_3 + 2HCl \rightarrow CaCl_2 + SO_2 + H_2O$
f) $Fe_2O_3 + 6HCl \rightarrow 2FeCl_3 + 3H_2O$
g) $3Mg + N_2 \rightarrow Mg_3N_2$
h) $Ca^{2+} + SO_4^{2-} \rightarrow CaSO_4$
i) $Cl_2 + 2KBr \rightarrow 2KCl + Br_2$
k) $MnO_4^- + 5Fe^{2+} + 8H_3O^+ \rightarrow Mn^{2+} + 5Fe^{3+} + 12H_2O$
l) $N_2 + 3H_2 \rightarrow 2NH_3$
m) $Mg + 2H_3O^+ \rightarrow H_2 + Mg^{2+} + 2H_2O$
n) $Mg_3N_2 + 6H_2O \rightarrow 2NH_3 + 3Mg(OH)_2$
o) $3H_2S + 2HNO_3 \rightarrow 3S + 2NO + 4H_2O$
p) $H_2SeO_4 + HCO_3^- \rightarrow CO_2 + H_2O + HSeO_4^-$

9. Wird Kaliumfluorid mit konzentrierter Schwefelsäure versetzt, so werden das äußerst aggressive, gefährliche Fluorwasserstoffgas und Kaliumsulfat gebildet.
Handelt es sich hierbei um eine Redoxreaktion? Begründung! [2 BE]

10. Überprüfe die nachfolgenden Behauptungen, entscheide, ob diese richtig oder falsch sind und stelle die falschen richtig! [7 BE]
a) Oxidation bedeutet die Veränderung der Oxidationszahl in negativer Richtung.
b) Die konzentrierte Schwefelsäure gehört zu den oxidierend wirkenden Säuren.
c) Bei einer Redoxreaktion muß die Anzahl der abgegebenen Elektronen gleich der Anzahl der aufgenommenen Elektronen sein.
d) Ein Reduktionsmittel ist ein Elektronendonator.
e) Die Änderung der Oxidationszahl bedeutet stets eine Elektronenverschiebung.
f) Bei einer Disproportionierung wirkt ein und dieselbe Teilchenart als Oxidations- und Reduktionsmittel.

11. Im folgenden sind lediglich Edukte und Produkte angegeben. Die im sauren Milieu ablaufenden Redoxreaktionen sind in Form von Teilreaktionsgleichungen mit anschließender Redoxreaktion zu formulieren; auftretende Protonen sind durch Oxoniumionen zu ersetzen! [je 6 BE]
    a) $I_2 + HNO_3$ / $IO_3^- + NO + H_2O$
    b) $HCl + MnO_2$ / $Mn^{2+} + Cl_2 + H_2O$
    c) $ClO_3^- + H_2C_2O_4$ / $ClO_2 + CO_2$
    d) $HCl + Cr_2O_7^{2-}$ / $Cl_2 + Cr^{3+}$
    e) $H_2O_2 + MnO_4^-$ / $O_2 + Mn^{2+}$
    f) $I^- + Cr_2O_7^{2-}$ / $I_2 + Cr^{3+}$
    g) $NH_3 + HNO_3$ / $N_2O + H_2O$
    h) $H_2S + Cr_2O_7^{2-}$ / $S + Cr^{3+}$
    i) $H_2C_2O_4 + MnO_4^-$ / $CO_2 + Mn^{2+}$
    k) $HNO_3 + Sb$ / $NO + Sb_2O_5 + H_2O$

12. Die nachfolgenden Redoxreaktionen stimmen darin überein, daß sie im Alkalischen stattfinden. Teilreaktions- und Reaktionsgleichungen sind für diese Vorgänge anzugeben. [je 6 BE]
    a) Zu alkalischer Wasserstoffperoxidlösung wird eine Lösung, die Permanganationen (MnO_4^-) enthält, getropft. Neben Braunstein (MnO_2) entsteht ein Gas, das einen glimmenden Holzspan zum Brennen bringt.
    b) Eine Iodidlösung wird mit alkalischer Permanganatlösung (MnO_4^-) versetzt und mit Heptan überschichtet. Neben der Bildung von Mangandioxid kann nach kräftigem Schütteln eine Violettfärbung des Heptans beobachtet werden.
    c) Im alkalischen Milieu reagiert Aluminium mit Nitrationen (NO_3^-) unter Ammoniakentwicklung und der Entstehung von Tetrahydroxoaluminat $[Al(OH)_4]^-$-Ionen.
    d) Eine wäßrige chromithaltige (CrO_2^-), alkalische Lösung wird mit einer Hypochloritlösung (ClO^-) versetzt. Dabei gehen die Chromitionen in Chromationen (CrO_4^{2-}) und die Hypochloritionen in Chloridionen über.

13. Die quantitative Bestimmung des Calcium-Gehalts einer Wasserprobe erfolgt unter Verwendung von Ammoniumoxalat ($(NH_4)_2C_2O_4$) und schwefelsaurer Kaliumpermanganatlösung.
    Bei der Redoxreaktion geht das Oxalat ($C_2O_4^{2-}$) quantitativ in Kohlenstoffdioxid über und aus den Permanganationen (MnO_4^-) entstehen Mangan(II)-Ionen.
    Wie lauten Teilreaktionsgleichungen und Reaktionsgleichung für diese Reaktion? [6 BE]

14. Der Nitritgehalt von Grundwasserproben kann quantitativ ermittelt werden. Dazu tropft man eine erwärmte schwefelsaure Kaliumpermanganatlösung zur nitrithaltigen (NO_2^-) Wasserprobe. Unter Entfärbung der Permanganationen (MnO_4^-) entstehen Nitrat- (NO_3^-) und Mn^{2+}-Ionen.
    Wie lauten Teilreaktionsgleichungen und Reaktionsgleichung für diese Reaktion? [6 BE]

15. Methansäure kann mit Hilfe der Manganometrie quantitativ erfaßt werden. Dabei reagiert die Methansäure (HCOOH) mit Kaliumpermanganatlösung. Die Permanganationen werden unter Bildung von Mangan(II)-Ionen entfärbt, aus der Methansäure entsteht Kohlenstoffdioxid.
Wie lauten Teilreaktionsgleichungen und Reaktionsgleichung für diese Reaktion? [6 BE]

16. Zur Analyse eines sulfidischen Erzes wird eine Probe davon im Luftstrom geröstet. Das Sulfid geht vollständig in Schwefeldioxidgas über. Dieses Gas wird in eine saure Wasserstoffperoxidlösung eingeleitet und dabei zu Sulfationen oxidiert, wobei aus dem Wasserstoffperoxid Wasser gebildet wird. Jetzt wird die saure Analysenlösung mit einem Überschuß an Iodid versetzt, das durch das verbliebene Wasserstoffperoxid zu Iod umgesetzt wird. Abschließend wird das Iod im sauren Milieu mittels einer Thiosulfatlösung ($S_2O_3^{2-}$) zu Iodid reduziert, wobei noch Tetrathionat-Ionen ($S_4O_6^{2-}$) entstehen.
Erstelle jeweils Teilreaktionsgleichungen und Reaktionsgleichungen für die auf den Röstprozeß folgenden Reaktionen. [12 BE]

17. Aluminium wird aus geschmolzenem Aluminiumoxid durch Elektrolyse gewonnen.
a) Erkläre, warum man das Aluminiumoxid vor dem Schmelzen mit Kryolith (Na_3AlF_6) mischt! [2 BE]
b) An welchem Pol entsteht Aluminium, an welchem Sauerstoff?
Formuliere entsprechende Teilreaktionsgleichungen! [2 BE]
c) Erläutere, warum gerade Aluminium dem Recycling zugeführt werden soll! [2 BE]

8. Hauptgruppenelemente und ihre Verbindungen

8.1 Alkali- und Erdalkalimetalle (I. und II. Hauptgruppe)

1. a) Erläutere, weshalb die Elemente der I. Hauptgruppe in der Natur nicht elementar vorkommen und gib an, welche besondere chemische Eigenschaft damit in unmittelbarem Zusammenhang steht!
   Begründe diese chemische Eigenschaft ausführlich! [5 BE]
   b) Gib an, in welcher Form die Alkalimetalle hauptsächlich in der Natur vorkommen, wie sie daraus elementar gewonnen werden können, und formuliere über Teilreaktionsgleichungen die Gesamtreaktionsgleichung für die Gewinnung von elementarem Natrium aus einer beliebigen, geeigneten Substanz! [5 BE]

2. Nenne drei charakteristische physikalische und zwei kennzeichnende chemische Eigenschaften der Alkalimetalle. Begründe diese Eigenschaften jeweils! Wie verändern sie sich innerhalb der I. Hauptgruppe? [10 BE]

3. Erläutere unter Mitverwendung einer Reaktionsgleichung, weshalb die Alkalimetalle unter Petroleum oder Paraffinöl aufbewahrt werden müssen! [3 BE]

4. Bearbeite den nachfolgenden Lückentext, indem die Leerstellen sinnvoll ergänzt werden und dort, wo eine Entscheidung zu treffen ist, Falsches gestrichen wird! [11 BE]

   Natrium und Kalium werden getrennt zu Wasser gegeben.
   Man kann sofort erkennen, in welchem Gefäß das Kalium reagiert, denn

   ____

   ____

   Dieses unterschiedliche Verhalten beider Metalle läßt sich aus deren Atombau folgendermaßen erklären:

   ____

   ____

   ____

   Bei der Reaktion des Natriums mit dem Wasser liegt ein Reaktionsprodukt gelöst vor und läßt sich als Feststoff gewinnen;

   diese Verbindung heißt ______________; ihre Verhältnisformel lautet: ______________
   Die wäßrige Lösung dieser Verbindung reagiert / **alkalisch** / **sauer** /, weil

   ____;

   dies läßt sich durch chemische Experimente folgendermaßen beweisen:

   ____

   ____

   ____

5. Legt man in eine Glasflasche ein Stück Natrium und verschließt sie mit einem gutsitzenden Glasstopfen, so ist es nach einiger Zeit schwierig, die Flasche wieder zu öffnen.
   Erkläre dies sowohl unter chemischen als auch physikalischen Gesichtspunkten! [3 BE]

6. Ammoniumsalze sind in ihrer Löslichkeit den Kalium- und Rubidiumsalzen oft sehr ähnlich.
   Versuche hierfür eine plausible Erklärung zu geben! [3 BE]

7. Wie ließe sich durch einen Versuch schnell und einfach feststellen, ob ein vorliegender weißer Feststoff ein Lithium-, Natrium- oder Kaliumsalz ist? [3 BE]

8. Wie ließe sich durch chemische Versuche einwandfrei feststellen, ob ein in Spanform vorliegendes Erdalkalimetall Calcium (Ca) oder Magnesium (Mg) ist? Kurze Beschreibung des Vorgehens mit Beobachtungen und Reaktionsgleichungen! [6 BE]

9. a) Werden die vier Metalle Calcium, Natrium, Lithium und Magnesium mit Wasser zur Reaktion gebracht, so lassen sie sich nach steigender Reaktionsgeschwindigkeit wie folgt ordnen:

   __________ __________ __________ __________

   ——— steigende Reaktivität ———→

   Die Reaktionsgleichung für die heftigste Reaktion lautet:

   ____

   Diese Reaktion ist / **eine** / **keine** / Redoxreaktion, weil

   ______________________________ [6 BE]

   b) Der Feststoff Lithiumhydroxid mit der Verhältnisformel __________

   ist / **ein** / **kein** / Salz, weil ____________________

   ____

   Hinweise auf die Bindungsverhältnisse im Feststoff ließen sich wie folgt erhalten:

   ____

   ____

   ____

   Wird der Feststoff in Wasser gelöst, so reagiert die wäßrige Lösung
   / **alkalisch** / **sauer** / **neutral** /, weil

   ______________________________ [6 BE]

8.2 Halogene (VII. Hauptgruppe)

1. Erläutere, weshalb dic Elemente der VII. Hauptgruppe in der Natur nicht elementar vorkommen. Gib auch an, welche besondere chemische Eigenschaft damit in unmittelbarem Zusammenhang steht und wie sich diese Eigenschaft innerhalb der Hauptgruppe ändert! [6 BE]

2. a) Erläutere den Begriff „Halogen" und zeige an zwei unterschiedlichen, frei wählbaren Beispielen (mit Reaktionsgleichungen), daß diese Bezeichnung zutreffend ist. [3 BE]
   b) Formuliere die beiden Redoxreaktionen aus a) über Teilreaktionsgleichungen! [je 3 BE]

3. Beschreibe, auch mit Hilfe von Reaktionsgleichungen, auf welche Weise Chlor sowohl im Labor als auch großtechnisch hergestellt werden kann! [5 BE]

4. Versuche eine Erklärung dafür zu geben, weshalb Iodkristalle einen metallähnlichen Glanz zeigen! [3 BE]

5. Erläutere das Verhalten des Iods gegenüber unterschiedlichen Lösungsmitteln! Gehe dabei auch auf die Farbe der entstehenden Lösungen ein! [6 BE]

6. Wie ließe sich durch chemische Versuche einfach und eindeutig entscheiden, ob eine vorliegende, bräunlich gefärbte Flüssigkeit eine wäßrige $FeCl_3$-Lösung oder eine wäßrige Iod- bzw. Iod-Iodkaliumlösung (KI_3-Lösung) ist? [3 BE]

7. Beschreibe, wie man „Chlorwasser" herstellt und was dabei geschieht! Gib die Eigenschaften und die Verwendung der Flüssigkeit an und erläutere, weshalb es ein entsprechendes „Fluorwasser" nicht gibt! [6 BE]

8. Setzt man Chlorwasser einige Zeit dem Tageslicht aus, so kann man mit Hilfe von weiterführenden Experimenten zwei Beobachtungen machen. Nenne diese Beobachtungen und erläutere sie durch chemische Reaktionsgleichungen! [4 BE]

9. Elementares Chlor ist ein Gift, wird aber trotzdem zur Desinfektion (Schwimmbäder) und zum Bleichen verwendet. Erläutere unter Mitverwendung von Reaktionsgleichungen, wie und unter welcher Voraussetzung diese Wirkungen zustande kommen. [4 BE]

10. Durch ein Versehen blieb eine Chemikalienflasche unbeschriftet. Der weiße, kristalline Feststoff darin könnte aber nur Natriumchlorid, Natriumbromid oder Natriumiodid sein. Schildere, unter Angabe der Beobachtungen und Ergebnisse, wie man vorzugehen hätte, um das Anion der Verbindung durch chemische Versuche zu identifizieren? [8 BE]

11. Die beiden Chemiker *Clever* und *Smart* hegen den Verdacht, daß in ihrem Labor Kaliumfluorid mit etwas Kaliumchlorid verunreinigt wurde.
Erläutere, wie die beiden die Verunreinigung durch chemische Versuche nachgewiesen haben! [4 BE]

12. Wie ließe sich durch chemische Versuche feststellen, ob Magnesiumchlorid mit Magnesiumiodid verunreinigt ist? Begründe die Versuchswahl und formuliere die entscheidende Reaktion durch eine Reaktionsgleichung samt den dazugehörenden Teilreaktionsgleichungen! [4 BE]

13. Bei einer wasserklaren, farblosen Flüssigkeit könnte es sich um eine wäßrige Ammoniaklösung oder um eine wäßrige Natriumthiosulfatlösung ($Na_2S_2O_3$) handeln.
Wie ließe sich die Flüssigkeit durch chemische Versuche identifizieren? [4 BE]

14. a) Von elementarem Iod ausgehend soll Kaliumiodid hergestellt werden. Dazu stehen sämtliche Chemikalien und Gerätschaften eines Labors zur Verfügung.
Formuliere die zum Ziel führende Reaktionsgleichung und entwickle sie aus den entsprechenden Teilreaktionsgleichungen! [3 BE]
b) Anschließend soll durch Versuche bewiesen werden, daß die vorliegende Substanz tatsächlich das gewünschte Kaliumiodid ist.
Erläutere die Beweisführung unter Mitverwendung von Reaktionsgleichungen! [6 BE]
c) Aus dem hergestellten Kaliumiodid soll elementares Iod möglichst rein zurückgewonnen werden. Auch hierfür stehen alle notwendigen Chemikalien und Gerätschaften zur Verfügung.
Erläutere die Vorgehensweise unter Mitverwendung von Reaktionsgleichung samt Teilreaktionsgleichungen! [6 BE]

15. In drei Reagenzgläsern befinden sich getrennt voneinander die wäßrigen Lösungen von Natriumiodid, Kaliumfluorid und Bariumchlorid. Dazu wird jeweils Bromwasser gegeben.
Erläutere, in welchem Fall eine chemische Reaktion eintritt, und formuliere diese durch eine Reaktiongleichung samt Teilreaktionsgleichungen! [5 BE]

16. Für ein Experiment benötigt ein Chemiker festes, elementares Iod, das er aber erst herstellen muß. Dafür stehen ihm folgende Substanzen zur Verfügung:

– Silberiodid	– Eisenbromid	– Zinkiodid	– Chlorwasser
– Wasser	– Chloroform (CH_3Cl)	– Stärkelösung	

sowie alle notwendigen Gerätschaften.
Erläutere, unter Mitverwendung von Reaktionsgleichungen samt Teilreaktionsgleichungen, wie der Chemiker vorgehen müßte, um das gewünschte Halogen zu erhalten! [7 BE]

17. a) Nenne, unter Mitverwendung von Reaktionsgleichungen, je zwei Möglichkeiten, Fluor- und Chlorwasserstoff herzustellen! [4 BE]
b) Erläutere und formuliere den Mechanismus der Chlorknallgasreaktion durch Angabe von Reaktionsgleichungen für die einzelnen Reaktionsschritte! [7 BE]

18. Ergänze die folgenden Lücken und triff, wo es nötig ist, eine Entscheidung!

Ob ein vorliegendes Gas Fluorwasserstoff oder Chlorwasserstoff ist, läßt sich auf physikalischem Weg / **nicht** / **leicht** / entscheiden, weil

____

____

Durch chemische Versuche lassen sich die beiden Verbindungen möglichst einfach folgendermaßen unterscheiden (falls möglich mit Reaktionsgleichung):

____

____ [7 BE]

8.3 Schwefel (VI. Hauptgruppe)

1. Es existieren große Schwefellagerstätten, in denen der elementare Schwefel mehrere hundert Meter tief im Boden vorkommt.
   a) Wie kann man diese Lagerstätten ausbeuten, ohne daß bergmännisches Arbeiten nötig wird? [2 BE]
   b) In welcher Struktur liegt der feste Schwefel vor? [3 BE]
   c) Welche Beobachtungen kann man machen, wenn man Schwefel langsam bis auf ca. 500 °C erhitzt? [4 BE]
   d) Erkläre die in c) beobachteten Unterschiede der Zähflüssigkeit der Schwefelschmelze! [4 BE]
   e) Wie nennt man die Erscheinung, daß Elemente, je nach den äußeren Bedingungen, in verschiedenen Zustandsformen auftreten können? [1 BE]
   f) In welcher nichtelementaren Form kommt der Schwefel außerdem in der Natur vor und wie kann er aus diesen Verbindungen gewonnen werden? [3 BE]

2. Der Schwefel tritt vornehmlich in drei verschiedenen Modifikationen auf.
   a) Was versteht man unter „Modifikationen“ eines Stoffes? [2 BE]
   b) Gib die drei wichtigsten Schwefelmodifikationen sowie die äußeren Bedingungen an, unter denen sie vorkommen bzw. erhalten werden können, und charakterisiere kurz die jeweilige Kristallstruktur! [9 BE]

3. Gib die Strukturformeln für das Schwefeldioxidmolekül und das Schwefeltrioxidmolekül an! [3 BE]

4. Gib jeweils ein einfaches Verfahren zur labormäßigen und technischen Herstellung von Schwefeldioxid an und formuliere die entsprechenden Reaktionsgleichungen. Mache deutlich, ob es sich jeweils um exotherme oder endotherme Reaktionen handelt! [4 BE]

5. Schwefeldioxidgas entsteht, wenn Metallsulfide im Sauerstoffstrom erhitzt werden (Rösten). Dabei bilden sich bei unedlen Metallen die Metalloxide, bei edleren die Elemente.
   a) Formuliere die Reaktionsgleichungen für die Beispiele 1) bis 6). Angegeben sind jeweils ein Edukt und ein entsprechendes Produkt.
   Die Fragezeichen sind sinnvoll zu ersetzen!
   1) ZnS / ZnO 2) 2 K_2S / K_2O 3) FeS_2/Fe_2O_3
   4) 2 Sb_2S_3 / Sb_2O_3 5) HgS / ? 6) 5 Ag_2S / ? [6 BE]
   b) Welcher Reaktionstyp ist allen Beispielen gemeinsam? [1 BE]

6. Schwefeldioxid ist in Wasser recht gut löslich.
   Erläutere das Löslichkeitsverhalten aus dem Molekülbau des Schwefeldioxids! [3 BE]

7. a) Wird Schwefeldioxid in Wasser geleitet, so kommt es auch zu einer chemischen Reaktion zwischen den beiden Substanzen.
   Entwickle die Reaktionsgleichung! [1 BE]
   b) Welche Beziehung besteht damit zwischen Schwefeldioxid und dem in a) gebildeten Produkt? [1 BE]
   c) Erläutere, auch mit Reaktionsgleichungen, das Verhalten einer wäßrigen Schwefeldioxidlösung gegenüber neutralem Lackmus! [4 BE]

8. Wieviele und welche Salzreihen kann die Schweflige Säure bilden?
   Gib für jede Salzreihe das hierfür charakteristische Ion an! [2 BE]

9. Formuliere die Herstellung einer Natriumsulfitlösung durch zwei unterschiedliche, aufeinanderfolgende Vorgänge, von denen der eine
   a) eine Redoxreaktion, der andere
   b) eine Säure-Base-Reaktion nach Brönsted darstellt.
   Natrium, Wasser und Schwefeldioxidgas stehen zur Verfügung. Gib bei a) auch Teilreaktionsgleichungen und die sich ändernden Oxidationszahlen und bei b) die korrespondierenden Säure-Base-Paare an! [6 BE]

10. Zu Natriumsulfitlösung wird eine mit Iod blau gefärbte Stärkelösung gegeben. Die Färbung verschwindet, und nach Zugabe einer salzsauren Bariumchloridlösung fällt ein weißer Niederschlag aus.
    a) Welche Aussagen über den Reaktionsverlauf sind dadurch möglich? [3 BE]
    b) Formuliere die Reaktionsgleichungen, wobei die Redoxreaktion mit Hilfe von Teilreaktionsgleichungen entwickelt werden soll! [6 BE]

11. a) Erläutere die Begriffe Formal- und Ionenladung! [3 BE]
    b) Gib an, wie die Formalladung allgemein ermittelt wird und zeige dies am Beispiel des Sulfitions! [4 BE]
    c) Gib die möglichen Strukturformeln (Valenzstrichformeln) folgender Moleküle und Ionen an und ermittle darin eventuell auftretende Formalladungen der Atome!
    1) F_2 2) H_3O^+ 3) HS^- 4) NH_4^+ 5) N_2O_4 6) NO^+
    7) N_2O_3 8) NO_2^+ 9) CO 10) N_2O [je 2 BE]

12. Wird festes Natriumsulfit mit Salzsäure versetzt, so entsteht u. a. ein farbloses, stechend riechendes Gas.
Formuliere die Reaktionsgleichung und erläutere den Reaktionsablauf! [4 BE]

13. Eine angesäuerte wäßrige Natriumsulfitlösung wird in getrennten Ansätzen
a) mit einer wäßrigen Kaliumiodatlösung (KIO_3),
b) mit einer wäßrigen Kaliumperchloratlösung ($KClO_4$) und
c) mit Chlorwasser
versetzt, wobei die Sulfitionen in allen drei Fällen als Reduktionsmittel dienen und zu Sulfationen (SO_4^{2-}) oxidiert werden.
Dabei entstehen in a) Iodidionen, in b) und c) jeweils Chloridionen.
Entwickle für diese Redoxreaktionen die entsprechenden Reaktionsgleichungen aus Teilreaktionsgleichungen, und gib die sich ändernden Oxidationszahlen an! [je 3 BE]

14. Beim Verbrennen von elementarem Schwefel in Luft oder reinem Sauerstoff entsteht praktisch nur Schwefeldioxid und nicht das stabilere Trioxid.
Gib hierfür eine plausible Erklärung! [4 BE]

15. Erkläre, warum bei der Schwefeltrioxidherstellung das Gasgemisch nach Durchströmen einer Kontaktschicht (Katalysator) über einen Wärmetauscher geleitet wird! [4 BE]

16. Bearbeite den nachfolgenden Lückentext, indem die Leerstellen sinnvoll ergänzt werden und dort, wo eine Entscheidung zu treffen ist, Falsches gestrichen wird! [8 BE]

Schwefeltrioxid ist bei Raumtemperatur ein Feststoff; wird dieser mit Wasser versetzt, so findet eine **/ stark / schwach / /exotherme / endotherme /** Reaktion statt.

Die entsprechende Reaktionsgleichung lautet: ____________________

Das resultierende Produkt heißt ____________________

Damit ist das Schwefeltrioxid das ____________________
des obigen Reaktionsproduktes.
Formuliere in Elektronenpaarschreibweise die Strukturformel dieses Reaktionsprodukts!
Die obige Strukturformel erlaubt Aussagen über den räumlichen Bau dieses Moleküls, der wie folgt beschrieben werden kann:

____

____

____

____

17. Technisch soll aus den Stoffen Wasser, Luft bzw. Luftsauerstoff und Schwefel Schwefelsäure hergestellt werden.
    a) Erläutere das Prinzip der technischen Säuregewinnung anhand von Reaktionsgleichungen! [5 BE]
    b) Bei einem Reaktionsschritt der Säuregewinnung muß ein Katalysator eingesetzt werden. Begründe, weshalb der Katalysator notwendig ist! [3 BE]
    c) Erläutere mit Reaktionsgleichungen, wie sich die erhaltene Schwefelsäure gegenüber violetter Lackmuslösung verhält! [4 BE]
    d) Wie ließe sich möglichst einfach experimentell beweisen, daß in einer verdünnten Schwefelsäure Ionen vorliegen? [2 BE]

18. Welche chemischen Eigenschaften unterscheiden die Schweflige Säure von der konzentrierten Schwefelsäure? [3 BE]

19. Erläutere, weshalb Flaschen, die konzentrierte Schwefelsäure enthalten, nicht offen stehen bleiben, sondern stets gut verschlossen sein sollen! [2 BE]

20. Weder reine Schwefelsäure noch reines Wasser besitzen eine merkliche elektrische Leitfähigkeit. Vermischt man jedoch die Säure mit Wasser, so steigt die Leitfähigkeit der resultierenden Lösung stark an. Erkläre diese Erscheinung unter Mitverwendung geeigneter Reaktionsgleichungen! [4 BE]

21. Entscheide, ob für die nachstehend aufgeführten Säuren die jeweils angegebenen Eigenschaften (üblicherweise bei Raumtemperatur) zutreffen (+) oder nicht zutreffen (–)! Entwertete Felder (———) sind nicht zu bearbeiten! [11 BE]

Zu vergleichende Aussage	konz. HCl	verd. H_2SO_4	konz. H_2SO_4
a) Die konzentrierte Säure enthält im wesentlichen Moleküle.		———	
b) Auf Stoffe wie Holz und Papier wirkt die Säure verkohlend.			
c) Die heiße Säure greift Silber unter SO_2-Entwicklung an.			
d) Die heiße Säure löst Gold und Platin.			
e) Kupfer und Quecksilber werden nicht angegriffen.			
f) Die Säure wirkt oxidierend.			
g) Unedle Metalle werden unter Wasserstoffentwicklung aufgelöst.			
h) Die Salze der Säure lassen sich durch eine wäßrige Bariumhydroxidlösung nachweisen.			

22. Die Schweflige Säure und die Schwefelsäure bilden jeweils zwei verschiedene Salzreihen. Wie lauten deren jeweilige Namen, wie deren Verhältnisformeln? [2 BE]

23. Bilde die Verhältnisformeln für folgende Salze:
    a) Magnesium(II)-hydrogensulfit
    b) Gallium(III)-sulfat
    c) Blei(II)-sulfat
    d) Kalium(I)-sulfit
    e) Aluminium(III)-hydrogensulfat
    f) Arsen(V)-sulfit [6 BE]

24. a) Definiere den Begriff „Anhydrid"! [2 BE]
    b) Gib zwei Anhydride an! [2 BE]

25. a) Gib jeweils die Reaktionsgleichung für die Reaktion verdünnter Schwefelsäure mit Lithium, Magnesiumoxid und Aluminium(III)-hydroxidlösung an. [6 BE]
    b) Zu welchem Grundtyp chemischer Reaktionen gehören die unter a) beschriebenen Reaktionen? [2 BE]

26. Welche chemischen Eigenschaften kennzeichnen die verdünnte, welche die konzentrierte Schwefelsäure? [4 BE]

27. Eine Mineralwasserprobe liefert nach Zugabe einer salzsauren Bariumchloridlösung einen weißen Niederschlag!
    Was läßt sich damit über das Mineralwasser aussagen? Begründung mit Reaktionsgleichung! [3 BE]

28. Nach der Zugabe von verdünnter Schwefelsäure zu Natriumsulfit kann eine starke Gasentwicklung festgestellt werden.
    a) Theoretisch denkbar wäre die Entstehung verschiedener Gase.
       Zähle diese auf und begründe, wie man durch einfache chemische Versuche nachweisen kann, welches Gas entstanden sein muß! [3 BE]
    b) Wie lauten die Reaktionsgleichungen, aus welchen ersichtlich wird, welches Gas tatsächlich entsteht? [4 BE]
    c) Begründe, ob es sich bei b) um Redox-, Säure-Base- oder beide Reaktionsarten handelt! [2 BE]

29. a) Formuliere über Reaktionsgleichungen, ausgehend von elementarem Kupfer und verdünnter Schwefelsäure, die Herstellung von Kupfersulfat durch zwei unterschiedliche, aufeinanderfolgende Vorgänge, von denen der eine
       1) eine Redoxreaktion, der andere
       2) eine reine Säure-Base-Reaktion darstellt.
       Gib bei 1) die sich ändernden Oxidationszahlen und bei 2) die korrespondierenden Säure-Base-Paare an! [5 BE]
    b) Formuliere die Herstellung von Zinksulfat als Reaktionsgleichung über Teilreaktionsgleichungen, ausgehend von elementarem Zink und verdünnter Schwefelsäure!
       Gib die sich ändernden Oxidationszahlen an. [4 BE]

30. Eine lackmushaltige, blau gefärbte wäßrige Ammoniaklösung wird solange zu Aluminium(III)-hydrogensulfat zugesetzt, bis die resultierende Lösung einen violetten Farbton aufweist.
    a) Wie lautet die Reaktionsgleichung für diese Reaktion? [3 BE]
    b) Welche spezielle Reaktion läuft hierbei ab? [1 BE]

31. In einer Flasche befindet sich ein weißer, kristalliner Feststoff. Die Untersuchung ergab, daß es sich um Natriumsulfit handelt, das mit Natriumsulfat verunreinigt ist. Beschreibe die Nachweise und formuliere die Reaktionsgleichungen (ohne Begleitionen), mit der man diese Aussage bestätigen kann! [4 BE]

32. Gibt man elementaren Schwefel zu konzentrierter Schwefelsäure, so wird stechend riechendes Schwefel(IV)-oxid gebildet.
    a) Formuliere die zugrundeliegende Reaktionsgleichung und die entsprechenden Teilreaktionsgleichungen der Redoxreaktion! [6 BE]
    b) Um welche besondere Art von Redoxreaktion handelt es sich? Erläuterung! [3 BE]

33. Konzentrierte Schwefelsäure soll mit Wasser verdünnt werden.
    Beschreibe und begründe, wie man vorzugehen hat, damit keine Gefährdungen auftreten! [3 BE]

34. a) Versetzt man Kaliumfluorid mit konzentrierter Schwefelsäure, so entsteht unter anderem ein hochgiftiges, aggressives Gas. Formuliere hierfür die Reaktionsgleichung! Welcher Reaktionstyp liegt vor? [3 BE]
    b) Setzt man dagegen Kaliumbromid mit konzentrierter Schwefelsäure um, so kann das zuerst entstehende Gas mit noch nicht verbrauchter Schwefelsäure weiterreagieren. Im zweiten Schritt bilden sich dann braune Dämpfe und ein stechend riechendes Gas, das massiv am Waldsterben beteiligt ist. Gib die Reaktionsgleichungen und die Reaktionstypen an! [4 BE]

35. Wirkt konzentrierte Schwefelsäure auf festes Natriumiodid ein, so kommt es nicht nur zur Bildung violetter Dämpfe, sondern es entsteht auch ein nach faulen Eiern riechendes Gas sowie in geringer Menge ein gelber feinpulvriger Feststoff.
    Entwickle für diese Redoxreaktionen die Reaktionsgleichungen aus Teilreaktionsgleichungen! [6 BE]

36. Charakterisiere die Anordnung der Atome im Schwefeldioxid-, Schwefeltrioxidmolekül, Sulfit- und Sulfation mit je einem Adjektiv! [2 BE]

37. Gib zwei unterschiedliche Möglichkeiten zur einfachen labortechnischen Herstellung von Schwefelwasserstoff an, formuliere die jeweilige Reaktionsgleichung und charakterisiere die beiden Reaktionstypen! [4 BE]

38. Viele Mineralien enthalten chemisch gebundenen Schwefel, z. B. als Sulfid.
   a) Formuliere die Gleichung für die Reaktion von Bleiglanz (PbS) mit Salzsäure! [2 BE]
   b) Welches allgemeine Reaktionsprinzip steckt in dieser Reaktion? Gib zusätzlich in Worten ein Reaktionsschema für diesen Sachverhalt an! [2 BE]
   c) Welche gefährliche Eigenschaft besitzt eines der Produkte aus b)? [2 BE]
   d) Welche natürliche Quellen gibt es für dieses gefährliche Produkt? [2 BE]

39. Wieviele Salzreihen bildet Schwefelwasserstoff, wie heißen diese und durch welches charakteristische Ion ist jede dieser Salzreihen gekennzeichnet? [2 BE]

40. a) Wie reagiert eine wäßrige Lösung von Schwefelwasserstoff gegen Lackmus? Erklärung mit Reaktionsgleichungen! [3 BE]
   b) Welche chemische Funktion besitzt in a) der Schwefelwasserstoff? [1 BE]

41. Auf welche Weise läßt sich Schwefelwasserstoff chemisch selbst in hoher Verdünnung nachweisen und worauf beruht dieser Nachweis? Ausführliche Erklärung mit Reaktionsgleichungen! [4 BE]

42. Schwefelwasserstoff ist im Vergleich zum einprotonigen Chlorwasserstoff eine zweiprotonige Säure, aber eine wesentlich schwächere als dieser. Gib für diese Tatsache eine plausible Erklärung! [4 BE]

43. Wasser- und Schwefelwasserstoffmoleküle sind jeweils gewinkelt gebaut, unterscheiden sich jedoch deutlich in ihren Bindungswinkeln. Ordne dem Schwefelwasserstoffmolekül einen der nachfolgend angegebenen Bindungswinkel 121°, 112°, 92° zu und begründe die getroffene Entscheidung! [5 BE]

44. a) Erläutere, auch mittels einer Reaktionsgleichung, weshalb Gegenstände aus Silber beim längeren Liegen an der Luft schwarz verfärbt werden („Anlaufen“). [3 BE]
   b) Gekochte Hühnereier sollten nicht mit einem Silberlöffel gegessen werden. Gib hierfür eine plausible Erklärung! [2 BE]

8.4 Stickstoff und Phosphor (V. Hauptgruppe)

8.4.1 Stickstoff

1. a) Erläutere, ausgehend von der Elektronenkonfiguration des Stickstoffatoms, die Bindungsverhältnisse im Stickstoffmolekül! [4 BE]
   b) Welche Besonderheit ergibt sich aus den Bindungsverhältnissen für den molekularen Stickstoff im Vergleich zu anderen Elementargasen? [2 BE]
   c) Unter welchen Bedingungen wird Stickstoff reaktionsfähiger? [2 BE]

2. Eine geradezu unerschöpfliche Stickstoffquelle ist die atmosphärische Luft. Beschreibe ein Verfahren zur labormäßigen Gewinnung von Stickstoff aus der Luft! [3 BE]

3. Erläutere am Beispiel des Stickstoffmonooxids den Begriff „Radikal"! [4 BE]

4. Die direkte Vereinigung von Magnesium und Stickstoff liefert in einer stark endothermen Reaktion das aus Ionen aufgebaute Syntheseprodukt Magnesiumnitrid (Mg_3N_2).
   a) Formuliere diese Redoxreaktion über Teilreaktionsgleichungen unter Angabe der sich ändernden Oxidationszahlen! [3 BE]
   b) Versetzt man das Salz Magnesiumnitrid mit Wasser, so wird Ammoniak gebildet. Formuliere die Reaktionsgleichung und kennzeichne darin die korrespondierenden Säure-Base-Paare! [3 BE]

5. Bei Gewittern wird in der Atmosphäre in geringer Konzentration Stickstoffmonooxid gebildet.
   a) Erläutere unter Mitverwendung einer Reaktionsgleichung, wie und wodurch dieses Oxid in der Atmosphäre synthetisiert wird! [3 BE]
   b) Das gebildete Stickstoffmonooxid bleibt der Atmosphäre nicht erhalten. Erläutere und formuliere mit Reaktionsgleichungen den Übergang des Stickstoffmonooxids in das stabilere Produkt! [4 BE]
   c) Erläutere, weshalb für die Synthese des Stickstoffmonooxids ungewöhnlich viel Energie benötigt wird! [2 BE]

6. a) Was versteht man unter „nitrosen Gasen" und wie entstehen diese in Kraftfahrzeugmotoren? [4 BE]
   b) Erkläre unter Mitverwendung einer Reaktionsgleichung, wie sich diese Gase in feuchter Luft verhalten und wie sie dadurch auf die Umwelt einwirken können! [5 BE]
   c) Welche technische Maßnahme zur Herabsetzung der freigesetzten Menge an nitrosen Gasen ist heute bereits vielfach im Einsatz? [1 BE]

7. Bei sehr schönem Sommerwetter kann man im Rundfunk häufig Warnungen vor zu hohem Ozongehalt (Ozon: O_3) der Luft hören. Schuld daran sind u. a. die Kraftfahrzeugabgase, die Stickstoff(IV)-oxid enthalten. Unter UV-Licht reagiert dieses Stickstoffoxid mit dem Luftsauerstoff, wobei auch noch Stickstoff(II)-oxid entsteht.
   a) Formuliere diese Ozonbildung mit Teilreaktionsgleichungen! [3 BE]
   b) Welche chemische Funktion besitzt bei diesem Prozeß das Stickstoff(IV)-oxid? Erläuterung und Definition! [3 BE]
   c) Das entstehende Stickstoff(II)-oxid kann erneut zur Bildung von Ozon führen. Formuliere die zugrundliegende Reaktion und erläutere sie unter Zuhilfenahme eines chemischen Fachbegriffs! [3 BE]

8. a) Gib die Strukturformeln folgender Teilchen in Elektronenpaarschreibweise an: NO_2^+ / NO / NO_2^- [3 BE]
   b) Welche der Teilchen aus a) sind gewinkelt, welche linear gebaut? [2 BE]

9. Bilde eine Reihe aus fünf Stickstoffoxiden, in welcher die Oxidationszahl des Stickstoffs jeweils um eine Stufe sinkt! [3 BE]

10. a) Erläutere unter Mitverwendung von Reaktionsgleichungen das Prinzip der großtechnischen Herstellung von Salpetersäure, ausgehend von elementarem Stickstoff. In den Reaktionsgleichungen sind sich eventuell ändernde Oxidationszahlen anzugeben! [9 BE]
    b) Durch welche wesentlichen chemischen Eigenschaften ist die konzentrierte Salpetersäure charakterisiert? [2 BE]

11. Stickstoff(V)-oxid ermöglicht einem Chemiker problemlos die Herstellung einer bestimmten Säure.
    a) Welche Summenformel und welche Strukturformel in Elektronenpaarschreibweise besitzt das Stickstoff(V)-oxid? [3 BE]
    b) Wie muß der Chemiker vorgehen, damit er die Säure erhält? Stichwortartige Begründung und Reaktionsgleichung! [3 BE]

12. Weshalb kann konzentrierte Salpetersäure problemlos in Eisen- oder Aluminiumgefäßen aufbewahrt und transportiert werden? [2 BE]

13. Erläutere die Begriffe „Scheidewasser“ und „Königswasser“! [4 BE]

14. Wird Silber mit konzentrierter Salpetersäure versetzt, so entweichen braune Dämpfe. Verdünnt man anschließend das Reaktionsgemisch mit Wasser, filtriert und versetzt das klare Filtrat mit Natriumchloridlösung, so entsteht ein weißer Niederschlag. Erläutere den Versuchsablauf. Formuliere die Redoxreaktion über Teilreaktionsgleichungen mit den sich ändernden Oxidationszahlen, und die Fällungsreaktion durch eine Ionengleichung ohne Begleitionen! [6 BE]

15. Ein Chemiker benötigt für ein Experiment Natriumnitrat, das in seinem Labor nicht mehr vorrätig ist. Beschreibe ein mögliches Verfahren, um dieses Salz einfach herzustellen, und formuliere die entsprechende Reaktionsgleichung! [3 BE]

16. a) Folgende Substanzen werden zur Reaktion gebracht:
    1) Quecksilber mit konzentrierter Salpetersäure (im Reaktionsprodukt besitzt das Metall die Oxidationszahl +II).
    2) Magnesiumpulver mit stark verdünnter Salpetersäure.
    Formuliere die jeweils ablaufende Reaktion über Teilreaktionsgleichungen, in denen die sich ändernden Oxidationszahlen anzugeben sind! [5 BE]
    b) Die in a) entstandenen Lösungen 1) und 2) werden zur Trockene eingedampft. Anschließend wird kräftig weiter erhitzt.
    Erläutere die dabei ablaufenden Vorgänge und formuliere diese durch Reaktionsgleichungen! [5 BE]

17. Formuliere die Reaktionsgleichungen für folgende Versuche, wobei in den Teilreaktionsgleichungen der Redoxreaktion die sich ändernden Oxidationszahlen anzugeben sind:
    a) Beim Einleiten von Schwefelwasserstoff in eine wäßrige Bleinitratlösung entsteht ein schwarzer Niederschlag.
    b) Wird der schwarze Niederschlag aus a) mit konzentrierter Salpetersäure erhitzt, so löst er sich auf und es entsteht neben einem braunen Gas ein weißer Bleisulfatniederschlag. [5 BE]

18. Die chemische Industrie stellt einen wichtigen Partner der Landwirtschaft dar.
    a) Erläutere, weshalb bei intensiver Landwirtschaft gedüngt werden muß! [3 BE]
    b) Nenne zwei verschiedene Stickstoffdünger! [2 BE]
    c) Erkläre, weshalb das Überdüngen von Feldern vermieden werden sollte! [3 BE]

19. Wegen seines hohen Stickstoffgehaltes wäre Ammoniumnitrat ein idealer Stickstoffdünger.
    a) Berechne den Massenanteil des Stickstoffs $w(\mathrm{N})$ in dieser Substanz! [2 BE]
    b) Begründe, weshalb Ammoniumnitrat in Reinform als Dünger völlig ungeeignet ist! [4 BE]

20. Ein mit Ammoniakgas gefüllter Rundkolben wird mit einem durchbohrten Gummistopfen verschlossen, durch den ein Glasrohr nach innen führt. Anschließend wird der Kolben mit der Öffnung nach unten in ein Gefäß mit Wasser getaucht das mit einem Indikator versetzt wurde.
    a) Welche Beobachtungen kann man machen? [2 BE]
    b) Erkläre die Beobachtungen und formuliere entsprechende Reaktionsgleichungen! [3 BE]

21. Die elektrische Leitfähigkeit von reinem Wasser und einer wäßrigen Ammoniaklösung wird vergleichend gemessen.
    Erläutere die Ergebnisse unter Mitverwendung einer Reaktionsgleichung! [3 BE]

22. Wie geht man vor, um zu überprüfen, ob ein Salz Ammoniumionen enthält, wenn dazu lediglich Lackmuspapier, Wasser und festes Natriumhydroxid als Reagenzien zur Verfügung stehen?
    Beschreibung des Nachweisverfahrens mit Reaktionsgleichungen! [5 BE]

8.4.2 Phosphor

1. a) Nenne die beiden wichtigsten Modifikationen des Phosphors und begründe ihre unterschiedliche Reaktivität! [6 BE]
   b) Zähle drei weitere Unterschiede zwischen den Phosphormodifikationen auf! [3 BE]

2. a) Wie kann man roten in weißen Phosphor umwandeln? [1 BE]
   b) Wozu werden große Mengen an rotem Phosphor verwendet? [1 BE]

3. Erläutere die Funktionsweise eines Streichholzes beim Entzünden an einer Reibfläche! [5 BE]

4. Begründe, weshalb der Phosphor in keiner seiner Modifikationen in der Natur elementar vorkommt, und gib an, in welcher Form man ihn in der Natur finden kann! [2 BE]

5. In Stickstoffmolekülen sind je zwei Stickstoffatome über Dreifachbindungen verknüpft. Dieses Bindungsprinzip existiert beim Phosphor nicht.
   Versuche zu erklären, weshalb stabile P_2-Moleküle mit Dreifachbindungen, zumindest bei Raumtemperatur, unbekannt sind. [4 BE]

6. Das Verbrennungsprodukt von rotem Phosphor wird in eine wäßrige Lackmuslösung gegeben.
   a) Welche Beobachtung kann man machen? Erklärung! [2 BE]
   b) Formuliere die entsprechenden Reaktionsgleichungen! [2 BE]
   c) Zu welcher speziellen Stoffgruppe kann man das Verbrennungsprodukt des Phosphors deshalb zählen (vgl. b)? [1 BE]

7. Die molare Masse von Phosphor(V)-oxid läßt sich mit 284 g/mol bestimmen.
   Welche Molekülformel resultiert daraus für dieses Oxid? [2 BE]

8. Phosphorsäure kann verschiedene Salzreihen bilden.
   Benenne die verschiedenen Salzreihen und bilde für jede die Formel des entsprechenden Aluminiumsalzes! [3 BE]

9. Die Phosphorsäure ist im Gegensatz zur Schwefelsäure lediglich eine schwache Säure und zwar so schwach, daß sie in Erfrischungsgetränken als Säuerungsmittel Verwendung finden kann.
   Erläutere die unterschiedliche Stärke beider Säuren! [5 BE]

10. Wieviel Gramm Wasser werden bei der Herstellung von reiner Phosphorsäure aus 10 Gramm Phosphor(V)-oxid benötigt? [4 BE]

11. Wieviel Kilogramm Phosphor müßten zu Phosphor(V)-oxid verbrannt werden, wenn aus dem Produkt 1 t reine Phosphorsäure gewonnen werden sollte? [5 BE]

12. Calciumphosphat kommt als „Phosphorit“ in großen Mengen in der Natur vor.
    a) Warum ist dieses Mineral als Dünger ungeeignet? [1 BE]
    b) Welche Möglichkeiten hat man, um aus dem Mineral wertvolle Dünger zu gewinnen? Gib hierzu Erläuterungen und Reaktionsgleichungen an! [4 BE]

13. Eine wäßrige Phosphatlösung reagiert alkalisch. Formuliere eine entsprechende Reaktionsgleichung! [2 BE]

14. Beschreibe die räumliche Gestalt des Phosphations! [2 BE]

15. Erläutere die ökologischen Nachteile, die aus der Verwendung phosphathaltiger Waschmittel resultieren können! [6 BE]

16. Welches Volumen einer Kalilauge der Stoffmengenkonzentration $c(KOH) = 0{,}1\,mol/l$ wird gebraucht, um 50 ml Phosphorsäure zu neutralisieren, wenn deren Stoffmengenkonzentration 0,2 mol/l beträgt?
    Gib Reaktionsgleichung und Rechenweg an! [4 BE]

8.5 Kohlenstoff und Silicium (IV. Hauptgruppe)

8.5.1 Kohlenstoff

1. In welchen Formen kommt der Kohlenstoff
   a) elementar b) gebunden
   in der Natur vor? [3 BE]

2. a) Elementarer Kohlenstoff tritt in zwei Modifikationen auf. Nenne die beiden Modifikationen und erläutere deren unterschiedliche Gitterstrukturen ausführlich! [8 BE]
   b) Leite aus den Besonderheiten der Gitterstrukturen die charakteristischen Unterschiede in den Eigenschaften beider Modifikationen ab! [8 BE]
   c) Wie ließe sich durch chemische Versuche beweisen, daß in beiden Kohlenstoffmodifikationen ein- und dieselbe Atomart vorliegt? [3 BE]
   d) Welche der beiden Modifikationen ist energetisch stabiler, und weshalb wandelt sich die instabilere Form nicht spontan in die stabilere um? [3 BE]
   e) Begründe aus der Gitterstruktur beider Kohlenstoffmodifikationen, welche bei sehr hohem Druck die stabilere sein muß! [3 BE]

3. Erläutere, weshalb Graphit in Bleistiftminen und als hitzebeständiges Schmiermittel Verwendung finden kann! [4 BE]

4. Was versteht man unter „Industriediamanten“? [2 BE]

5. Nenne zwei energetisch stabile Verbindungen, in welchen die darin vorkommenden Kohlenstoffatome unterschiedliche Oxidationszahlen tragen! [2 BE]

6. Wird in ammoniakalische Silbernitratlösung Kohlenstoffmonooxidgas eingeleitet, so fällt elementares Silber aus. Dies führt zu einer Schwarzfärbung.
   a) Formuliere die Reaktionsgleichung in Ionenschreibweise ohne Begleitionen (betrachte vereinfachend Ag^+(aq)-Ionen)! [4 BE]
   b) Handelt es sich um eine Säure-Base- oder um eine Redoxreaktion? Begründung! [2 BE]
   c) Erläutere, unter Mitverwendung einer Reaktionsgleichung, die Herstellung von Kohlenstoffmonooxid im Labor! [4 BE]

7. Die Feuerwehr empfiehlt, aus einer verqualmten Wohnung möglichst tief gebückt herauszugehen.
   Welchen Grund hat diese Empfehlung? [3 BE]

8. Warum trugen Kellermeister früher beim Hinabsteigen in Gärkeller stets eine brennende Kerze bei sich? [3 BE]

9. Alljährlich sterben mehrere Dutzend Menschen beim Arbeiten in Futtersilos und Faulgruben.
   a) Welche chemischen und physikalischen Vorgänge können zu diesen Unfällen führen? [3 BE]
   b) Wie muß man diesen Unfällen vorbeugen? [2 BE]

10. Kohlenstoffdioxid ist ein Feuerlöschmittel. Erläutere, weshalb dieses Oxid dazu geeignet, Kohlenstoffmonooxid aber ungeeignet ist! [4 BE]

11. Die Kohlensäure ist eine schwache Säure.
    a) Formuliere die Reaktionsgleichung für die zweistufige Protonenabgabe der Säure bei der Reaktion mit Hydroxidionen und benenne die entstehenden Ionen! [3 BE]
    b) Formuliere die Darstellung der Kohlensäure aus ihrem Anhydrid in Form einer Reaktionsgleichung! [2 BE]
    c) Warum entweicht aus einer Lösung von Kohlenstoffdioxid in Wasser nur sehr langsam Wasserstoff, wenn Magnesiumpulver zugegeben wird? Erklärung und Reaktionsgleichung! [4 BE]

12. Erkläre die Vorgänge und formuliere die jeweils entsprechenden Reaktionsgleichungen – möglichst in Form von Ionengleichungen – beim Einleiten von Kohlenstoffdioxid in
    a) Kalilauge b) Kaliumcarbonatlösung c) Wasser! [7 BE]

13. Natriumcarbonat (Soda) und Natriumhydrogencarbonat werden getrennt voneinander erhitzt und die entstehenden Gase jeweils in wäßrige Calciumhydroxidlösung eingeleitet.
    Wie lauten die entsprechenden Reaktionsgleichungen? [3 BE]

14. Durch ein Versehen blieben zwei Gefäße, die beide eine farblose, klare Flüssigkeit enthalten, unbeschriftet.
Wie könnte man, ohne Zuhilfenahme chemischer Reagenzien, entscheiden, in welchem Gefäß Calcium- bzw. Natriumhydrogencarbonatlösung enthalten ist. Erläuterung mit Reaktionsgleichungen! [4 BE]

15. Bei Unpäßlichkeit des Magens, z. B. „Sodbrennen", werden häufig Kautabletten eingenommen, die Natriumhydrogencarbonat enthalten.
Erläutere mit Hilfe einer Reaktionsgleichung dessen Wirkung im Magen! Formuliere lediglich die an der Reaktion teilnehmenden Ionen. [3 BE]

16. In altem, sehr dickem Mauerwerk wird gelegentlich Mörtel gefunden, der noch nicht fest ist! Erkläre diese Tatsache und gib dafür eine Reaktionsgleichung an! [4 BE]

17. Früher traf man in Neubauten, die mit Kalkmörtel gemauert wurden, in der Bauphase häufig auf Koksöfen. Welchen Sinn hatten diese? [2 BE]

18. Erkläre die Entstehung der Tropfsteine und ergänze die Erklärung durch eine entsprechende Reaktionsgleichung. [4 BE]

19. Was bedeutet die Angabe 1°dH und was versteht man chemisch darunter? [2 BE]

20. a) Die Fränkische Schweiz, ein Naherholungsgebiet in Franken, zeichnet sich durch beeindruckende Kalkfelsformationen aus. Die umliegenden Dörfer und Städte beziehen aus ihr teilweise sehr sauberes klares Trinkwasser. Welche Probleme können durch dieses Wasser entstehen? Beschreibe kurz die Probleme unter Zuhilfenahme einer Reaktionsgleichung! [5 BE]
    b) Wie bezeichnet man die Härte des Wassers, die durch Kochen entfernt werden kann? [1 BE]

21. Hartes Wasser bildet mit Seife waschinaktive Kalkseife.
Welche Seifenmasse kann 200 Liter Badewasser mit 18 °dH inaktivieren, wenn 10 mg Calciumoxid in einem Liter Wasser 0,01 g Seife binden? [3 BE]

8.5.2 Silicium

1. a) Welche Reaktionsabfolgen werden in der Industrie für die Gewinnung von polykristallinem Reinst-Silicium durchgeführt?
   Formuliere Reaktionsgleichungen und gib eine kurze Erläuterung! [5 BE]
   b) Welcher Schritt schließt sich an die in a) aufgeführten Prozesse an, wenn man das Silicium in der Mikroelektronik verwenden will?
   Nenne dazu die zwei gebräuchlichsten Verfahren! [3 BE]

2. Unter allen Halbleitern (synthetisch oder natürlich) bringt nur das Silicium alle Voraussetzungen für eine großtechnische Massenproduktion mit.
   Nenne drei Eigenschaften des Siliciums, die dieses für die Großproduktion geeignet machen! [3 BE]

3. a) Die Homologen Kohlenstoff und Silicium zeigen in vergleichbaren Verbindungen häufig deutliche Unterschiede in den Eigenschaften. Erkläre aus dem Atombau beider Elemente, weshalb
   1) bei Raumtemperatur Kohlenstoffdioxid ein Gas, Siliciumdioxid aber ein Feststoff ist! Gib auch die Bindungsverhältnisse in beiden Oxiden und deren Struktur an! [8 BE]
   2) Kohlenwasserstoffverbindungen chemisch (z. B. gegen Wasser und Sauerstoff) sehr stabil, Siliciumwasserstoffverbindungen dagegen instabil sind! [6 BE]
   b) Erläutere, wie man aufgrund der molekularen Struktur des Siliciumdioxids zu dessen Verhältnisformel kommt! [3 BE]

4. a) Begründe, weshalb eine zur Metakohlensäure (H_2CO_3) strukturell völlig analoge Metakieselsäure nicht existiert und gib die unterschiedlichen Struktur- und Bindungsverhältnisse an! [8 BE]
   b) Wie ließe sich unter Mitverwendung geeigneter Reaktionsgleichungen die Entstehung beider Säuren aus den entsprechenden Orthosäuren (H_4CO_4/H_4SiO_4) erklären? [4 BE]
   c) Begründe, ob – rein formal betrachtet – aus Orthokieselsäure Quarz hergestellt werden könnte! [2 BE]

5. Erläutere, warum es unter normalen Reaktionsbedingungen kaum möglich ist, reine Kieselsäure zu erhalten! [2 BE]

6. a) Aus Ammoniak, Quarzsand, Kochsalz, Wasser und CO_2 soll Natriumsilicat hergestellt werden.
   Erläutere kurz und formuliere ausführlich die notwendigen, zum Ziel führenden Reaktionsgleichungen! [8 BE]
   b) Erläutere mit Ionengleichungen, weshalb eine wäßrige Silicatlösung gegen einen Säure-Base-Indikator, z. B. Lackmus, alkalisch reagiert! [3 BE]

c) Schon um die Jahrhundertwende ist zum Konservieren von Eiern und zum Imprägnieren von Holz „Wasserglas“ verwendet worden. Dieses Verfahren wurde in den letzten Jahren für Imprägnierungsmaßnahmen in der Bautechnik wiederentdeckt. Was ist Wasserglas und wie läßt sich seine konservierende bzw. imprägnierende Wirkung erklären? [6 BE]

7. a) „Silicagel“ ist eine Substanz mit besonderen Eigenschaften. Wie erhält man, ausgehend von einem Alkalisilicat, das Silicagel; durch welche charakteristische Eigenschaft zeichnet es sich aus, durch welche strukturelle Besonderheit wird diese bedingt, und welche Einsatzmöglichkeiten ergeben sich daraus? [9 BE]
   b) „Blaugel“ erhält man durch Zugabe von wasserfreiem Cobalt(II)-chlorid zu „Silicagel“. Erläutere, warum sich „Blaugel“ bei Wasserzugabe nach Blaßrosa umfärbt! [2 BE]
   c) Wie kann man feuchtes Blaugel regenerieren? [1 BE]

8. Ton ist ein Stoffgemisch aus vornehmlich verwitterten Schichtsilicaten (Silicaten mit Blattstruktur), die sich chemisch den Aluminiumsilicaten zuordnen lassen.
   a) Hauptmerkmal des Töpfertons (feuchter Ton) ist seine gute plastische Verformbarkeit. Erläutere diese Eigenschaft aus der Struktur der Schichtsilicate! [3 BE]
   b) Beim Brennen des Tons im Brennofen erhält man eine kompakte Masse, die im Gegensatz zu Sand nicht rieselt. Welche Vorgänge spielen sich demnach beim Brennprozeß ab? [3 BE]
   c) Tonmineralien spielen auch abseits der Töpferei eine wichtige Rolle, so z. B. als nützlicher Bestandteil des Ackerbodens oder als Basiskomponente in Fleckentfernern. Welche Eigenschaft der Tone ist hierfür verantwortlich? [5 BE]

9. Woraus wird Porzellan hergestellt? [2 BE]

10. a) Was sind die strukturellen Kennzeichen des keramischen Zustands? [2 BE]
    b) Welche interessanten Werkstoffeigenschaften zeichnen Keramiken aus, und bei welchen (technischen) Haushaltsgeräten werden diese in besonderem Maße ausgenutzt? [3 BE]

11. Talkum ist ein weiches Magnesiumsilicat, das in Pulverform, ähnlich wie Graphit, als Schmiermittel Verwendung findet. Welche Struktur besitzt folglich dieses Silicat? [2 BE]

12. a) Asbest, ein Magnesiumsilicat, wurde früher sehr häufig in der Bautechnik eingesetzt. Erläutere, welchen Grund es dafür gab! [3 BE]
    b) Erkläre, wieso Asbest heute nicht mehr verwendet werden darf! [4 BE]

13. a) Für normales Glas kann keine Verhältnisformel angegeben werden. Nenne den Grund hierfür! [1 BE]
    b) Welche charakteristische physikalische Eigenschaft belegt die Unmöglichkeit einer Verhältnisformel ebenfalls? [1 BE]

14. a) Warum besitzen verschiedene Glassorten unterschiedliche Eigenschaften? [2 BE]
    b) Welches Ergebnis bringt jeweils die elektrische Leitfähigkeitsmessung einer Quarz- und einer Normalglasschmelze? [2 BE]
    c) Wie können die Ergebnisse aus b) erklärt werden? [3 BE]

15. Viele chemische Glasgeräte und optische Instrumente bestehen aus „Quarzglas".
    Wie gewinnt man „Quarzglas", und welche Vorzüge weist es gegenüber normalem Glas auf? [6 BE]

16. Ein Glasstab und ein gleich langer und starker Metallstift werden gleichzeitig mit einem Ende in eine Flamme gehalten.
    a) Warum legt man den Metallstift nach kurzer Zeit weg? [1 BE]
    b) Erkläre, weshalb der Glasstab weiterhin gehalten werden kann! [3 BE]

17. a) Während Kalkmörtel ein sogenannter „Luftmörtel" ist, kann Zementmörtel als „Wassermörtel" angesehen werden.
    Welcher charakteristische Unterschied im Abbindeprozeß verbirgt sich hinter diesen Bezeichnungen und worauf ist er zurückzuführen? Gehe dabei auch auf die Herstellung von Zement ein! [5 BE]
    b) Worin besteht der Unterschied zwischen Zement und Beton? [1 BE]

9. Kohlenwasserstoffe

1. a) Nenne drei wichtige chemische Elemente in der organischen Chemie! [2 BE]
   b) Beschreibe, wie man die beiden wichtigsten Elemente jeweils qualitativ nachweisen kann! [2 BE]

2. Erläutere aus dem Atombau des Kohlenstoffs, weshalb dieser weder C^{4+}- noch C^{4-}-Ionen bildet, auf welche Weise Kohlenstoffatome bei Verbindungsbildung Edelgaskonfiguration erreichen, und welche charakteristischen Eigenschaften den Kohlenstoffatomen folglich zuzuordnen sind! [4 BE]

3. Worauf ist zurückzuführen, daß es in der anorganischen Chemie etwa 150.000 Verbindungen, in der organischen Chemie jedoch mehrere Millionen Verbindungen gibt? [2 BE]

4. Worin besteht der Unterschied zwischen einer Strukturformel und einer Halbstrukturformel? [2 BE]

5. a) Was versteht man unter einer homologen Reihe? [2 BE]
   b) Welche der angegebenen Verbindungspaare könnten aufeinanderfolgende Glieder einer homologen Reihe sein? [4 BE]
   1) $H_3C{-}(CH_2)_2{-}CH_3$ / $H_3C{-}(CH_2)_3{-}CH_3$
   2) $C_5H_{11}COOH$ / $C_6H_{13}COOH$
   3) C_3H_8O / $C_2H_5{-}O{-}C_2H_5$
   4) C_4H_8O / $H_3C{-}CH_2{-}CHO$
   5) $C_3H_5(NH_2)_2COOH$ / $C_4H_8(NH_2)COOH$

6. a) Definiere den Begriff Isomerie! [2 BE]
   b) Welche der angegebenen Verbindungen sind Isomere? [6 BE]
   1) $H_3C{-}CH_2{-}CH_2OH$
   2) $H_3C{-}CH_2{-}CHO$
   3) $Cl_2CH{-}(CH_2)_4{-}COOH$
   4) $H_2C{=}CH{-}CH_2OH$
   5) $H_3C{-}O{-}C_2H_5$
   6) $H_3C{-}CO{-}CH_3$
   7) $H_3C{-}(CHCl)_2{-}(CH_2)_2{-}COOH$
   8) 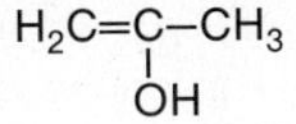
   9) $H_2C{=}CH{-}CHO$

7. a) Benenne die nachfolgend angegebenen Kohlenwasserstoffe entsprechend den Nomenklaturregeln! [je 2 BE]
   1) 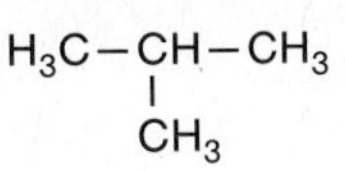
   2) 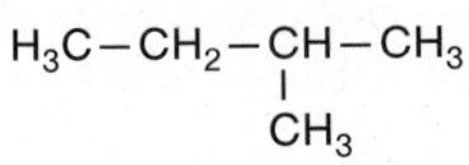
   3) 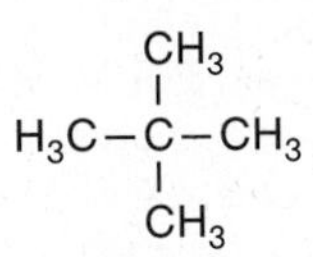
   4) 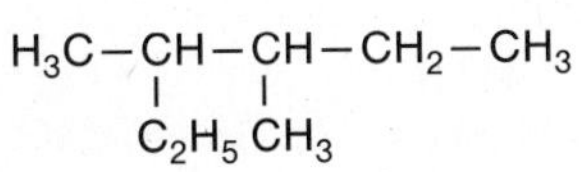
   5) 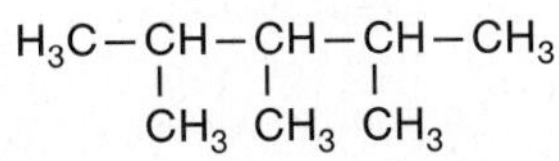

6) 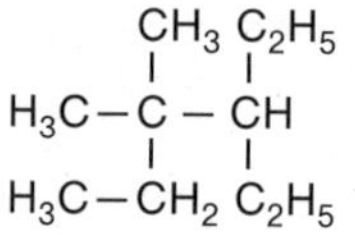

7) 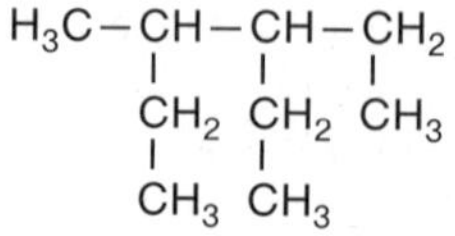

8) 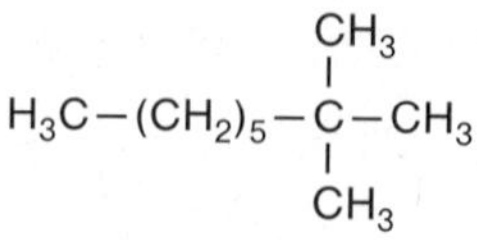

9) 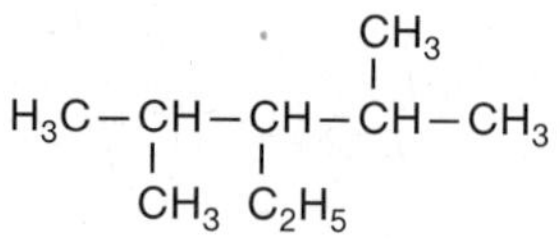

10) 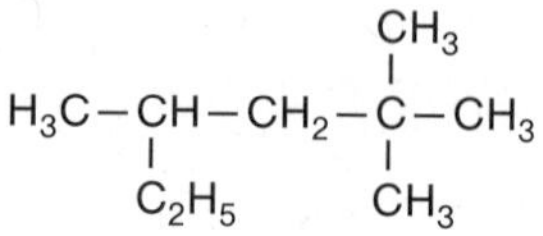

11) 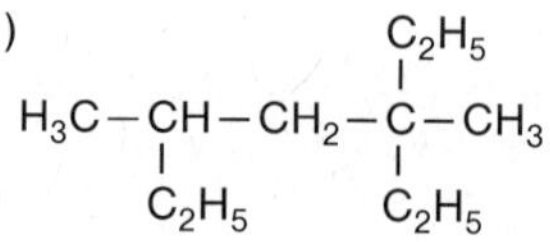

12) 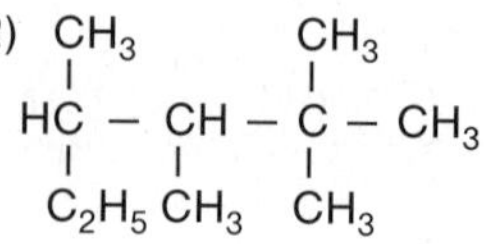

13) 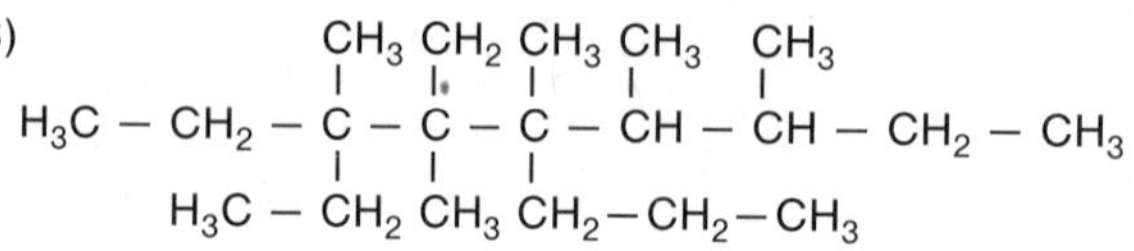

b) Welche der Verbindungen in a) stellen Isomere dar? [4 BE]

8. a) Gib die nachstehend genannten Kohlenwasserstoffe in Halbstrukturschreibweise an! [je 2 BE]
   1) 2,2,3-Trimethylbutan
   2) 2,4-Dimethylhexan
   3) Isobutan
   4) 2,3,3-Trimethylheptan
   5) 3-Ethylhexan
   6) 2,2,3-Trimethylpentan
   7) 3-Ethyl-2-methylpentan
   8) 2,2,3,3-Tetramethylbutan
   9) 3-Ethyl-2,3,5-trimethylheptan
   10) 3,3,4-Triethyl-2,4,5-trimethylhexan
   11) 4,4-Diethyl-2,2,3,3,6-pentamethylheptan
   12) 3,4,4-Triethyl-3,6-dimethyl-5-propylnonan

   b) In welcher charakteristischen Beziehung stehen die Kohlenwasserstoffe 2), 5), 6), 7) und 8) zueinander? Begründung! [2 BE]

   c) Durch welche Reaktion könnten Chlorderivate der in a) aufgeführten Verbindungen hergestellt werden? [1 BE]

   d) Beschreibe, wie man mit einfachen chemischen Mitteln nachweisen kann, ob eine organische Verbindung zu den Halogenverbindungen zählt! [3 BE]

9. a) In einem Benzin konnten u. a. folgende Kohlenwasserstoffe nachgewiesen werden:
   1) 2,3-Dimethylpentan 2) 3-Methylhexan 3) 3-Ethylpentan
   Überlege, ob diese drei Kohlenwasserstoffe zueinander isomer sein können und gib, falls zutreffend, das zugrunde liegende Normalalkan an! [3 BE]

   b) Für einen weiteren Kohlenwasserstoff in diesem Benzin wurde ein Atomzahlenverhältnis $N(\mathrm{C}):N(\mathrm{H}) = 1:2$, sowie die Molekülmasse 84 u ermittelt; dieser Kohlenwasserstoff reagiert nicht mit Bromwasser.
   Ermittle die Summenformel dieses Kohlenwasserstoffs und versuche eine Strukturformel anzugeben! [5 BE]

10. Iod ist in flüssigen Alkanen (z. B. in Hexan) gut, in Wasser dagegen schlecht löslich. Begründe das unterschiedliche Lösungsverhalten des Halogens aus seiner Molekülstruktur und der Molekülstruktur der Lösungsmittel! [5 BE]

11. In einem Standzylinder befindet sich ein farbloses, brennbares Gas. Voruntersuchungen haben ergeben, daß es sich nur um Propan oder Propen handeln kann. Wie hätte man vorzugehen, um diesen Kohlenwasserstoff durch chemische Versuche zu identifizieren? [3 BE]

12. Wie unterscheiden sich Pentan und Penten hinsichtlich ihrer Summenformeln und ihrer Bindungen? [2 BE]

13. a) Ein gasförmiger Kohlenwasserstoff mit der Dichte 1,875 g/l entfärbt Bromwasser. Ermittle die Summenformel dieses Kohlenwasserstoffs, gib seine Molekülstruktur an (Strukturformel) und benenne ihn! [5 BE]
    b) Formuliere, unter Verwendung von Strukturformeln, die Gleichung für die Reaktion des Kohlenwasserstoffs mit Bromwasser und benenne das entstehende Produkt! [3 BE]

14. a) Rohöl (gefördertes Erdöl) ist weltweit der wichtigste Primärenergieträger. Was ist Rohöl und welche Bestandteile sind darin enthalten? [2 BE]
    b) Raffinerien, deren Hauptziel die Produktion von Vergaserkraftstoffen (Benzinen) ist, stellen an den zu verarbeitenden Rohstoff bestimmte Anforderungen. Nenne zwei Eigenschaften, die das hierfür verwendete Rohöl mitbringen sollte! [2 BE]
    c) Welchen Einfluß haben diese Eigenschaften auf die Dichte und die Viskosität des Rohöls? [2 BE]

15. a) Rohöl ist als solches nicht verwertbar und muß in Raffinerien aufbereitet werden. Nenne die wichtigsten technischen, aufeinanderfolgenden Verfahren, die notwendig sind, um aus dem Rohöl einen hochwertigen Vergaserkraftstoff herzustellen! [4 BE]
    b) Charakterisiere das Wesen und die Notwendigkeit der einzelnen, in a) genannten Verfahrensschritte! [8 BE]

16. a) Erläutere den Zusammenhang zwischen „Klopfen", Octanzahl und „Klopffestigkeit"! [4 BE]
    b) Warum darf ein Diesel-PKW nicht mit Superbenzin betrieben werden? [2 BE]

10. Chemie und Umwelt

1. Pyrithaltige Kohle (Pyrit: FeS_2) wird verbrannt.
   a) Formuliere die Reaktionsgleichung dieser Verbrennung (die als Produkt erhaltene Eisenverbindung enthält das Metall in der Oxidationsstufe +III)! [2 BE]
   b) In feuchter Luft bildet sich Nebel, welcher Verbrennungs- und Reaktionsprodukte aus a) aufnimmt.
   Erläutere die Flüssigkeitsbildung und formuliere die chemischen Vorgänge mit Reaktionsgleichungen! [6 BE]
   c) Entwickle die Reaktionsgleichungen für die Einwirkung der gebildeten Flüssigkeit auf
   1) Leitungsdrähte aus Aluminium
   2) auf Zink- und Eisenbleche
   über Teilreaktionsgleichungen (Ionengleichungen ohne Begleitionen)! [6 BE]
   d) Vor allem Wälder werden durch den „Sauren Regen" geschädigt.
   Wie bezeichnet man diese stark schädigende Wirkung und wie läßt sie sich vereinfacht erklären? [6 BE]

2. Bei der Verbrennung von 1 t einer Braunkohlenart werden 14 m^3 Schwefeldioxid freigesetzt.
   Ermittle den Massenanteil an Schwefel, den diese Braunkohle enthält! [4 BE]

3. Steinkohle enthält einen durchschnittlichen Massenanteil von 0,9 % Schwefel.
   Berechne das Volumen und die Masse an Schwefeldioxid, die beim Verbrennen von 140 t Steinkohle (das entspricht dem Durchschnittsverbrauch eines 750 MW Heizkraftwerks pro Stunde) freigesetzt werden! [6 BE]

4. Schwefeldioxid ist ein Luftschadstoff, der unsere Umwelt nachhaltig zerstört. Um die Schäden zu minimieren, muß das Gas vor allem dort, wo es in großen Mengen entsteht, weitestgehend unschädlich gemacht werden.
   a) Erläutere, bei welchen großtechnischen Prozessen dieses Umweltgift in erhöhtem Umfang anfällt! [2 BE]
   b) Erläutere (eventuell mittels Reaktionsgleichungen), auf welche Weise die Schwefeldioxidemission wirksam und sinnvoll reduziert werden kann! [6 BE]

5. Schwefelwasserstoff ist als starkes Atemgift ein Schadstoff. Der MAK-Wert beträgt 10 ppm.
   Welches Volumen an Schwefelwasserstoff darf am Arbeitsplatz höchstens in zwei Liter Luft enthalten sein? [2 BE]

6. Erkläre, was man unter dem Begriff Korrosion versteht! [2 BE]

7. Das Rosten von Eisen ist der wirtschaftlich bedeutendste Korrosionsvorgang.
   Erläutere die weltweite Zunahme der Korrosion in den letzten einhundert Jahren! [3 BE]

8. Antike Baudenkmäler, wie die über 2000 Jahre alte Akropolis in Athen, die zum Teil aus Marmor errichtet wurde, werden durch „Sauren Regen“ besonders stark in Mitleidenschaft gezogen.
   a) Erkläre, wie aus Schwefeldioxid „Saurer Regen“ entsteht und gib die entsprechenden Reaktionsgleichungen an! [4 BE]
   b) Formuliere eine Reaktionsgleichung für die Einwirkung von „Saurem Regen“ auf Marmor, der eine besondere Form von Kalk darstellt! [2 BE]
   c) Erläutere, welche Auswirkungen der „Saure Regen“ auf Gebäude und Kunstwerke aus Marmor hat! [3 BE]

9. a) Könnte ein Katalysator, der eine Umwandlung des Schwefeldioxids in Schwefel und Sauerstoff bewirkt, eine Minderung des Schwefeldioxidausstoßes in Kraftwerken bewirken? [3 BE]
   b) Wie müßte man verfahren, um den Ausstoß von Stickstoffoxiden in den Rauchgasen von Kraftwerken mit Katalysatoren verringern zu können? [2 BE]
   c) Formuliere eine Reaktionsgleichung, nach dem das Verfahren in b) ablaufen könnte! [2 BE]

10. Nenne vier Maßnahmen, die jeder Einzelne ergreifen sollte, damit die Umwelt durch nitrose Gase möglichst wenig geschädigt wird! [4 BE]

11. Erläutere ausführlich die Wirkungen der Autoabgase (bei Kraftfahrzeugen ohne Katalysator) auf den Menschen und die Umwelt! [10 BE]

12. Nenne die Hauptaufgaben, die ein geregelter Dreiweg-Katalysator in einem Kraftfahrzeug leistet! [3 BE]

13. 1 Liter einer Atemluftprobe enthielt $3{,}87 \cdot 10^{-6}$ g Schwefeldioxid. Berechne den Massenanteil des Schwefeldioxids in ppm und beurteile die Qualität dieser Atemluft am Arbeitsplatz, wenn der diesbezügliche MAK-Wert 2 ppm beträgt! [3 BE]

14. Warum ist das Aufstellen von Altglassammelcontainern ökologisch sinnvoll? [4 BE]

15. „Biogas“ könnte künftig auf Bauernhöfen mit Massenviehhaltung zur Einsparung von Energie beitragen.
    a) Wie wird „Biogas“ gewonnen und welche Zusammensetzung besitzt es? [3 BE]
    b) Eine Kuh produziert pro Jahr soviel Dung, daß daraus etwa die Energie von 300 Liter Heizöl gewonnen werden kann. Wieviel Liter Heizöl könnte ein Großbauer mit 250 Stück Großvieh demzufolge pro Jahr einsparen und welche Ersparnis in DM würde das bei einem Ölpreis von 0,50 DM pro Liter bedeuten? [2 BE]
    c) Welche positiven ökologischen Aspekte birgt die Biogasgewinnung zusätzlich zu b)? [4 BE]

16. Halogenalkane werden im Alltag vielseitig eingesetzt.
    a) Nenne mindestens drei verschiedene Verbindungen und beschreibe deren Verwendung! [6 BE]
    b) Welche Gefahren gehen von den Halogenalkanen aus, zu welchen im Besonderen die Chlorfluorkohlenwasserstoffverbindungen, fälschlich oft mit FCKW abgekürzt, zählen? [5 BE]

17. Begründe, weshalb das Einatmen von Ammoniakgas schwere Gesundheitsschäden zur Folge haben kann! [3 BE]

18. Bei der Verbrennung von Steinkohle werden ca. 1750 l CO_2 (Normbedingungen) pro kg Kohle gebildet und in die Atmosphäre entlassen. Berechne, vergleichend dazu, das Volumen an Kohlenstoffdioxid (Normbedingungen), das bei der Verbrennung von 1 kg Erdgas gebildet wird und belege damit, daß Erdgas ein umweltfreundlicherer Brennstoff als Steinkohle ist! [4 BE]

1. Gemische – Reinstoffe

1.1 Eigenschaftsvergleich und Gemischtypen

1. a) Stoffe, die aus lauter gleich beschaffenen Teilchen bestehen (und durch physikalische Methoden nicht weiter in andere Stoffe zerlegt werden können), also durch und durch die gleichen gleichbleibenden Eigenschaften (z. B. Siedetemperatur, Schmelztemperatur, Dichte usw.) haben, bezeichnet man als Reinstoffe. [2 BE]
   b) Stoffe, die aus unterschiedlich beschaffenen Teilchen bestehen, also unbestimmte und je nach Gemischzusammensetzung veränderliche Eigenschaften besitzen, bezeichnet man als Gemische. [2 BE]

2. Man untersucht seine Eigenschaften; kann man ihn physikalisch nicht weiter zerlegen und sind seine Eigenschaften (bei gleichen äußeren Bedingungen) stets identisch, so handelt es sich um einen Reinstoff. [3 BE]

3. Siedetemperatur; Schmelztemperatur; Dichte; Dampfdruck; Lichtabsorption. [3 BE]

4. Ein Reinstoff besteht nur aus einer Art kleinster Teilchen. [1 BE]

5. a) Fein verteilte (schwebende) Flüssigkeitströpfchen in einem Gas.
   Beispiel: Wassertröpfchen in der Luft. [2 BE]
   b) Fein verteilte (schwebende) Feststoffteilchen in einem Gas.
   Beispiel: Asche oder Ruß in der Luft bzw. im Verbrennungsraum. [2 BE]
   c) Gasblasen, die durch extrem dünne Flüssigkeitsschichten voneinander getrennt sind.
   Beispiel: Luft in Seifenwasser. [2 BE]
   d) In einer Flüssigkeit fein verteilte (schwebende), aber darin nicht lösliche Feststoffe.
   Beispiel: Sand in Wasser. [2 BE]
   e) In einer Flüssigkeit fein verteilte (schwebende) andere, aber damit nicht mischbare Flüssigkeitströpfchen.
   Beispiel: Öltröpfchen in Wasser. [2 BE]

6. a) Legierungen (z. B. Bronze: Kupfer-Zinn; Messing: Kupfer-Zink; Kupfer-Gold-, Silber-Gold-Legierungen u. a.) [2 BE]
   b) Salzlösungen (z. B. Kochsalzlösung; Meerwasser). [2 BE]
   c) Klare Lösungen (z. B. Schnaps: Alkohol in Wasser). [2 BE]
   d) Gaslösungen (z. B. Mineralwasser: Kohlenstoffdioxid in Wasser). [2 BE]
   e) Gase mischen sich stets homogen (z. B. Luft: Stickstoff und Sauerstoff). [2 BE]

7. a) Granit (Quarz, Feldspat und Glimmer); Steinsalz (Kochsalz und Gestein); Beton (Zement und Kies); Gemische beispielsweise aus Schwefel und Eisen, Eisen und Sand, Sägespäne und Zucker usw. [2 BE]
   b) Suspensionen (z. B. Sand in Wasser). [2 BE]
   c) Rauch (z. B. Asche oder Ruß im Verbrennungsgas); Staub (kleine Feststoffpartikel in der Luft); feste Schäume (z. B. Polyurethanschaum, Schaumgummi) und poröse Stoffe (z. B. Gasbeton, Ton, Bimsstein). [2 BE]
   d) Emulsionen (z. B. Milch: Fettröpfchen in Wasser; Benzin in Wasser) [2 BE]
   e) Nebel (schwebende Wassertröpfchen in der Luft); Schaum (Gasblasen in Seifenwasser). [2 BE]

8.

	Gemischtyp		Aggregatzustand der Bestandteile
	homogen	heterogen	
a) Granit		X	fest – fest
b) Schaum		X	flüssig - gasförmig
c) Luft	X		gasförmig - gasförmig
d) Rauch		X	fest – gasförmig
e) Emulsion		X	flüssig - flüssig
f) Kaffee$_{(aq)}$	X		fest - flüssig

[12 BE]

9. Richtige Antworten:
   a3; b3; c2; d2; e1; f1; g3; h1. [8 BE]

10. a) richtig; b) richtig; c) richtig; d) falsch; Tinte ist ein homogenes Gemisch;
    e) falsch; ... ist ein heterogenes Gemisch; f) falsch; ... ist ein heterogenes Gemisch;
    g) richtig; h) richtig; i) falsch; ... kann auch ein mehrphasiges Gemisch sein;
    k) falsch; ... dreiphasiges System;
    l) falsch; ... mit dem bloßen Auge gut erkennen kann;
    m) richtig; n) richtig; o) richtig; p) richtig. [21 BE]

11. a) Die Flüssigkeit wird in einer geeigneten Apparatur verdampft (Destillation). Alternativ: Dichtebestimmung [1 BE]
    b) Siedetemperatur; alternativ: Dichte. [1 BE]
    c) Hat die Flüssigkeit eine konstante Siedetemperatur, so liegt der Reinstoff Wasser vor; steigt während des Siedens die Siedetemperatur an, so liegt ein Gemisch vor. Alternativ: Wasser hat eine höhere Dichte als ein Wasser-Trinkalkoholgemisch. [2 BE]

12. a) Suspension; b) Suspension; c) Lösung; d) Suspension;
    e) Emulsion; f) Suspension; g) Lösung; h) Suspension;
    i) Emulsion; k) Lösung; l) Suspension; m) Suspension;
    n) Suspension; o) Emulsion; p) Lösung. [15 BE]

13. Temperaturanstieg während des Siedens ist eine charakteristische Gemischeigenschaft: Heizöl ist ein Gemisch (verschiedener Kohlenwasserstoffe). [3 BE]

14. Nein; es müßte eine gleichbleibende Schmelztemperatur besitzen und keinen Schmelzbereich! [3 BE]

1.2 Gemischtrennung

1.

Trennverfahren	zur Trennung ausgenutzte physikalische Eigenschaft	trennbarer Gemischtyp
a) Sedimentieren/ Dekantieren	unterschiedliche Dichte	Suspension; Emulsion
b) Filtration	unterschiedliche Partikelgröße	Suspension; Rauch
c) Destillation	unterschiedliche Siedetemperatur	Lösung; Suspension; Emulsion
d) Extraktion	unterschiedliche Löslichkeit	Festes Gemisch; Emulsion
e) Sublimation	unmittelbarer Übergang vom festen Zustand in den Dampf	Festes Gemisch mit Iod
Alternativ: Umkristallisieren	unterschiedliche Löslichkeit	Festes Gemisch

[16 BE]

2. Die magnetische Eigenschaft des Eisens. [1 BE]

3. Der Zusatz muß sich gut in Alkohol lösen und dieselbe Siedetemperatur wie dieser besitzen. [2 BE]

4. a) richtig
   b) falsch; ... am deutlichsten unterscheiden
   c) falsch; ... werden die Komponenten chemisch überhaupt nicht verändert
   d) richtig
   e) richtig
   f) richtig
   g) falsch; ... kann durch Zentrifugieren getrennt werden
   h) richtig
   i) falsch; ... kann z. B. durch Druck (Filterpresse) oder Unterdruck (Saugfiltration) beschleunigt werden
   k) falsch; ... in der Vorlage
   l) falsch; ... die unterschiedliche Teilchengröße
   m) richtig

n) falsch; Sedimentieren ... in einem heterogenen Gemisch
o) falsch; ... niedrigere Siedetemperatur in der Vorlage
p) richtig [23 BE]

5. Die Siedetemperaturen der Bestandteile müssen sich deutlich unterscheiden. Die Stoffe dürfen sich beim Erhitzen nicht zersetzen. [2 BE]

6. Dadurch werden gravierende Temperaturunterschiede zwischen Kühlwasser und Dampf bzw. Kondensat verhindert; der heißeste Dampf kommt mit bereits erwärmtem Kühlwasser in Kontakt, am Kühlwasserzulauf ist das Kondensat bereits deutlich abgekühlt. Ein Kühlerschaden (Platzen) kann so vermieden werden. [3 BE]

7. Prinzip der Sedimentation; feste (schwere) Bestandteile einer Suspension setzen sich ab. [2 BE]

8. a) Wasserzugabe: im Lösungsmittel ist nur der Zucker löslich; die Suspension wird abfiltriert: Filterrückstand ist das Holzkohlepulver, Filtrat ist die Zuckerlösung. Anschließend Lösungsmittel Wasser verdampfen (evtl. Destillation, um auch das Lösungsmittel zurückzugewinnen). [3 BE]
b) Destillation des Gemisches: wegen der unterschiedlichen Siedetemperatur verdampft der Alkohol, kondensiert und kann in der Vorlage erhalten werden. Das Öl verbleibt im Destillierkolben. [3 BE]
c) Wasserzugabe: im kalten Lösungsmittel ist nur das Kochsalz löslich; die Suspension wird abfiltriert: Filterrückstand ist die Stärke (die evtl. getrocknet werden kann), Filtrat ist die Kochsalzlösung. Durch anschließendes Eindampfen des Filtrats erhält man das Kochsalz. [3 BE]
d) 1. Möglichkeit:
Trennung des heterogenen Gemisches mit dem Scheidetrichter; wegen seiner höheren Dichte wird das Wasser von Benzin überschichtet, so daß das Wasser zuerst ausfließen kann.
2. Möglichkeit:
Destillation. Wegen der niedrigeren Siedetemperaturen der Benzinkomponenten (Benzin ist selbst ein homogenes Gemisch verschiedener Kohlenwasserstoffe) verdampfen diese, kondensieren und können in der Vorlage erhalten werden. Das Wasser verbleibt im Destillierkolben. [3 BE]
e) Wasserzugabe: im Lösungsmittel ist nur das Kochsalz löslich; auf Grund ihrer unterschiedlichen Dichten sinkt der Sand zu Boden, d. h. er sedimentiert. Die Sägespäne schwimmen auf der Wasseroberfläche und können entweder mechanisch abgezogen oder abfiltriert werden.
Anschließend Filtration: Filterrückstand ist der Sand, Filtrat ist die Kochsalzlösung. Durch Eindampfen des Filtrats erhält man das Kochsalz. [4 BE]
f) Eisenpulver kann mit Hilfe eines Magneten entfernt werden. Zum Restgemisch Wasser zugeben: nur der Zucker löst sich im Lösungsmittel.
Filtration: Filterrückstand ist der Schwefel, Filtrat ist die Zuckerlösung. Durch vorsichtiges Eindampfen des Filtrats erhält man den Zucker. [4 BE]

g) Zunächst Eisenpulver mit Magneten entfernen und Restgemisch mit Wasser versetzen. Im Wasser ist nur das Kochsalz löslich.
Filtration (oder Sedimentieren und anschließendes Dekantieren): Filterrückstand ist Kupfer, Filtrat ist die Kochsalzlösung.
Durch Eindampfen des Filtrats erhält man das Kochsalz. [4 BE]

h) Wasser und Alkohol (Teilsystem homogen) überschichten das dichtere, aber ebenfalls flüssige Quecksilber. Das Alkohol-Wasser-Gemisch kann vorsichtig abgegossen werden (Dekantieren) (Filtration nicht möglich, da auch das Quecksilber die Filterporen passiert!).
Durch anschließende Destillation kann das homogene Restgemisch getrennt werden: der Alkohol verdampft, kondensiert im Kühler und kann in der Vorlage aufgefangen werden; das Wasser bleibt im Destillierkolben zurück. [4 BE]

i) Bleikörner können von Hand ausgelesen werden. Sand und Zucker mit Wasser versetzen; den Sand vom gelösten Salz abfiltrieren. Der Salzlösung das Wasser entziehen (Destillation, Verdunstung). [4 BE]

k) Die drei Komponenten bilden ein homogenes Gemisch, unterscheiden sich deutlich in ihren Siedetemperaturen und können durch Destillation getrennt werden.
Zunächst verdampft bei 56 °C (329 K) das Aceton, kondensiert im Kühler und kann in der Vorlage aufgefangen werden; anschließend verdampft bei 78 °C (351 K) der Alkohol, kondensiert ebenfalls und kann aus der Vorlage entnommen werden; das Wasser bleibt im Destillierkolben zurück. [4 BE]

l) 1. Möglichkeit:
Eisenspäne mit Magneten entfernen, anschließend Restgemisch erhitzen bis das Iod sublimiert und z. B. an kaltem Glasgefäß resublimiert. Wasserzugabe zum Restgemisch aus Sand und Kochsalz: im Wasser ist nur das Kochsalz löslich.
Filtration: Filterrückstand ist der Sand, Filtrat ist die Kochsalzlösung.
Durch Eindampfen des Filtrats kann das Kochsalz gewonnen werden.
2. Möglichkeit:
Eisenspäne mit Magneten entfernen, anschließend Iod mit geeignetem Lösungsmittel (z. B. Hexan) extrahieren (nur Iod löst sich im Extraktionsmittel);
Filtration: Filterrückstand ist das Restgemisch, Filtrat ist die Iodlösung.
Durch vorsichtiges Verdampfen des Lösungsmittels erhält man das Iod zurück.
Das Restgemisch (Filterrückstand) mit Wasser versetzen; darin ist nur das Kochsalz löslich.
Erneute Filtration: Filterrückstand ist der Sand, Filtrat ist die Kochsalzlösung.
Durch Eindampfen des Filtrats kann das Kochsalz zurückgewonnen werden. [5 BE]

9. a) Heterogenes Gemisch [1 BE]
   b) Mit destilliertem Wasser versetzen, kräftig schütteln.
   (Kochsalz löst sich, Suspension entsteht)
   - Sedimentieren: Am Boden setzen sich die Eisenspäne ab.
   - Dekantieren: Die Suspension aus Salzwasser, Schwefel und Holz wird von den Eisenspänen getrennt.
   - Filtrieren: Im Filtrat befindet sich das Kochsalz, das durch Destillieren vom Wasser befreit wird. Der Rückstand wird mit Schwefelkohlenstoff aufgenommen, der Schwefel löst sich, die Sägespäne werden abfiltriert. Die Schwefel-Schwefelkohlenstofflösung wird durch Destillieren getrennt. [8 BE]

   c) Homogene Gemische: Sie zeigen Gemischeigenschaften.
   Verbindungen: Sie zeigen Reinstoffeigenschaften, sind aber mit chemischen Methoden in wenigstens zwei Elemente zerlegbar.
   Elemente: Sie zeigen Reinstoffeigenschaften und sind nicht weiter in andere Stoffe zerlegbar. [3 BE]

2. Chemische Reaktionen

2.1 Chemische Reaktion – Analyse – Synthese

1. a) Reinstoffe, die durch gewöhnliche physikalische und chemische Eingriffe nicht mehr in andere, einfache Stoffe zerlegt werden können, nennt man Elemente.
   Alternativ: Elemente bestehen nur aus einer Art von Atomen.
   b) Reinstoffe, die durch gewöhnliche chemische Eingriffe in einfachere Stoffe zerlegt werden können, nennt man Verbindungen.
   Alternativ: Verbindungen sind aus verschiedenen Atomen zusammengesetzt. [4 BE]

2. a) Metalle
   Diese wiederum können eingeteilt werden in:
   - Leichtmetalle (Dichte $< 5\,g/cm^3$)
   - Schwermetalle (Dichte $> 5\,g/cm^3$)
   oder in: - unedle Metalle - halbedle Metalle - edle Metalle
   b) Halbmetalle
   c) Nichtmetalle [3 BE]

3.

Elemente	Verbindungen	Gemische
a	a	b
c	d	f
d	f	h
e	g	
g		

[12 BE]

4. a) richtig
   b) falsch; ... sind Reinstoffe
   c) richtig
   d) falsch; ... Verbindungen und/oder Elemente
   e) richtig
   f) falsch; ... Chlor und Kohlenstoff sind Nichtmetalle
   g) falsch; ... Schwefel ist ein Feststoff
   h) falsch; ... gelingt auch durch Zufuhr anderer Energieformen (z. B. durch Licht oder elektrische Energie)
   i) richtig
   k) richtig
   l) falsch; Verschiedene Elemente können eine Verbindung ...
   m) falsch; Elemente ...
   n) richtig
   o) richtig [21 BE]

5. Eine chemische Reaktion erkennt man an
   a) der Neubildung eines oder mehrerer Stoffe unter gleichzeitigem Verschwinden der Ausgangsstoffe;
   b) einem Energieumsatz (Aufnahme oder Abgabe von Energie). [2 BE]

6. a) Unter einer Analyse verstehen wir die Zerlegung einer Verbindung in ihre Elemente oder in mehrere einfachere Reinstoffe. (Unter dem Begriff Analyse versteht man auch die Bestimmung von Art und Menge der Bestandteile eines Stoffes.)
   b) Ein chemischer Vorgang, bei dem sich aus zwei oder mehr Elementen (Reinstoffen) ein einziger neuer Stoff (Verbindung) mit neuen Eigenschaften bildet, heißt Synthese. [4 BE]

7.

a)	Chlor Element	+	Magnesiumiodid Verbindung	→	Iod Element	+	Magnesiumchlorid Verbindung	
b)	Magnesiumiodid Verbindung			→	Iod Element	+	Magnesium Element	
c)	Zink Element	+	Schwefel Element	→	Zinksulfid; Synthese Verbindung			
d)	Magnesium Element	+	Wasser(dampf) Verbindung	→	Magnesiumoxid Verbindung	+	Wasserstoff Element	
e)	Eisen Element	+	Schwefel Element	→	Eisensulfid; Synthese Verbindung			
f)	Quecksilberoxid Verbindung			→	Quecksilber Element	+	Sauerstoff Element	
g)	Silberchlorid Verbindung			→	Silber Element	+	Chlor Element	[14 BE]

8. a) Rosten von Eisen
   b) Sauerwerden von Milch, Wein, Bier u. ä.
   c) Anlaufen von Silberbesteck
   d) Ranzigwerden von Fetten
   e) Verbrennen von Papier, Holz, Gas, Heizöl, Benzin
   f) Anbrennen von Speisen
   g) Braten und Grillen (allg. Garen) von Speisen
   h) Bleichen und Färben von Haaren
   i) Tintenkiller
   k) Kompostierung
   l) Abbeizen von Farben
   m) Herstellen von Mörtel und sein Abbinden
   n) Aushärten von Beton
   o) Photosynthese
   p) Verdauung [je 1 BE]

9. a) Synthese b) Analyse c) Synthese d) Analyse e) Analyse
   f) Synthese g) Synthese h) Analyse i) Analyse [je 1 BE]

10. Zink + Schwefel → Zinksulfid [3 BE]

2.2 Oxidation – Reduktion

1. Reaktion mit Sauerstoff unter Wärmeentwicklung und Flammenbildung. [2 BE]

2. Voraussetzungen: a) brennbarer Stoff
   b) Luft bzw. Sauerstoff
   c) Entzündungstemperatur muß erreicht sein. [3 BE]

3. Abhängig a) vom Zerteilungsgrad des brennbaren Stoffes
   b) vom verfügbaren Sauerstoff. [2 BE]

4. Maßnahmen: a) Entzug des brennbaren Stoffes
   b) Entzug von Luft oder Sauerstoff
   c) Unterschreiten der Entzündungstemperatur (Abkühlen). [3 BE]

5. Sobald kein brennbares Material mehr vorhanden und/oder der gesamte Sauerstoff verbraucht ist und von außen kein Luftzutritt, d. h. kein Sauerstoffnachschub, erfolgen kann. [2 BE]

6. Die Kerze verlischt zuerst im Gefäß, das mit Luft gefüllt ist. Die Verbrennung in reinem Sauerstoff verläuft viel rascher als in Luft, dort bremst der Stickstoff den Verbrennungsvorgang. Die Verbrennungsgeschwindigkeit in reinem Sauerstoff ist nicht um soviel höher, als daß der fünffach größere Sauerstoffgehalt kompensiert werden könnte. [3 BE]

7. Die Verbrennungsprodukte Kohlenstoffdioxid bzw. Schwefeldioxid sind im Gegensatz zum festen Phosphoroxid gasförmig. Unter der Glasglocke würde ein Wasseranstieg um 1/5 des Luftvolumens ausbleiben. [3 BE]

8. Die brennbaren Dämpfe entzünden sich erst in Gegenwart von Luftsauerstoff. Das Reagenzglas ist wegen der aufsteigenden Dämpfe frei von Sauerstoff. [2 BE]

9. Zur Erzeugung brennbarer Dämpfe bzw. Gase, die Voraussetzung für eine Flammenbildung sind, müßte in diesem Fall die Streichholzflamme wesentlich länger auf das gering zerteilte Holzstück einwirken. [2 BE]

10. Da der zur Verbrennung nötige Sauerstoff fehlt, wird lediglich das Streichholz verlöschen. [3 BE]

11. Unter Oxidation verstehen wir die chemische Reaktion eines Stoffes mit Sauerstoff. [1 BE]

12. a) Verbrennung (I) / Explosion (II) / langsame (stille) Oxidation (III) / Verglühen (IV) [4 BE]

    b) (I) Reaktion unter Wärmeentwicklung und Flammenerscheinung.
    (II) Sehr schnell ablaufende Reaktion, wobei eine Druckwelle entsteht.
    (III) Reaktion ohne Lichterscheinung und kaum wahrnehmbarer Wärmeentwicklung.
    (IV) Reaktion unter Licht- und Wärmeerscheinung ohne Flamme. [4 BE]

13. z. B. a) Rosten von Eisen.
    b) „Verbrennung" von Glucose (Traubenzucker) im Körper.
    c) Reaktion von gelbem Phosphor mit Luftsauerstoff unterhalb der Entzündungstemperatur. [2 BE]

14. Reduktion bedeutet Abgabe von chemisch gebundenem Sauerstoff. [1 BE]

15. Ein Oxidationsmittel oxidiert andere Stoffe und wird dabei selbst reduziert. [2 BE]

16. Ein Reduktionsmittel reduziert andere Stoffe und wird dabei selbst oxidiert. [2 BE]

17. Oxide. [1 BE]

18. Metall + Sauerstoff → Metalloxid [2 BE]

19. a) Magnesium + Sauerstoff → Magnesiumoxid
    b) Eisen + Sauerstoff → Eisenoxid
    c) Pyrit (Eisensulfid) + Sauerstoff → Schwefeloxid + Eisenoxid [7 BE]

20. a) Kupfer + Sauerstoff → (schwarzes) Kupferoxid
    b) Nein; keine Flammenerscheinung!
    c) Nach der Reaktion Massenzunahme; Sauerstoff hat sich mit dem Kupfer verbunden und erhöht mit seiner Masse die Masse der Kupferspäne. [6 BE]

21. a) Sauerstoff b) Kohlenstoff + Sauerstoff
    c) Aluminium d) Stickstoffoxid e) Calciumoxid [5 BE]

22. Der Sauerstoff der eingeschlossenen Luft wird verbraucht; das entstehende Wasser kondensiert und nimmt zusammen mit dem gebildeten Kohlenstoffdioxid ein geringeres Volumen ein als der ursprünglich vorliegende Sauerstoff. Infolge des entstehenden Unterdrucks (begünstigt durch die Abkühlung) wird der Deckel festgesaugt. [4 BE]

23. Die drei Elemente sind:
    Wasserstoff – das Produkt ist Wasser (Wasserstoffoxid)
    Kohlenstoff – das Produkt ist Kohlenstoffdioxid
    Sauerstoff – er trägt zur Oxidbildung bei und ist im Verbrennungsprodukt Kohlenstoffdioxid enthalten; weil man bei der Verbrennung schon (Luft)-Sauerstoff benutzt, entzieht sich der im Alkohol enthaltene Sauerstoff einem Nachweis bei der Verbrennung.
    Alkohol + Sauerstoff → Kohlenstoffdioxid + Wasser [5 BE]

24. a) Kohlenstoffdioxid + Magnesium → Magnesiumoxid + Kohlenstoff [3 BE]
    b) Oxidationsmittel: Kohlenstoffdioxid
    Reduktionsmittel: Magnesium [1 BE]

25. Entscheidung mittels glimmendem Holzspan (Glimmspanprobe): im Sauerstoff entflammt der glimmende Span, im Stickstoff verlischt er. [2 BE]

26. Knallgasprobe positiv: Wasserstoff
Glimmspanprobe positiv: Sauerstoff
Zugabe von Kalkwasser: wird dieses getrübt (Niederschlagsbildung), so liegt Kohlenstoffdioxid vor. [3 BE]

27.

	Roter Phosphor	Schwefel
Beobachtung bei Verbrennung in reinem Sauerstoff?	intensive weiße Flamme und Rauchentwicklung	intensive, blaue Flamme
Beobachtung bei Verwendung von Luft?	schwach gelbliche Flamme; Rauchentwicklung	schwache bläuliche Flamme
Chemische Reaktionstypen?	Oxidation	Oxidation
Reaktionsschema für den Phosphor?	Phosphor + Sauerstoff → Phosphoroxid	

[10 BE]

28. a) Elektrolyse von Wasser:
$$2\ H_2O(l) \xrightarrow{\text{el. Energie}} 2\ H_2(g) + O_2(g)$$
b) Reaktion eines unedlen Metalls mit Salzsäure:
z.B. $Mg(s) + 2\ HCl(aq) \rightarrow H_2(g) + MgCl_2(aq)$
$Zn(s) + 2\ HCl(aq) \rightarrow H_2(g) + ZnCl_2(aq)$
c) Reduktion von Wasser(dampf) mit unedlem Metall:
z.B. $H_2O(g) + Mg(s) \rightarrow H_2(g) + MgO(s)$ [9 BE]

29. a) richtig;
b) richtig;
c) falsch; Volumenanteil 20%;
d) falsch; stille Oxidation möglich;
e) richtig;
f) falsch; Carl von Linde; (Scheele gilt als Entdecker des Sauerstoffs);
g) falsch; Wasserstoff in roten, Sauerstoff in blauen Stahlflaschen ...;
h) richtig;
i) richtig. [14 BE]

30. a) $2\ C_2H_5OH(l) + 6\ O_2(g) \rightarrow 4\ CO_2(g) + 6\ H_2O(g)$
b) $4\ NH_3(g) + 7\ O_2(g) \rightarrow 4\ NO_2(g) + 6\ H_2O(g)$
c) $2\ C_6H_6(l) + 15\ O_2(g) \rightarrow 12\ CO_2(g) + 6\ H_2O(g)$
d) $2\ Ba(s) + O_2(g) \rightarrow 2\ BaO(s)$
e) $4\ P(s) + 5\ O_2(g) \rightarrow P_4O_{10}(s)$
f) $4\ FeS_2(s) + 11\ O_2(g) \rightarrow 2\ Fe_2O_3(s) + 8\ SO_2(g)$
g) $2\ C_8H_{18}(l) + 25\ O_2(g) \rightarrow 16\ CO_2(g) + 18\ H_2O(g)$
h) $2\ CO(g) + O_2(g) \rightarrow 2\ CO_2(g)$ [je 3 BE]

31.

a)	$CuO(s)$	+	$H_2(g)$	→	$Cu(s)$	+	$H_2O(g)$
	Ox		Red				
b)	$4\ H_2O(g)$	+	$3\ Fe(s)$	→	$4\ H_2(g)$	+	$Fe_3O_4(s)$
	Ox		Red				
c)	$H_2O(g)$	+	$Mg(s)$	→	$H_2(g)$	+	$MgO(s)$
	Ox		Red				
d)	$Fe_2O_3(s)$	+	$3\ H_2(g)$	→	$2\ Fe(s)$	+	$3\ H_2O(g)$
	Ox		Red				
e)	$ZnO(s)$	+	$C(s)$	→	$Zn(s)$	+	$CO(g)$
	Ox		Red				
f)	$3\ MnO_2(s)$	+	$4\ Al(s)$	→	$3\ Mn(s)$	+	$2\ Al_2O_3(s)$
	Ox		Red				
g)	$Fe_2O_3(s)$	+	$2\ Al(s)$	→	$2\ Fe(s)$	+	$Al_2O_3(s)$
	Ox		Red				
h)	$SiO_2(s)$	+	$2\ C(s)$	→	$Si(s)$	+	$2\ CO(g)$
	Ox		Red				
i)	$Al_2O_3(s)$	+	$3\ CO(g)$	→	$2\ Al(s)$	+	$3\ CO_2(g)$
	Ox		Red				
k)	$PbO_2(s)$	+	$C(s)$	→	$Pb(s)$	+	$CO_2(g)$
	Ox		Red				

[je 3 BE]

32.

a)	Cr_2O_3	+	**$2\ Al$**	→	Al_2O_3	+	$2\ Cr$
b)	Fe_2O_3	+	**$3\ CO$**	→	$2\ Fe$	+	$3\ CO_2$
c)	**$2\ C$**	+	SnO_2	→	$2\ CO$	+	Sn
d)	PbO	+	**CO**	→	CO_2	+	Pb
e)	H_2O	+	**C**	→	H_2	+	CO
f)	CO_2	+	**$2\ Mg$**	→	$2\ MgO$	+	C
g)	**$4\ Al$**	+	$3\ SiO_2$	→	$3\ Si$	+	$2\ Al_2O_3$
h)	MoO_3	+	**$3\ H_2$**	→	Mo	+	$3\ H_2O$
i)	**H_2**	+	CuO	→	Cu	+	H_2O
k)	**C**	+	Cu_2O	→	CO	+	$2\ Cu$
l)	PbO_2	+	**C**	→	CO_2	+	Pb
m)	**$2\ Al$**	+	$3\ H_2O$	→	Al_2O_3	+	$3\ H_2$

[je 2 BE]

33. a) richtig; b) falsch; ... geringe Tendenz zu Sauerstoff;
c) richtig; d) richtig; e) richtig; f) richtig. [7 BE]

34. Magnesium ist ein starkes Reduktionsmittel und reduziert sowohl Wasser als auch das Kohlenstoffdioxid, wobei das Metall weiterbrennt:
$Mg + H_2O \rightarrow MgO + H_2$; $2\ Mg + CO_2 \rightarrow 2\ MgO + C$ [5 BE]

35. z.B.: a) farbloses, geruch- und geschmackloses Gas
b) geringe Wasserlöslichkeit
c) geringe Dichte (0,09 g/l)
d) höchste Diffusionsgeschwindigkeit aller Gase
e) niedrige Siedetemperatur (–252,8 °C) [3 BE]

36. a) In der Luft ist Sauerstoff enthalten, der mit dem Wasserstoff ein explosives Knallgasgemisch bilden würde. [2 BE]
b) Wasser; Kohlenwasserstoffe (z. B. Methan CH_4); Metallhydride (z. B. CaH_2) [3 BE]
c) Großtechnische Herstellung
z. B.: 1) Reduktion von Wasserdampf mittels glühendem Koks (Kohle):
$C(s) + H_2O(g) \rightarrow H_2(g) + CO(g) \quad \Delta H > 0$
2) Elektrolyse von Wasser (bei der Alkalichloridelektrolyse):
$2\,H_2O(l) \rightarrow 2\,H_2(g) + O_2(g) \quad \Delta H > 0$
3) Reaktion (Oxidation) von Kohlenwasserstoffen (z. B. Methan CH_4) mit Wasserdampf:
$CH_4(g) + H_2O(g) \rightarrow 3\,H_2(g) + CO(g) \quad \Delta H > 0$
Herstellung im Labor
z. B.: 1) Reaktion eines unedlen Metalls (Mg, Zn, Fe) mit einer Säure:
$Mg(s) + 2\,HCl(aq) \rightarrow H_2(g) + MgCl_2(aq) \quad \Delta H > 0$
2) Reaktion von Metallhydriden mit Wasser:
$MgH_2(s) + 2\,H_2O(l) \rightarrow 2\,H_2(g) + Mg(OH)_2(aq) \quad \Delta H > 0$
3) Erhitzen von Metallhydriden:
$CaH_2(s) \rightarrow Ca(s) + H_2(g) \quad \Delta H > 0$ [4 BE]

37. a) Von allen Brennstoffen besitzt der Wasserstoff den höchsten Energieinhalt (Heizwert).
b) Als Verbrennungsprodukt entsteht mit dem Wasser jener umweltfreundliche Stoff, aus dem der Wasserstoff gewonnen wurde. [2 BE]

38. a) Die Herstellung dieses Edelgases in den notwendigen Mengen war früher schwierig (wiederholte Fraktionierung verflüssigter Luft) und teuer. [2 BE]
b) Vorteile:
- Helium ist nicht brennbar.
- Helium besitzt eine geringere Diffusionsgeschwindigkeit und diffundiert damit langsamer durch Trag- oder Ballonhüllen.

Nachteil:
- Helium besitzt im Vergleich zum Wasserstoff eine größere Dichte; deshalb bedingt Helium als Füllgas eine etwas geringere Tragkraft. [3 BE]

39. a) Darunter versteht man jenen Wasserstoff, für dessen elektrolytische Gewinnung aus Wasser Sonnenenergie genutzt wurde. [1 BE]
b) - Einsatz als Brennstoff zur Wärmeerzeugung
- Verwendung als Treibstoff in Gasmotoren (Benzinersatz)
- Einsatz in Brennstoffzellen zur Erzeugung von elektrischem Strom [3 BE]

c) Der „Solar-Wasserstoff" ist beim Einsatz zur Energiegewinnung sehr umweltfreundlich: alle Reaktionen zur Energiegewinnung liefern Wasser.
Der Wasserstoff hat von allen Brennstoffen den höchsten Heizwert. [2 BE]

40. a) Die Siedetemperatur ist primär eine Funktion der Molekülmasse. Wasserstoffmoleküle haben mit 2u die niedrigste Molekülmasse aller Gase.
    b) Darüberhinaus wirken zwischen den unpolaren Wasserstoffmolekülen nur van-der-Waals-Kräfte; diese sind abhängig von der Oberfläche der Moleküle und da Wasserstoffmoleküle eine vergleichsweise kleine Oberfläche haben, sind die zwischenmolekularen Kräfte nur gering. Die notwendige Energie zur Überwindung dieser Kräfte (Sieden) ist deshalb ebenfalls gering. [4 BE]

41. a) $Fe_2O_3(s) + 3\,CO(g) \rightarrow 2\,Fe(s) + 3\,CO_2(g)$
    $CO_2(g) + C(s) \rightarrow 2\,CO(g)$ [3 BE]

    b) z. B.: Das Sauerstoffaufblasverfahren
    Das geschmolzene Roheisen befindet sich in einem Konverter. Durch ein wassergekühltes Rohr, eine sogenannte Lanze, wird Sauerstoff auf das flüssige Roheisen geblasen. Dabei werden die Beimengungen des Roheisens oxidiert und Wärme freigesetzt. Kohlenmonoxid sowie Schwefeldioxid entweichen, die anderen Oxide (z. B. Mn-, Si-oxide) bilden mit dem zugegebenen Kalk eine Schlacke.

    Das Siemens-Martin-Verfahren
    Das Senken des Kohlenstoffgehalts und die Entfernung des größten Teils der übrigen Fremdstoffe, das sogenannte Frischen, geschieht durch Zugabe von Schrott und Eisenerz. Der darin gebundene Sauerstoff oxidiert die unerwünschten Beimengungen des Roheisens.
    Da das Frischen mit Eisenoxiden endotherm verläuft, wird die Schmelze durch Gasbrenner flüssig gehalten.

    Das Elektroverfahren
    In einem Elektroofen wird mit Hilfe eines Lichtbogens Schrott und Roheisen eingeschmolzen. Die Temperatur des Lichtbogens beträgt etwa 3000 °C.
    Der zum Frischen notwendige Sauerstoff stammt aus den Eisenoxiden des Schrotts. Er kann aber auch direkt von außen zugeführt werden. [4 BE]

    c) 1) Roheisen enthält als Beimengungen noch etwa 3 bis 5 % Kohlenstoff und geringere Mengen Schwefel, Mangan, Phosphor und Silicium. Das Roheisen ist deshalb im Gegensatz zu reinem Eisen sehr hart und spröde und läßt sich mechanisch nicht verformen.
    2) Stahl enthält weniger als 1,7 % Kohlenstoff und nur noch sehr geringe Mengen an Schwefel, Mangan, Phosphor und Silicium.
    Dadurch ist Stahl weniger spröde und wird mechanisch verformbar. [3 BE]

2.3 Säuren – Laugen – Indikatoren

1. Säuren färben Lackmuslösung rot. Unedle Metalle werden in Säuren unter Wasserstoffentwicklung aufgelöst. [2 BE]

2. Laugen färben Lackmuslösung blau; sie machen die Haut schlüpfrig. [2 BE]

3. Nichtmetalloxid + Wasser → Säure
   Alkalimetalloxid + Wasser → Lauge
   Erdalkalimetalloxid + Wasser → Lauge [4 BE]

4. Aus den Nichtmetallen Schwefel, Stickstoff und Kohlenstoff lassen sich durch Oxidation die entsprechenden Oxide gewinnen, deren wäßrige Lösungen Säuren liefern. [4 BE]

5. Da Bariumoxid mit Wasser eine Lauge liefert, gehört das Barium zu den Metallen. Da das Oxid wasserlöslich ist, gehört Barium in die Gruppe der Alkali- oder Erdalkalimetalle. [2 BE]

6. a) Magnesiumoxid (I): Lackmuslösung wird blau
   Schwefeltrioxid (II): Lackmuslösung wird rot [2 BE]
   b) Die Lösung (I) reagiert alkalisch, während die Lösung (II) sauer reagiert. [2 BE]
   c) Magnesiumoxid + Wasser → Magnesiumhydroxid
   $MgO + H_2O \rightarrow Mg(OH)_2$
   Schwefeltrioxid + Wasser → Schwefelsäure
   $SO_3 + H_2O \rightarrow H_2SO_4$ [4 BE]
   d) Magnesiumhydroxid + Schwefelsäure → Magnesiumsulfat (Salz) + Wasser
   $Mg(OH)_2 + H_2SO_4 \rightarrow MgSO_4 + 2\,H_2O$ [2 BE]

7. $P_4O_{10} + 6\,H_2O \rightarrow 4\,H_3PO_4$ [2 BE]

8. Stoffe in Wasser lösen und wäßrige Lösungen mit einem Indikator (z. B. Lackmus, Phenolphthalein etc.) überprüfen:
   a) Phosphoroxid (P_4O_{10}) bildet als Nichtmetalloxid mit Wasser eine Säure: Indikator zeigt saure Reaktion an (neutrale Lackmuslösung wird rot, Phenolphthalein bleibt farblos).
   b) Magnesiumoxid (MgO) bildet als Erdalkalimetalloxid mit Wasser eine Lauge: Indikator zeigt alkalische Reaktion an (neutrale Lackmuslösung wird blau, Phenolphthalein wird rot).
   c) Die wäßrige Kochsalzlösung reagiert neutral: kein Farbumschlag mit dem Indikator. [7 BE]

9. Stoff in Wasser lösen und wäßrige Lösung mit Indikator überprüfen:
   a) Calciumoxid liegt vor, wenn die wäßrige Lösung alkalisch reagiert (wäßrige Lösungen von Erdalkalimetalloxiden liefern Laugen).
   b) Arsentrioxid liegt vor, wenn die wäßrige Lösung sauer reagiert (wäßrige Lösungen von Nichtmetalloxiden liefern Säuren). [3 BE]

10. Nichtmetall + Sauerstoff → Nichtmetalloxid
Alkalimetalloxid + Wasser → Alkalimetallhydroxid
z. B.: Säure + Lauge → Salz + Wasser [4 BE]

11.

	Calcium	Kupfer
Zugehörigkeit zur Gruppe der...	Erdalkalimetalle	Schwermetalle
Als Produkt entsteht...	Calciumoxid	Kupferoxid
Energetischer Reaktionstyp?	exotherm	exotherm
Was geschieht bei Zugabe von neutraler Lackmuslösung zum Produkt?	Lackmuslösung wird blau	Keine Umfärbung der Lackmuslösung
Reaktionsschema Wasser + Calciumoxid	Calciumoxid + Wasser → Calciumhydroxid	

[8 BE]

12. Stoffe mit Wasser versetzen und die Suspensionen mit einem Indikator testen:
a) Die „Lösung" (ZnO ist schwerlöslich) des Schwermetalloxids reagiert neutral.
b) Die entstehende Calciumhydroxidlösung reagiert alkalisch. [4 BE]

13. Das Calcium zunächst verbrennen (oxidieren), das Oxid mit Wasser versetzen und die erhaltene Suspension abfiltrieren. Das klare Filtrat ist Calciumhydroxidlösung (Kalkwasser), ein Nachweismittel für Kohlenstoffdioxid.
Calcium + Sauerstoff → Calciumoxid (gebrannter Kalk)
$2\,Ca + O_2 \rightarrow 2\,CaO$
Calciumoxid (gebr. Kalk) + (wenig) Wasser → Calciumhydroxid (gelöschter Kalk)
$CaO + H_2O \rightarrow Ca(OH)_2$
Calciumhydroxid (gelöschter Kalk) + (viel) Wasser liefert Calciumhydroxidlösung (Suspension). [6 BE]

14. a) „X" + Sauerstoff → „X"-oxid [1 BE]
b) Die wäßrige Lösung des Oxids liefert eine Lauge. Deshalb muß das Element „X" ein Alkali- oder Erdalkalimetall sein. [2 BE]
c) Das Filtrat könnte Calciumhydroxidlösung (Kalkwasser) sein.
Das Element könnte das Erdalkalimetall Calcium sein. [3 BE]

15. a) Calciumcarbonat → Calciumoxid + Kohlenstoffdioxid
$CaCO_3 \rightarrow CaO + CO_2$
Phosphor + Sauerstoff → Phosphoroxid [3 BE]
$4P + 5\,O_2 \rightarrow P_4O_{10}$
b) Calciumoxid + Wasser → Calciumhydroxid (Kalkwasser)
Phosphoroxid + Wasser → Phosphorsäure [3 BE]
c) Kalkwasser wird entweder durch Einblasen von Kohlenstoffdioxid (Trübung bzw. Niederschlagsbildung) und/oder mit rotem Lackmuspapier (Blaufärbung) nachgewiesen.
Phosphorsäure wird mit blauem Lackmuspapier nachgewiesen: Rotfärbung. [4 BE]

16. a) Kohlenstoffdioxid und Calciumoxid [2 BE]
b) Am Aufbau des Edukts müssen die Elemente Calcium, Kohlenstoff und Sauerstoff beteiligt sein. [3 BE]

17. a) Der Ausgangsstoff muß entweder ein Nichtmetalloxid (niedrig oxidiertes Nichtmetall) oder ein Nichtmetall sein. In beiden Fällen entsteht dann ein Nichtmetalloxid, das mit Wasser eine saure Lösung liefert. [3 BE]
b) Das entstandene Gas ist Kohlenstoffdioxid, der schwarze Ausgangsstoff „Z" ist elementarer Kohlenstoff. [2 BE]

18. a) falsch; die Oxide der Alkali- und Erdalkalimetalle liefern mit Wasser Laugen; Schwermetalloxide sind in Wasser häufig sehr schwer löslich und/oder zeigen in Wasser neutrale Reaktion.
b) richtig
c) richtig
d) falsch; saure Lösungen färben Lackmus rot.
e) richtig
f) falsch; ... heißt Schweflige Säure.
g) falsch; ... nennt man saure Reaktion.
h) richtig
i) richtig
k) richtig
l) richtig [15 BE]

3. Stöchiometrie

3.1 Atome – Moleküle – Ionen

1. Atome: Sie können bei chemischen Reaktionen nicht weiter zerlegt werden und ihre Massen sind bei einem bestimmten Element identisch. [2 BE]
   Moleküle: Sie bestehen stets aus mehreren Atomen in einem ganz bestimmten, ganzzahligen Atomzahlenverhältnis. [2 BE]

2. a) falsch; es gibt auch Elemente, die unter Normbedingungen aus mehreren Atomen bestehen.
   b) richtig
   c) falsch; Moleküle können aus verschiedenen oder denselben Atomen (Elementmoleküle) aufgebaut sein.
   d) richtig
   e) richtig
   f) falsch; ... von Demokrit
   g) richtig [10 BE]

3. Ionen sind elektrisch geladene Teilchen. [2 BE]

4.

a) 2	b) 3	c) 2	d) 3	e) 6	f) 5	
g) 4	h) 3	i) 5	k) 11	l) 11	m) 6	
n) 17	o) 8	p) 6	q) 19	r) 16	s) 34	[je 1 BE]

5. Moleküle:

a) 6	b) 8	c) 6	d) 21	e) 14	f) 35	
g) 120	h) 28	i) 76	k) 198	l) 450	m) 92	[je 1 BE]

Formeleinheiten:

a) 14	b) 15	c) 56	d) 33	e) 66	f) 51	
g) 75	h) 91					[je 1 BE]

Massen der Moleküle:

a) 36,5 u	b) 71,0 u	c) 46,0 u	d) 146,3 u	e) 98,0 u
f) 76,0 u	g) 180,0 u	h) 92,0 u	i) 229,0 u	k) 331,0 u
l) 342,0 u	m) 254,0 u			

Massen der Formeleinheiten:

a) 174,2 u	b) 58,3 u	c) 234,0 u	d) 146,3 u	e) 294,2 u	
f) 368,3 u	g) 132,0 u	h) 371,1 u			[je 1 BE]

3.2 Chemische Formeln, Massenverhältnisse und Wertigkeit

1\. a) 1) Es handelt sich um das Element Helium (Chlor/Eisen/Schwefel) und es kann ein Atom oder ein mol Helium (Chlor/Eisen/Schwefel) bedeuten.

2) In einem Molekül oder einem mol Schwefelwasserstoff lautet das Atomzahlenverhältnis $N(\text{H}) : N(\text{S}) = 2:1$

3) Es handelt sich um zwei Moleküle oder zwei mol Phosphorwasserstoff mit dem Atomzahlenverhältnis $N(\text{P}) : N(\text{H}) = 1:3$

4) In diesem Molekül oder einem mol davon lautet das Atomzahlenverhältnis $N(\text{C}) : N(\text{H}) : N(\text{O}) = 3:6:1$

5) Die Verbindung Magnesiumoxid oder ein mol davon enthält die Elemente Magnesium und Sauerstoff im Atomzahlenverhältnis $N(\text{Mg}) : N(\text{O}) = 1:1$

6) Die Verbindung rotes Kupferoxid oder ein mol davon enthält die Elemente Kupfer und Sauerstoff im Atomzahlenverhältnis $N(\text{Cu}) : N(\text{O}) = 2:1$

7) Die Verbindung schwarzes Eisenoxid oder ein mol davon enthält die Elemente Eisen und Sauerstoff im Atomzahlenverhältnis $N(\text{Fe}) : N(\text{O}) = 3:4$

8) Bei der Bildung der Verbindung Natriumcarbonat oder einem mol davon haben sich die Elemente Natrium, Kohlenstoff und Sauerstoff im Atomzahlenverhältnis $N(\text{Na}) : N(\text{C}) : N(\text{O}) = 2:1:3$ beteiligt.

9) Die Verbindung „Gelbes Blutlaugensalz" oder ein mol davon enthält die Elemente Kalium, Eisen, Kohlenstoff und Stickstoff im Atomzahlenverhältnis $N(\text{K}) : N(\text{Fe}) : N(\text{C}) : N(\text{N}) = 4:1:6:6$ [20 BE]

b) 1) 4 u (36 u/56 u/32 u) 2) 34 u 3) 34 u 4) 58 u 5) 40 u 6) 143 u 7) 232 u 8) 106 u 9) 368 u [je 1 BE]

2\. Falls es sich um atomar aufgebaute Elemente oder ionogen aufgebaute Verbindungen (Salze) handelt. [2 BE]

3\. a) Angabe: $m_a(\text{C}) = 12\,\text{u}$; $m_a(\text{O}) = 16\,\text{u}$

Allgemein gilt: $N(\text{X}) = \dfrac{m(\text{X})}{m_a(\text{X})}$

$$N(\text{C}) = \frac{m(\text{C})}{m_a(\text{C})} = \frac{1\,\text{g}}{12\,\text{u}}; \quad N(\text{O}) = \frac{m(\text{O})}{m_a(\text{O})} = \frac{2{,}67\,\text{g}}{16\,\text{u}};$$

Atomzahlenverhältnis: $N(\text{C}) : N(\text{O}) = \dfrac{1\,\text{g}}{12\,\text{u}} : \dfrac{2{,}67\,\text{g}}{16\,\text{u}}$;

$= 0{,}0833\,\text{g/u} : 0{,}166\,\text{g/u} = 1:2$; Die Verhältnisformel lautet CO_2

Alternative: $\dfrac{N(\text{C})}{N(\text{O})} = \dfrac{m(\text{C})}{m_a(\text{O})} \cdot \dfrac{m_a(\text{O})}{m(\text{O})} = \dfrac{1\,\text{g}}{12\,\text{u}} \cdot \dfrac{16\,\text{u}}{2{,}76\,\text{g}} = \dfrac{1}{2}$;

Die Verhältnisformel lautet CO_2 (Kohlenstoffdioxid).

b) Al_2O_3 c) ZnS d) CH_4 e) HgO f) $CuCl_2$ g) $ZnBr_2$ h) Na_2S [je 2 BE]

4\. a) $\dfrac{m(\text{Ag})}{m(\text{S})} = \dfrac{\text{Anzahl Ag-Atome}}{\text{Anzahl S-Atome}} \cdot \dfrac{m_a(\text{Ag})}{m_a(\text{S})}$ bzw. $\dfrac{m(\text{Ag})}{m(\text{S})} = \dfrac{N(\text{Ag})}{N(\text{S})} \cdot \dfrac{m_a(\text{Ag})}{m_a(\text{S})}$

$= (2\,\text{g/u} : 1\,\text{g/u}) \cdot (108\,\text{u} : 32\,\text{u}) = 6{,}75 : 1$

b) 9,7 : 1 c) 0,34 : 1 [je 2 BE]

5. $\frac{N(Cu)}{N(O)} = \frac{m(Cu)}{m(O)} \cdot \frac{m_a(O)}{m_a(Cu)} = (79{,}9\,g : 20{,}1\,g) \cdot (16\,u : 63{,}5\,u) = 1:1$

Verhältnisformel für Oxid A: CuO

Oxid B:
Das Atomzahlenverhältnis (Ermittlung wie bei Oxid A) beträgt hier:
$N(Cu) : N(O) = 2:1$; die Verhältnisformel für Oxid B lautet: Cu_2O [6 BE]

6. $\frac{N(C)}{N(H)} = \frac{m(C)}{m(H)} \cdot \frac{m_a(H)}{m_a(C)} = \frac{1}{1}$ Die Verhältnisformel für das Benzol lautet demnach CH

Molekülformel $(CH)_x$
$m_a(CH)_x = (13\,u)_x = 78\,u$; $x = 6$
Die Molekülformel für das Benzol lautet somit $(CH)_6$ bzw. C_6H_6 [4 BE]

7. $\frac{N(C)}{N(H)} = \frac{m(C)}{m(H)} \cdot \frac{m_a(H)}{m_a(C)} = \frac{6\,g}{1\,g} \cdot \frac{1\,u}{12\,u} = \frac{1}{2}$ Verhältnisformel CH

Molekülformel $(CH_2)_x$
$m_a(CH_2)_x = (14\,u)_x = 84\,u$; $x = 6$
Die Molekülformel lautet $(CH_2)_6$ bzw. C_6H_{12} [4 BE]

8. $N(C):N(H):N(O) = m(C)/m_a(C) : m(H)/m_a(H) : m(O)/m_a(O)$
$= 60\,g/12\,u : 13{,}3\,g/1\,u : 26{,}7\,g/16\,u$
$= 5\,g/u : 13{,}3\,g/u : 1{,}67\,g/u$
$= 3 : 8 : 1$

Verhältnisformel: C_3H_8O
Molekülformel: $(60\,u)_x = 60\,u$; $x = 1$
Die Molekülformel für Propanol lautet C_3H_8O [5 BE]

9. $N(C):N(H):N(O) = m(C)/m_a(C) : m(H)/m_a(H) : m(O)/m_a(O)$
$= 6{,}0\,g/12\,u : 1{,}0\,g/1\,u : 8{,}0\,g/16\,u$
$= 0{,}5\,g/u : 1\,g/u : 0{,}5\,g/u$
$= 1 : 2 : 1$

Verhältnisformel: CH_2O
Molekülformel: $(CH_2O)_x = (30\,u)_x = 90\,u$; $x = 3$
Die Molekülformel der Milchsäure lautet $C_3H_6O_3$ [5 BE]

10. $\frac{m(Cu)}{m(S)} = \frac{N(Cu)}{N(S)} \cdot \frac{m_a(Cu)}{m_a(S)}$; $m(Cu) = \frac{m(S) \cdot N(Cu) \cdot m_a(Cu)}{N(S) \cdot m_a(S)}$

$m(Cu) = \frac{8\,g \cdot 1 \cdot 63{,}5\,u}{1 \cdot 32\,u} = 15{,}9\,g$

D. h., 8 g Schwefel reagieren mit 15,9 g Kupfer.
Von den ursprünglich eingesetzten 17,9 g Kupfer verbleiben 2 Gramm unverbraucht.
[5 BE]

11. $\frac{m(C)}{m(O)} = \frac{N(C)}{N(O)} \cdot \frac{m_a(C)}{m_a(O)}$; $m(C) = \frac{m(O) \cdot N(C) \cdot m_a(C)}{N(O) \cdot m_a(O)}$

$m(C) = \frac{8\,g \cdot 1 \cdot 12\,u}{2 \cdot 16\,u} = 3\,g$

Es müssen mindestens 3 g Kohlenstoff eingesetzt werden. [4 BE]

12. Die Wertigkeit eines Elements in einer Verbindung gibt die Anzahl der Wasserstoffatome an, die ein Atom des betreffenden Elements binden oder ersetzen kann. [2 BE]

13. Die stöchiometrische Wertigkeit für Wasserstoff beträgt stets eins, die von Sauerstoff zwei.

a) Si(IV)	b) P(III)	c) I(I)	d) Al(III)	e) K(I)	f) Cu(II)
g) Se(VI)	h) Li(I)Br(I)	i) F(I)	k) Ba(II)	l) C(IV)Cl(I)	m) N(I)
n) N(III)	o) N(IV)	p) As(V)	q) Ga(III)As(V)		[je 1 BE]

14.

a) Fe_2O_3	b) $CaCl_2$	c) Cu_2O	d) MnS	e) CrO_3	f) $ZnBr_2$
g) PbO_2	h) AgCl	i) TiF_4	k) Ca_3P_2		[je 2 BE]

15. a) falsch; ... stets konstant.
b) falsch; ... kann verschieden sein.
c) richtig
d) richtig
e) falsch; ... nur ganzzahlige Vielfache der Verhältnisformel, also z. B. $C_2O_2H_4$ oder $C_3O_3H_6$ usw. [8 BE]

16. a) $m(N) = m(\text{Urannitrid}) - m(U) = 65\,mg = 0{,}065\,g$

$$\frac{N(U)}{N(N)} = \frac{m(U)}{m_a(U)} : \frac{m(N)}{m_a(N)} = \frac{0{,}829\,g}{238\,u} : \frac{0{,}065\,g}{14\,u} =$$

$$= 0{,}00348\,g/u : 0{,}004643\,g/u \quad | : 0{,}00348\,g/u$$
$$= 1 : 1{,}33 \quad | \cdot 3$$
$$= 3 : 4$$

Die Formeleinheit des Urannitrids lautet U_3N_4.
In dieser Verbindung ist das Uran vierwertig. [5 BE]

b) $n(F) = m(F) : M(F) = V(F) : V_m$
$m(F) = (V(F) \cdot M(F)) : V_m = 0{,}339\,g$

$$\frac{N(U)}{N(F)} = \frac{m(U)}{m_a(U)} : \frac{m(F)}{m_a(F)} = \frac{0{,}71\,g}{238\,u} : \frac{0{,}339\,g}{19\,u} =$$

$$= 0{,}00298\,g/u : 0{,}017895\,g/u \quad | : 0{,}00298\,g/u$$
$$= 1 : 6$$

Die Formeleinheit des Uranfluorids lautet UF_6. [5 BE]

3.3 Reaktionsgleichungen

1. a) $4\ Al(s) + 3\ O_2(g) \rightarrow 2\ Al_2O_3(s)$
   b) $H_2(g) + Cl_2(g) \rightarrow 2\ HCl(g)$
   c) $Fe(s) + S(s) \rightarrow FeS(s)$
   d) $Mg(s) + 2\ HCl(aq) \rightarrow H_2(g) + MgCl_2(aq)$
   e) $CO(g) + 3\ H_2(g) \rightarrow CH_4(g) + H_2O(g)$
   f) $Fe_2O_3(s) + 3\ C(s) \rightarrow 2\ Fe(s) + 3\ CO(g)$
   g) $CaCO_3(s) \rightarrow CaO(s) + CO_2(g)$
   h) $2\ C_8H_{18}(l) + 25\ O_2(g) \rightarrow 16\ CO_2(g) + 18\ H_2O(g)$
   i) $C_2H_5OH(l) + 3\ O_2(g) \rightarrow 2\ CO_2(g) + 3\ H_2O(g)$
   k) $3\ U(s) + 2\ N_2(g) \rightarrow U_3N_4(s)$ [je 2 BE]

2. a) qualitativ (1):
   Wasserstoff und Chlor reagieren zu Chlorwasserstoff.
   quantitativ (2):
   - Ein Wasserstoff- und ein Chlormolekül reagieren zu zwei Chlorwasserstoffmolekülen.
   - 1 mol Wasserstoff und 1 mol Chlor reagieren zu 2 mol Chlorwasserstoff.
   - 2 Gramm Wasserstoff und 71 Gramm Chlor reagieren zu 73 Gramm Chlorwasserstoff.
   - 22,4 Liter Wasserstoff und 22,4 Liter Chlor reagieren zu 44,8 Liter Chlorwasserstoff (unter Normbedingungen).

   b) qualitativ (1):
   Kupfer reagiert mit Schwefel zu Kupfersulfid.
   quantitativ (2):
   z. B. 1 Kupfer-Atom reagiert mit einem Schwefel-Atom zu einer Formeleinheit (Elementargruppe) Kupfersulfid; oder 1 mol Kupfer reagiert mit 1 mol Schwefel zu 1 mol Kupfersulfid.

   c) (1): Silber und Schwefel reagieren zu Silbersulfid.
   (2): z. B. 2 Silber-Atome und ein Schwefel-Atom reagieren zu einer Formeleinheit (Elementargruppe) Silbersulfid; oder 2 mol Silber reagieren mit 1 mol Schwefel zu 1 mol Silbersulfid.

   d) (1): Eisen(III)-oxid und Aluminium werden umgesetzt zu Eisen und Aluminium(III)-oxid.
   (2): z. B. eine Formeleinheit Eisen(III)-oxid und ein Aluminiumatom reagieren zu einer Formeleinheit Aluminiumoxid und zwei Eisenatomen; oder 1 mol Eisenoxid reagiert mit 2 mol Aluminium zu 1 mol Aluminiumoxid und 2 mol Eisen.

   e) (1): Natrium und Chlor reagieren zu Natriumchlorid (Kochsalz).
   (2): z. B. zwei Natriumatome und ein Chlormolekül synthetisieren zwei Formeleinheiten Natriumchlorid; oder 2 mol Natrium reagieren mit 1 mol Chlor zu 2 mol Natriumchlorid.

f) (1): Aus Eisen(II)-sulfid und Chlorwasserstoff (Salzsäure) entstehen Schwefelwasserstoff und Eisen(II)-chlorid.
(2): z. B. aus einer Formeleinheit Eisen(II)-sulfid und zwei Molekülen Chlorwasserstoff entstehen ein Molekül Schwefelwasserstoff und eine Formeleinheit Eisen(II)-chlorid; oder 1 mol Eisensulfid reagiert mit 2 mol Chlorwasserstoff zu 1 mol Schwefelwasserstoff und 1 mol Eisen(II)chlorid. [je 2 BE]

3. a) $2\,Fe + 3\,Cl_2 \rightarrow 2\,FeCl_3$
b) $2\,Al + 6\,HCl \rightarrow 2\,AlCl_3 + 6\,H_2$
c) $PbO + 2\,HCl \rightarrow PbCl_2 + H_2O$
d) $2\,Na + 2\,H_2O \rightarrow 2\,NaOH + H_2$
e) $Cu + 2\,H_2SO_4 \rightarrow CuSO_4 + SO_2 + 2\,H_20$
f) $3\,Mg + N_2 \rightarrow Mg_3N_2$
g) $2\,C_6H_6 + 15\,O_2 \rightarrow 6\,H_2O + 12\,CO_2$
h) $C_4H_9OH + 6\,O_2 \rightarrow 5\,H_2O + 4\,CO_2$
i) $2\,NaOH + H_2SO_4 \rightarrow Na_2SO_4 + 2\,H_2O$
k) $3\,CuO + 2\,NH_3 \rightarrow 3\,Cu + 3\,H_2O + N_2$
l) $CaCO_3 + 2\,HCl \rightarrow CaCl_2 + H_2O + CO_2$
m) $2\,NH_4NO_3 \rightarrow 4\,H_2O + 2\,N_2 + O_2$
n) $4\,FeCr_2O_4 + 8\,Na_2CO_3 + 7\,O_2 \rightarrow 8\,Na_2CrO_4 + 2\,Fe_2O_3 + 8\,CO_2$
o) $2\,KMnO_4 + 16\,HCl \rightarrow 2\,MnCl_2 + 2\,KCl + 8\,H_2O + 5\,Cl_2$
[je 2 BE]

4. a) $2\,P + 5\,Cl_2 \rightarrow 2\,PCl_5$
b) $SnO + C \rightarrow Sn + CO$
c) $4\,Al + 3\,O_2 \rightarrow 2\,Al_2O_3$
d) $4\,NH_3 + 5\,O_2 \rightarrow 4\,NO + 6\,H_2O$
e) $2\,NF_3 + 3\,H_2 \rightarrow N_2 + 6\,HF$
f) $2\,SO_2 + O_2 \rightarrow 2\,SO_3$
g) $3\,Ca + N_2 \rightarrow Ca_3N_2$
h) $2\,SnCl_2 + 4\,HCl + O_2 \rightarrow 2\,SnCl_4 + 2\,H_2O$
i) $As_2O_3 + 3\,Mg \rightarrow 2\,As + 3\,MgO$
k) $2\,F_2 + 2\,H_2O \rightarrow 4\,HF + O_2$
l) $2\,NCl_3 \rightarrow N_2 + 3\,Cl_2$
m) $4\,FeS + 7\,O_2 \rightarrow 4\,SO_2 + 2\,Fe_2O_3$
n) $N_2 + C + 2\,O_2 \rightarrow 2\,NO + CO_2$
o) $SiH_4 + 2\,O_2 \rightarrow SiO_2 + 2\,H_2O$
p) $HgS + O_2 \rightarrow Hg + SO_2$
q) $Ge + 2\,F_2 \rightarrow GeF_4$
r) $CO_2 + H_2O \rightarrow H_2CO_3$
s) $2\,BBr_3 + 3\,H_2 \rightarrow 2\,B + 6\,HBr$
t) $2\,Fe_2O_3 + 3\,C \rightarrow 4\,Fe + 3\,CO_2$ [je 2 BE]

3.4 Stöchiometrische Berechnungen

1. a) 87,8 g/mol b) 17 g/mol c) 16 g/mol
   d) 143 g/mol e) 69,6 g/mol f) 98 g/mol
   g) 46 g/mol h) 180 g/mol i) 78 g/mol [je 1 BE]

2. a)

$$m(N) = \frac{M(N)}{N_A}; \quad m(N) = \frac{14\,g/mol}{6{,}022 \cdot 10^{23}/mol} = 2{,}32 \cdot 10^{-23}\,g$$

$$m(H_2) = \frac{M(H_2)}{N_A}; \quad m(H_2) = \frac{2\,g/mol}{6{,}022 \cdot 10^{23}/mol} = 3{,}32 \cdot 10^{-24}\,g$$

$$m(CH_4) = \frac{M(CH_4)}{N_A}; \quad m(CH_4) = \frac{16\,g/mol}{6{,}022 \cdot 10^{23}/mol} = 2{,}66 \cdot 10^{-23}\,g$$

d)

$$m(C_3H_8O_3) = \frac{92\,g/mol}{6{,}022 \cdot 10^{23}/mol} = 15{,}28 \cdot 10^{-23}\,g$$

[je 2 BE]

3. a) $N(Cu) = n(Cu) \cdot N_A$; $N(Cu) = 0{,}7\,mol \cdot 6{,}022 \cdot 10^{23}$ Moleküle/mol $= 4{,}22 \cdot 10^{23}$ Atome

   b) $N(HCl) = \frac{m(HCl)}{M(HCl)} \cdot N_A$;

   $N(HCl) = (73\,g : 36{,}5\,g/mol) \cdot 6{,}022 \cdot 10^{23}$ Moleküle/mol $= 12{,}04 \cdot 10^{23}$ Moleküle

   c) $N(O_2) = (V(O_2) : V_m) \cdot N_A$;

   $N(O_2) = (4{,}48\,l : 22{,}4\,l/mol) \cdot 6{,}022 \cdot 10^{23}$ Moleküle/mol $= 1{,}2 \cdot 10^{23}$ Moleküle

   d) $N(CO_2) = (m(CO_2) : M(CO_2)) \cdot N_A$;

   $N(CO_2) = (500\,g : 44\,g/mol) \cdot 6{,}022 \cdot 10^{23}$ Moleküle/mol $= 68{,}43 \cdot 10^{23}$ Moleküle

   e) $N(NH_3) = (V(NH_3) : V_m) \cdot N_A$; $N(NH_3) = 27{,}1 \cdot 10^{24}$ Moleküle

   f) $N(Cl_2) = n(Cl_2) \cdot N_A$; $N(Cl_2) = 66{,}24 \cdot 10^{23}$ Moleküle

   g) $N(S) = n(S) \cdot N_A$; $N(S) = 6{,}022 \cdot 10^{22}$ Atome

   h) $N(Ag_2S) = m(Ag_2S) : M(Ag_2S) \cdot N_A = 3{,}012 \cdot 10^{23}$ Formeleinheiten [je 2 BE]

4. Geg.: $m(H_2O) = 84\,g$; $M(H_2O) = 18\,g/mol$;

   Ges.: $N(H_2O)$

   Lösung: $m(H_2O) : M(H_2O) = N(H_2O) : N_A$

   $N(H_2O) = (m(H_2O) \cdot N_A) : M(H_2O)$

   $N(H_2O) = (84\,g \cdot 6{,}022 \cdot 10^{23}$ Moleküle/mol$) : 18\,g/mol = 28{,}1 \cdot 10^{23}$ Moleküle

   Es sind $28{,}1 \cdot 10^{23}$ Moleküle in $84\,cm^3$ Wasser enthalten. [3 BE]

5. M(Dichloroctan) $= m$(Dichloroctan) : n(Dichloroctan) $= 54{,}9\,g : 0{,}3\,mol = 183\,g/mol$
   [2 BE]

6. $n(NH_4Cl) = m(NH_4Cl) : M(NH_4Cl) = 0{,}2\,mol$ [2 BE]

7. Geg.: $m_a(Al) = 27\,u$; $m_a(Al_2O_3) = 102\,u$
   Ges.: $w(Al)$
   Lösung: $2\,m_a(Al) : m_a(Al_2O_3) = w(Al) : 100\,\%$
   $w(Al) = 2 \cdot m_a(Al) \cdot 100\,\% : m_a(Al_2O_3)$
   $w(Al) = 2 \cdot 27\,u \cdot 100\,\% : 102\,u = 53\,\%$
   Der Aluminiumgehalt beträgt 53 %. [3 BE]

8. Geg.: $p_1 = 1013\,hPa$; $V_1 = 1500\,l$; $p_2 = 1{,}25 \cdot 10^6\,hPa$; $V_2 = 5\,l$;
   Ges.: $V_1 \leq V_2$?
   Es ist möglich, denn nach dem Boyle-Mariotteschen Gesetz ($p \cdot V = \text{konstant}$) sind 6170 Liter Sauerstoff unter den gegebenen Bedingungen vorhanden:
   $p_1 \cdot V_1 \leq p_2 \cdot V_2$; $1013\,hPa \cdot 1500\,l \leq 1{,}25 \cdot 10^6\,hPa \cdot 5\,l$; $1500\,l < 6170\,l$ [4 BE]

9. Geg.: $m(FeS) = 500\,g$; $M(FeS) = 88\,g/mol$; $M(Fe) = 56\,g/mol$
   Ges.: $m(Fe)$
   Lösung: $Fe + S \rightarrow FeS$
   $n(Fe) : n(FeS) = 1 : 1$
   $m(Fe) : M(Fe) = m(FeS) : M(FeS)$
   $m(Fe) = m(FeS) \cdot M(Fe) : M(FeS)$
   $m(Fe) = 500\,g \cdot 56\,g/mol : 88\,g/mol = 318\,g$
   Man benötigt 318 Gramm Fe um 500 Gramm FeS herzustellen. [3 BE]

10. Geg.: $m(Ag) = 4{,}1\,g$; $M(Ag) = 108\,g/mol$; $M(S) = 32\,g/mol$
    Ges.: $m(S)$
    Lösung: $2\,Ag + S \rightarrow Ag_2S$
    $n(Ag) : n(S) = 2 : 1$ oder $n(Ag) = 2 \cdot n(S)$
    $m(Ag) : M(Ag) = 2 \cdot (m(S) : M(S))$
    $m(S) = m(Ag) \cdot M(S) : (2 \cdot M(Ag))$
    $m(S) = 4{,}1\,g \cdot 32\,g/mol : (2 \cdot 108\,g/mol) = 0{,}61\,g$
    0,61 Gramm Schwefel reagieren mit einem Gramm Silber. [3 BE]

11. Aus der Reaktionsgleichung $2\,Mg + O_2 \rightarrow 2\,MgO$ folgt: $m(MgO) = 1658\,g$ [3 BE]

12. Aus der Reaktionsgleichung $2\,Fe + 3\,Cl_2 \rightarrow 2\,FeCl_3$ folgt: $m(Fe) = 86{,}1\,g$ [3 BE]

13. Aus der Reaktionsgleichung $2\,Fe_2O_3 + 3\,C \rightarrow 4\,Fe + 3\,CO_2$ folgt: $m(C) = 36\,g$ [3 BE]

14. Aus der Reaktionsgleichung $H_2 + Cl_2 \rightarrow 2\,HCl$ folgt: $V(Cl_2) = 33{,}6$ Liter [3 BE]

15. Aus der Reaktionsgleichung $C_2H_5OH + 3\,O_2 \rightarrow 2\,CO_2 + 3\,H_2O$ folgt:
    $m(C_2H_5OH) = 115\,g$ [3 BE]

16. $V(O_2) = 56$ Liter [3 BE]

17. Geg.: $m(H_2O) = 10\,g$; $M(H_2O) = 18\,g/mol$; $M(H_2) = 2\,g/mol$; $V_m = 22{,}4\,l/mol$
Ges.: $V(H_2)$
Lösung: $H_2O + Mg \rightarrow MgO + H_2$
$m(H_2O) : M(H_2O) = V(H_2) : V_m$
$V(H_2) = m(H_2O) \cdot V_m : M(H_2O)$
$V(H_2) = 10\,g \cdot 22{,}4\,l/mol : 18\,g/mol = 12{,}4$ Liter
Man erhält 12,4 Liter Wasserstoffgas. [3 BE]

18. a) Aus der Reaktionsgleichung $H_2 + CuO \rightarrow Cu + H_2O$ folgt: $V(H_2) = 11{,}3$ Liter. [3 BE]
b) $V(H_2O) = 9{,}1\,cm^3$. [3 BE]

19. $m(Na) = 11{,}4\,g$; $m(Cl_2) = 17{,}6\,g$; $V(Cl_2) = 5{,}6$ Liter [4 BE]

20. Nein, man bräuchte 200 g Kupfer. [3 BE]

21. Geg.: $V(SO_2) = 448$ Liter; $V_m = 22{,}4\,l/mol$; $M(SO_2) = 64\,g/mol$; $M(FeS) = 88\,g/mol$
Ges.: $m(FeS)$
Lösung: $4\,FeS + 7\,O_2 \rightarrow 2\,Fe_2O_3 + 4\,SO_2$
$n(FeS) : n(SO_2) = 4 : 4 = 1 : 1$ oder $n(FeS) = n(SO_2)$
$m(FeS) : M(FeS) = V(SO_2) : V_m$
$m(FeS) = V(SO_2) \cdot M(FeS) : V_m$
$m(FeS) = 448\,l \cdot 88\,g/mol : 22{,}4\,l/mol = 1760\,g$
Man braucht 1760 g Eisen(II)-sulfid. [3 BE]

22. $C_3H_8 + 5\,O_2 \rightarrow 3\,CO_2 + 4\,H_2O$
$V(O_2) = 7{,}6$ Liter; $m(H_2O) = 4{,}9\,g$
Das Sauerstoffvolumen muß 7,6 Liter betragen; es entstehen 4,9 g Wasser. [4 BE]

23. a) Reaktionsgleichung: $2\,FeS_2 + 5\,O_2 \rightarrow 2\,FeO + 4\,SO_2$
$n(FeS_2) : n(FeO) = 2 : 2 = 1 : 1$ $\quad n(FeS_2) = n(FeO)$
$m(FeS_2) = m(FeO) \cdot (FeS_2) : M(FeO) = 30$ Gramm
Man benötigt 30 Gramm Pyrit. [4 BE]
b) Aus der Reaktionsgleichung in a) geht weiterhin hervor:
$n(O_2) : n(FeS_2) = 5 : 2$
$2n(O_2) = 5n(FeS_2)$ $\quad 2V(O_2) : V_m = 5n(FeS_2)$
$V(O_2) = 5 \cdot V_m \cdot n(FeS_2) : 2 = 11{,}2$ Liter.
Es werden 11,2 Liter Sauerstoff verbraucht. [3 BE]

24. a) Aus der Reaktionsgleichung $C_6H_{12}O_6 + 6\,O_2 \rightarrow 6\,CO_2 + 6\,H_2O$ folgt:
$V(O_2) = 11{,}2$ Liter [3 BE]
b) $m(H_2O) = 9\,g$ [2 BE]
c) Da in trockener Luft 21% Sauerstoff enthalten sind: $V(Luft) = 53{,}3\,l$ [3 BE]

25. Geg.: $m(S) = 100.000\,kg \cdot 0{,}02 = 2000\,kg$; $V_m = 22{,}4\,l/mol$; $M(SO_2) = 64\,g/mol$
Ges.: $V(SO_2)$
Lösung: $S + O_2 \rightarrow SO_2$
$n(S) : n(SO_2) = 1 : 1$ oder $n(S) = n(SO_2)$
$m(S) : M(S) = V(SO_2) : V_m$
$V(SO_2) = m(S) \cdot V_m : M(S)$
$V(SO_2) = 2.000.000\,g \cdot 22{,}4\,l/mol : 32\,g/mol = 1.400.000$ Liter $= 1.400\,m^3$
Es entstehen 1400 m^3 Schwefeldioxidgas. [4 BE]

26. a) Geg.: $m(HgO) = 20\,g$; $M(HgO) = 216{,}6\,g/mol$; $M(O_2) = 32\,g/mol$; $V_M = 22{,}4\,l/mol$
Ges.: $V(O_2)$
Lösung: $2\,HgO \rightarrow 2\,Hg + O_2$
$n(HgO) : n(O_2) = 2 : 1$ oder $n(HgO) = 2 \cdot n(O_2)$
$m(HgO) : M(HgO) = 2 \cdot (V(O_2) : V_m)$
$V(O_2) = m(HgO) \cdot V_m : (M(HgO) \cdot 2)$
$= 20\,g \cdot 22{,}4\,l/mol : (216{,}6\,l/mol \cdot 2) = 1{,}03$ Liter
Man erhält 1,03 Liter Sauerstoff. [3 BE]

b) Geg.: $p_0 = 1013\,hPa$; $V_0 = 1$ Liter; $T_0 = 273K$; $p_1 = 953\,hPa$; $T_1 = 300\,K$
Ges.: V_1
Lösung: $p_1 \cdot V_1 : T_1 = p_0 \cdot V_0 : T_0$
$V_1 = (p_0 \cdot V_0 \cdot T_1) : (p_1 \cdot T_0)$
$V_1 = (1013\,hPa \cdot 1\,l \cdot 300\,K) : (953\,hPa \cdot 273\,K) = 1{,}20$ Liter
Es entstehen 1,2 Liter Sauerstoff. [2 BE]

c) Geg.: $V(O_2) = 1{,}03$ Liter;
Ges.: $V(Luft)$
Lösung: $V(O_2) : V(Luft) = 21 : 100$
$V(Luft) = V(O_2) \cdot 4{,}76 = 1{,}03\,l \cdot 4{,}76 = 4{,}9$ Liter
Man benötigt 4,9 Liter Luft. [2 BE]

4. Energieumsatz bei chemischen Reaktionen

1. Energie ist die Fähigkeit eines Systems, Arbeit zu leisten oder Wärme abzugeben. [3 BE]

2. Wärme, Licht, elektrische Energie, mechanische Energie. [je 1 BE]

3. Exotherme und endotherme Reaktionen; im ersten Fall Energieabgabe im zweiten Energieaufnahme. [3 BE]

4. a) Beispiele:
   Elektrolyse des Wassers; thermische Zersetzung des Silberoxids, des Zinkiodids, des Bleioxids; Zersetzung von Silberchlorid/-bromid durch Licht (Photographie); Photosynthese. [je 1 BE]
   b) Beispiele:
   Synthese von Eisensulfid, von Zinksulfid, von Zinkiodid, von Phosphoroxid (Verbrennung von Phosphor), von Kohlenstoffdioxid (Verbrennung von Kohlenstoff), von Schwefeldioxid (Verbrennung von Schwefel), von Magnesiumoxid (Verbrennung von Magnesium), von Wasser (Knallgasreaktion); Rostbildung; Verbrennung von Heizgas, Heizöl. [je 1 BE]

*5. a) Endotherm

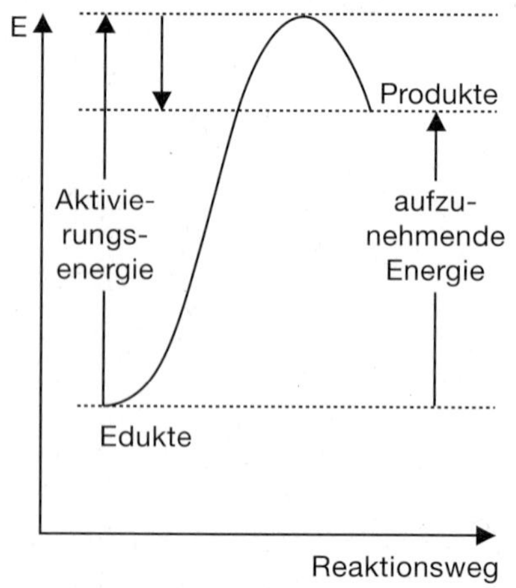

b) Exotherm

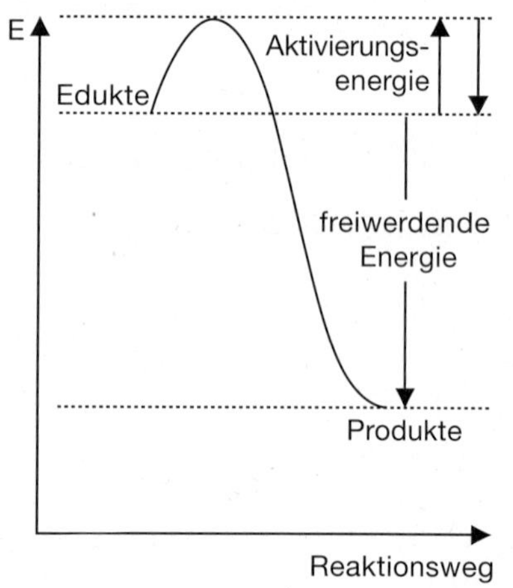

[6 BE]

*6. a)

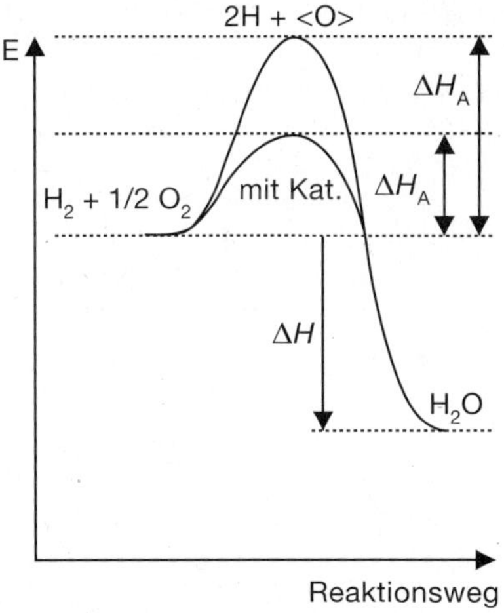

b)

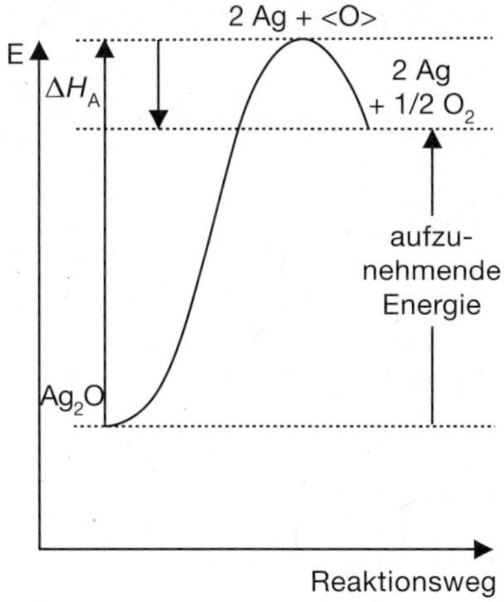

c)

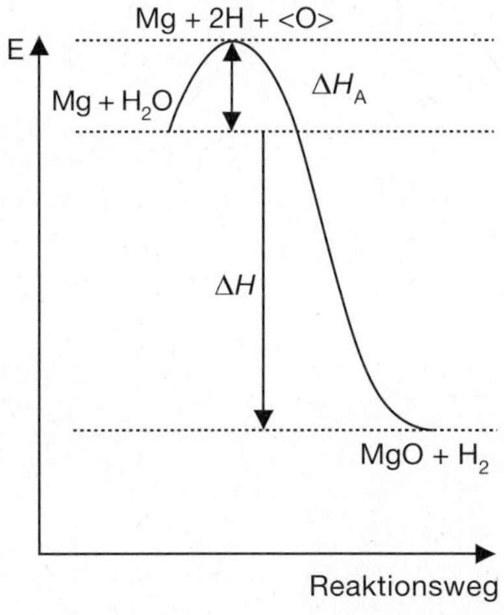

[9 BE]

7. a) Systeme, die unter Normalbedingungen keine Umsetzung erfahren, sind stabil (chemische Reaktion erst nach Zufuhr sehr hoher Energiebeträge möglich); solche, die sich unter Normalbedingungen nur mit äußerst geringer Geschwindigkeit umsetzen, also scheinbar stabil sind, nennt man metastabil (chemische Reaktion erst durch Zufuhr von Aktivierungsenergie möglich).
Systeme, die bei Normalbedingungen äußerst rasch zerfallen (ohne Zufuhr von Aktivierungsenergie), nennt man instabil. [5 BE]

b) Stabiles System: z. B.: Wasser; Kochsalz; Quecksilberoxid, Silberoxid, Magnesiumoxid, Kupferoxid; Kohlenstoffdioxid; Eisensulfid, Zinksulfid, Kupfersulfid; Luft (Stickstoff und Sauerstoff).

Metastabiles System: z. B.: Wasserstoffperoxid; Gemisch aus Eisen und Schwefel, Zink und Schwefel, Kupfer und Schwefel; Knallgasgemische (Wasserstoff und Sauerstoff; Wasserstoff und Chlor).

Instabiles System: Gemisch aus feuchtem Haushaltszucker und konzentrierter Schwefelsäure; feuchtes Eisen und Luft (Rosten); unedles Metall und verdünnte Salzsäure. [3 BE]

* c) Endotherm

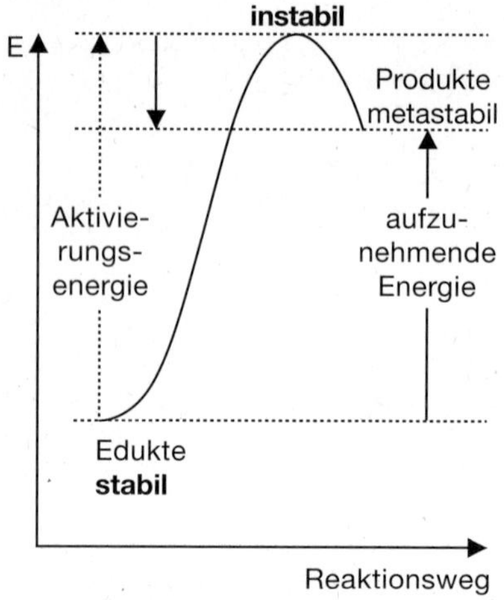

Exotherm

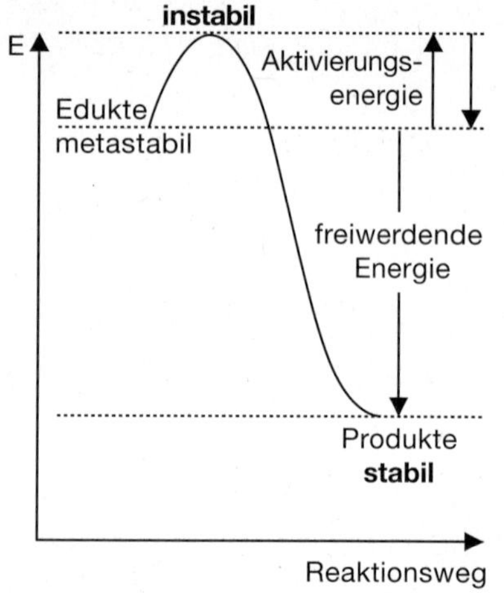

[3 BE]

8. Die Teilchen müssen zusammenstoßen.
   Die Aktivierungsenergie muß überwunden werden. [2 BE]

9. a) richtig
   b) richtig
   c) falsch; ... wichtigste endotherme Reaktion.
   d) richtig
   e) falsch; ... ist kleiner.
   f) falsch; ... sind metastabil.
   g) falsch; ... erniedrigt die Aktivierungsenergie.
   h) falsch; ... mehr innere Energie.
   i) richtig
   k) falsch; ... ein positives Vorzeichen.
   l) richtig [17 BE]

10. Zinkoxid – Kohlenstoffdioxid – Magnesiumoxid. [3 BE]

* 11. a) Aus $\Delta H^\circ_{Bm}(MgO) = \Delta H^\circ_R(MgO) : n(MgO)$
$= -1204\,kJ : 2\,mol = -602\,kJ/mol$
und $n(Mg) = n(MgO) = \Delta H^\circ_R(MgO) : \Delta H^\circ_{Bm}(MgO)$
$= -903\,kJ : (-602\,kJ/mol) = 1{,}5\,mol$
sowie $n(Mg) = m(Mg) : M(Mg)$ folgt:
$m(Mg) = n(Mg) \cdot M(Mg)$
$= 1{,}5\,mol \cdot 24{,}3\,g/mol$
$= 36{,}5\,g$ [3 BE]

b) Aus der Reaktionsgleichung: $2\,Mg(s) + O_2(g) \rightarrow 2\,MgO(s)$
und dem Stoffmengenverhältnis: $n(Mg) : n(O_2) = 2 : 1$ folgt:
$2n(O_2) = n(Mg)$
$2V(O_2) : V_m = n(Mg)$
$V(O_2) = V_m \cdot n(Mg) : 2 = 16{,}8\,l\ (dm^3)$ [3 BE]

* 12. Aus der Reaktionsgleichung: $CH_4(g) + 2\,O_2(g) \rightarrow CO_2(g) + 2\,H_2O(g)$;
$\Delta H^\circ_{Rm} = -890\,kJ/mol$
folgt: $\Delta H^\circ_R = \Delta H^\circ_{Rm} \cdot n(CH_4)$
$n(CH_4) = -30\,260\,kJ : (-890\,kJ/mol) = 34\,mol$
und $V(CH_4) = n(CH_4) \cdot V_m = 34\,mol \cdot 22{,}4\,l/mol = 761{,}6\,l\ (dm^3)$ [3 BE]

* 13. $n(H_2) = V(H_2) : V_m$
$\Delta H^\circ_{Rm} = \Delta H^\circ_R : n(H_2) = \Delta H^\circ_R : V(H_2) \cdot V_m = -153\,kJ/mol$ [2 BE]

* 14. Da sich die Reaktionsenthalpie ΔH°_R einer chemischen Reaktion durch Subtraktion der Summe der Bildungsenthalpien aller Edukte von der Summe der Bildungsenthalpien aller Produkte rechnerisch ermitteln läßt (Berücksichtigung der Koeffizienten), folgt:
$S(s) + O_2(g) \rightarrow SO_2(g) \qquad \Delta H^\circ_{Bm} = -297\,kJ/mol$
$S(s) + 3/2\,O_2(g) \rightarrow SO_3(g) \qquad \Delta H^\circ_{Bm} = -395\,kJ/mol$
$\Delta H^\circ_{Rm} = \Delta H^\circ_{Bm}(SO_3(g)) - \Delta H^\circ_{Bm}(SO_2) = -98\,kJ/mol$ [3 BE]

5. Atombau

5.1 Modelle

1. a) Entdeckung der Radioaktivität;
   Experiment von *E. Rutherford (H. Geiger und E. Marsden)*: Beschuß einer sehr dünnen Goldfolie mit α-Teilchen. [3 BE]

   b) Positiv geladene α-Teilchen können ungehindert die Atomhülle durchdringen, werden aber vom Atomkern abgelenkt, wenn sie in dessen Nähe kommen. Treffen sie direkt auf den Kern auf, werden sie reflektiert. [5 BE]

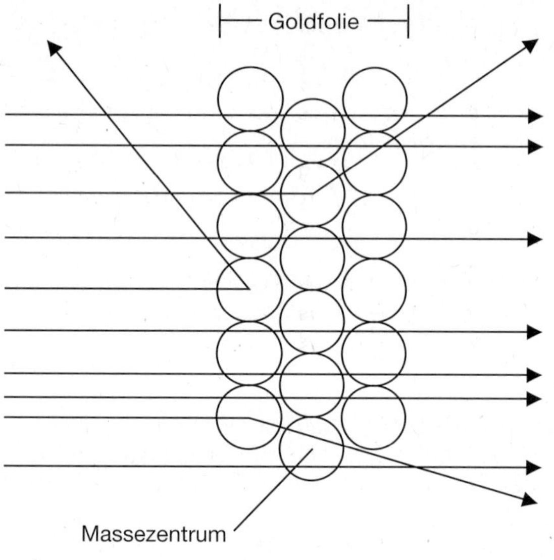

   c) – Das Atom besteht aus einem winzigen zentralen Kern und einer weit ausgedehnten Atomhülle.
   – Der Atomkern ist sehr dicht, in ihm ist der größte Teil der Atommasse konzentriert und er ist positiv geladen.
   – Die Atomhülle ist nahezu masselos und durch die darin angeordneten Elektronen negativ geladen; diese negative Ladung kompensiert die jeweilige positive Kernladung. [3 BE]

2. Nach der Vorstellung Rutherfords sollten sich die Elektronen mit hoher Geschwindigkeit um den Kern bewegen. Nach den Gesetzen der Elektrodynamik müßten diese Elektronen als winzige bewegte und geladene Teilchen Energie in Form von elektromagnetischen Wellen (z. B. Licht) abstrahlen. Dadurch würde aber die Geschwindigkeit der Elektronen immer geringer werden, so daß sie in einer Spiralbahn in den Kern stürzen sollten. [3 BE]

3. a) Gemeinsamkeiten:
   Für beide besteht das Atom aus einem winzigen, positiv geladenen Kern, in dem fast die gesamte Atommasse konzentriert ist und einer negativ geladenen Atomhülle, in der sich die Elektronen befinden.
   Die Elektronen bewegen sich in der Hülle mit großer Geschwindigkeit um den Kern.
   Unterschiede:
   Nach Rutherford bewegen sich die Elektronen, ähnlich wie die Planeten um die Sonne, mit großer Geschwindigkeit um den Kern und können sich in jedem beliebigen Abstand (Kreisbahn) zu diesem befinden.
   Bohr postulierte, daß sich die Elektronen nur auf ganz bestimmten Kreisbahnen um den Kern bewegen können und dabei keine Energie abstrahlen. Die Elektronen sollten darüber hinaus die Möglichkeit haben, von einer sogenannten „erlaubten" auf eine andere derartige Bahn zu springen. [4 BE]
   b) Das Bohrsche Atommodell mit seinen konkreten Kreisbahnen gilt lediglich für Einelektronensysteme (z. B. H-Atom oder einfach positiv geladenes He-Ion usw.) und versagt bereits beim He-Atom (Zweielektronensystem). [2 BE]

4. Um einen zentralen Kern bewegen sich die Elektronen nicht mehr auf konkreten Bahnen, sondern innerhalb verschiedener Aufenthaltsbereiche (Energiestufen/Schalen). Diesen Energiestufen entsprechen Schalen, die mit Großbuchstaben (K, L, M ... Q) oder Zahlen (Hauptquantenzahlen n; mit $n = 1, 2, 3 \ldots 7$) gekennzeichnet werden.
   Elektronen in kernnahen Energiestufen haben einen niedrigeren Energieinhalt als jene in kernferneren Energiestufen.
   Jede Energiestufe, d.h jede Schale, kann nur eine begrenzte Anzahl von Elektronen (entsprechend $2n^2$, wobei $n =$ Hauptquantenzahl) aufnehmen. Innerhalb jeder Energiestufe (Schale) sind die Elektronen infolge der gegenseitigen elektrostatischen Abstoßung weitestmöglich voneinander entfernt. [5 BE]

5. a) $7\,cm = 7 \cdot 10^{-2}\,m$; $7 \cdot 10^{-2}\,m \cdot 10^5 = 7 \cdot 10^3\,m = 7\,km$ [2 BE]
   b) $10^2\,m : 10^5 = 10^{-3}\,m = 1\,mm$ [2 BE]

6. a) Geg.: $m(\text{Flugz.}) = 84000\,t = 8{,}4 \cdot 10^{10}\,g$; $\varrho(\text{Fe}) = 5{,}9\,g/cm^3$;
$r(\text{Atom}) : r(\text{Kern}) = 10000 : 1$
Ges.: $V(\text{Eisenkerne})$
Lösung: $V(\text{Atome}) = m(\text{Flugz.}) : \varrho(\text{Fe}) = 8{,}4 \cdot 10^{10}\,g : 5{,}9\,g/cm^3 = 1{,}42\ 10^{10}\,cm^3$
$V(\text{Kern}) : V(\text{Atom}) = 1 : 10^{12}$
$V(\text{Kerne}) = V(\text{Atome}) : 10^{12} = 1{,}42 \cdot 10^{-2}\,cm^3$
Das Kernvolumen eines Flugzeugträgers beträgt $1{,}42 \cdot 10^{-2}\,cm^3$ [3 BE]
b) 1408 Flugzeugträger hätten somit in einem Schnapsglas Platz. [1 BE]

7. a) falsch; ... α-Teilchen
b) richtig
c) richtig
d) falsch; ... hat praktisch die gesamte Masse des Atoms oder ... hat dieselbe Ladungsmenge ...
e) falsch; ... hat dieselbe Ladungsmenge ... oder ... dieselbe positive Ladung
f) falsch; ... durch die positiven Kerne der Atome ...
g) falsch; ... so muß dabei Energie aufgewendet werden
h) richtig [13 BE]

5.2 Bausteine der Atome – Isotope – Atomhülle und PSE

1. Protonen (p^+): – Masseteilchen (Atommasse beträgt etwa 1 u);
– positive Ladungsträger;
Neutronen (n): – Masseteilchen (Atommasse fast identisch mit p^+);
– ladungsneutrale Partikel. [5 BE]

2. Neutronenzahl N = Nukleonenzahl A – Protonenzahl Z [1 BE]

3. a) ^{1}H: ein Proton (1p)
^{2}H: ein Proton (1p) und ein Neutron (1n)
^{3}H: ein Proton (1p) und zwei Neutronen (2n)
b) ^{12}C: sechs Protonen (6p) und sechs Neutronen (6n)
^{14}C: sechs Protonen (6p) und acht Neutronen (8n)
c) ^{16}O: acht Protonen (8p) und acht Neutronen (8n)
^{17}O: acht Protonen (8p) und neun Neutronen (9n)
^{18}O: acht Protonen (8p) und zehn Neutronen (10n)
d) ^{235}U: 92 Protonen (92p) und 143 Neutronen (143n)
^{238}U: 92 Protonen (92p) und 146 Neutronen (146n) [je 2 BE]

4.

		a)	b)	c)	d)	e)	f)	g)
Kern	Protonen	3	15	17	26	47	80	92
	Neutronen	3	16	20	30	61	121	141
Hülle	Elektronen	3	15	17	26	47	80	92

[je 2 BE]

5. Kern: Positiver Ladungsträger mit 16 Protonen und 16 Neutronen.
Hülle: 3 Energiestufen (Schalen), die von innen heraus mit 2/8/6 Elektronen besetzt sind. [4 BE]

6. a) Rückschlüsse sind aus den Ionisierungsenergien möglich. [1 BE]
b) Kleiner Abstand – große Anziehungskraft, hohe Ionisierungsenergie. Großer Abstand – geringe Ionisierungsenergie. [2 BE]

7. a) Maximale Elektronenzahl $= 2\,n^2$, wobei n die Hauptquantenzahl ist. [2 BE]
b) Durch Angabe der Buchstaben K, L,... Q oder durch die Zahl der Energiestufen (Hauptquantenzahlen) $n = 1, 2, \ldots 7$. [1 BE]

8. a) Isotope sind Atomsorten eines Elements mit unterschiedlicher Masse, die sich nur in der Neutronenzahl unterscheiden. [2 BE]
b) Von einem Element spricht man, wenn alle Atome in ihrer Protonenzahl übereinstimmen. [2 BE]

9. a) Drei verschiedene Elemente, da drei verschiedene Protonenzahlen. Edelgase sind die Isotope X und Y; ihre Atome besitzen jeweils acht Valenzelektronen (Edelgaskonfiguration/VIII. Hauptgruppe) und stehen in der dritten Periode (2/8/8 Elektronen). [5 BE]
b) Das Element W, denn nach seiner Protonenzahl steht es in der zweiten Hauptgruppe (2/8/8/2); somit gibt jedes seiner Atome 2 Elektronen ab. [3 BE]

10. Ordnungszahl 3: 1. Hauptgruppe (2/1); Abgabe eines e^-: X_2O
Ordnungszahl 7: 5. Hauptgruppe (2/5); Abgabe von fünf e^-: Y_2O_5
Ordnungszahl 13: 3. Hauptgruppe (2/8/3); Abgabe dreier e^-: Z_2O_3 [je 3 BE]

11. Sie bestehen aus mehreren Isotopen, die prozentual in der Massenzahl berücksichtigt werden. [2 BE]

12. a)

Atom	Elektronenkonfiguration	Gruppe	Periode
X	K: 2; L: 8; M: 3	III	3.
Y	K: 2; L: 7	VII	2.
Z	K: 2; L: 8; M: 6	VI	3.

[6 BE]

b) In Y, da die Ionisierungsenergie um so größer ist, je kernnäher das zu entfernende Elektron ist. [2 BE]

13. Die Atommasse entspricht angenähert der Nukleonenzahl.
Bei Elementen mit geraden Nukleonenzahlen ist die Kernprotonenzahl gleich der Kernneutronenzahl (dies gilt bei Elementen bis zur Kernladungszahl 20!).
Das Element Z verfügt deshalb über folgende Elementarteilchen:
32 Nukleonen: 16 Neutronen, 16 Protonen; 16 Elektronen (K: 2; L: 8; M: 6). Z steht in der 3. Periode und in der VI. HG. [4 BE]

14. Beide Argonisotope verfügen über 18 Elektronen (beide haben die gleiche Kernprotonenzahl 18!). Die maximale Elektronenbesetzung der einzelnen Energiestufen (mit den Hauptquantenzahlen n = 1, 2, 3) erfolgt nach $2n^2$. Bei den Edelgasen sind alle Energiestufen (Schalen) vollständig besetzt:
1. Energiestufe (K-Schale): $2\,e^-$
2. Energiestufe (L-Schale): $8\,e^-$
3. Energiestufe (M-Schale): $8\,e^-$ [4 BE]

15.

Element	OZ	Periode	Gruppe	äußerste Energiestufe	Anzahl Außenelektronen
A	6	2.	IV.	L	4
B	20	4.	II.	N	2
C	2	1.	VIII.	K	2
D	17	3	VII.	M	7

[13 BE]

16. a) richtig
b) richtig
c) falsch; ... haben jeweils die gleiche Kernprotonenzahl
d) falsch; ... gleicher Protonenzahl
e) richtig
f) falsch; ... weniger oder mehr Elektronen
g) falsch; ... Jedes Edelgas hat eine eigene, unterschiedliche Elektronenzahl
h) falsch; ... unter Freisetzung von Energie (Elektronenaffinität) in Fluoridionen über
i) falsch; ... Magnesium als Metall bildet Kationen und diese sind kleiner als die Atome
k) richtig
l) falsch; ... einen größeren Radius ...
m) richtig [19 BE]

17. Mendelejews Ordnungsprinzip:
Anordnung der Elemente nach steigender Atommasse. Um aber dem tatsächlichen periodischen Verhalten physikalischer und chemischer Eigenschaften der Elemente gerecht zu werden, mußten Plätze freigelassen werden und an anderen Stellen mußte die Reihenfolge der Elemente umgestellt werden (sog. Inversionen bei Ar-K und Te-I).
Heutiges Ordnungsprinzip: Anordnung der Elemente nach steigender Kernladungszahl (Kernprotonenzahl). Dieses Ordnungsprinzip wurde erst durch die experimentellen Arbeiten des engl. Physikers H. Mosley (1913) möglich, da er die Grundlagen zur Ermittlung der Kernladungszahlen schuf. [4 BE]

18. Periode: waagrechte Zeile des PSE; innerhalb einer Periode, der eine Energiestufe (Schale) der Atomhülle entspricht, werden die Elemente nach steigender Kernprotonen- bzw. Ordnungszahl nebeneinander von links nach rechts angeordnet. Diese Anordnung entspricht der Zunahme der Elektronen um jeweils eine Einheit. Deshalb ändern sich die chemischen Eigenschaften der Elemente innerhalb einer Periode deutlich.
Gruppe: senkrechte Zeile des PSE; innerhalb einer Gruppe stehen Elemente untereinander, in deren Atomen die äußerste Energiestufe (Schale), die sog. Valenzschale, stets die gleiche Elektronenkonfiguration (Elektronenbesetzung) aufweist. Deshalb sind die chemischen Eigenschaften der Elemente innerhalb einer Gruppe auch sehr ähnlich. [6 BE]

19. $8 < 4 < 12$. Innerhalb der Periode nimmt der Radius ab, da die Kernanziehungskraft zunimmt ($8 < 4$). Das Element mit der OZ 12 steht unter dem mit der OZ 4, d. h. eine Energiestufe (Schale) wird neu besetzt. Dies geht mit einer Radiusvergrößerung einher. [5 BE]

20. Barium ist ein Metall; seine Atome geben (jeweils 2) Elektronen ab, es entstehen Ba^{2+}-Ionen. Kationen sind stets kleiner als die entsprechenden Atome: $Ba^{2+} < Ba$. [3 BE]

21. a) größter Atomradius: Cs; kleinster Atomradius: H
b) größter Ionenradius: Te^{2-}; kleinster Ionenradius: H^+
c) höchste Ionisierungsenergie: He
niedrigste Ionisierungsenergie: Cs [6 BE]

22. Das Element „A" mit der Ordnungszahl (OZ) 12 steht im PSE in der 3 Periode und in der II. Hauptgruppe und gehört damit zur Familie der Erdalkalimetalle.
Die Atome dieses Elements bilden / **zwei-** / fach / **positive** / Ionen. Der Ionenradius ist in diesem Falle / **kleiner** / als der betreffende Atomradius. Innerhalb der angegebenen Periode nimmt der Atomradius von links nach rechts / **ab** /, weil Kernladung und Zahl der Elektronen um jeweils eine Einheit zunehmen. Die Anziehung zwischen Kern und Elektronen nimmt zu, so daß eine Kontraktion der Atomhülle erfolgt. Innerhalb einer Hauptgruppe nimmt der Nichtmetallcharakter von oben nach unten / **ab** / und damit die Reaktivität der Nichtmetalle in einer Gruppe / **ab** /.
Das Element „Y" steht im PSE in der 2. Periode und in der VII. Hauptgruppe. Demnach hat es die OZ 9, ist das Fluor und gehört zur Elementfamilie der Halogene. Die Ionisierungsenergien nehmen / **in jeder** / Periode / **zu** /, weil innerhalb einer Periode Kernladungszahl und Anzahl der Elektronen zunehmen; folglich nimmt die Anziehung zwischen Kern und Elektronen zu. [20 BE]

23. Die Edelgase verfügen allesamt über eine stabile, vollständig gefüllte Valenzschale und bilden deshalb kaum Verbindungen. Die Abgabe bzw. Aufnahme eines oder mehrerer Elektronen wäre nur mit ungewöhnlich hohem Energieaufwand möglich. [2 BE]

24. Zieht man durch das gekürzte PSE eine gedachte Diagonale von links oben nach rechts unten (vom Bor zum Tellur), so stehen
    - die Metalle links unterhalb,
    - die Nichtmetalle rechts oberhalb dieser Diagonale;
    - die „Halbmetalle" (das sind Elemente, die aufgrund ihrer Eigenschaften nicht mehr eindeutig den Metallen oder Nichtmetallen zugeordnet werden können) auf bzw. nahe dieser Diagonale. [3 BE]

25. Am ausgeprägtesten metallisches Element: das Caesium (Cs).
    Alle Metallatome haben auf ihrer Valenzschale nur wenige Elektronen (1–3) und zeigen deshalb das Bestreben, durch Abgabe dieser Elektronen die Edelgaskonfiguration des vorangehenden Edelgases zu erreichen (Metalle sind Elektronendonatoren).
    Besonders leicht (geringer Energiebedarf) wird das einzige Valenzelektron der Cs-Atome abgegeben, da dieses Element in der 6. Periode (I.HG) steht, und die innenliegenden vollbesetzten Schalen die elektrostatische Wechselwirkung Kern-Valenzelektron stark reduzieren.
    Am ausgeprägtesten nichtmetallisches Element: das Fluor (F).
    Alle Nichtmetallatome haben auf ihrer Valenzschale relativ viele Elektronen (5–7) und zeigen dadurch das Bestreben, durch Aufnahme eines bis weniger Elektronen, die Edelgaskonfiguration des nachfolgenden Edelgases zu erreichen (Elektronenakzeptoren).
    Besonders leicht wird das eine, zur Edelgaskonfiguration fehlende Elektron durch die Fluoratome aufgenommen und in die kernnahe 2. Energiestufe (Schale) unter hohem Energiegewinn eingebaut. [6 BE]

26. Protonen- und Neutronenzahlen sind jeweils gleich; die Anzahl der Elektronen ist unterschiedlich. [2 BE]

27. Gruppennummer: Die Anzahl der Außenelektronen entspricht der Anzahl der Kernprotonen und diese wiederum der Ordnungszahl.
    Periodennummer: Sie gibt die Anzahl der von Elektronen besetzten Energiestufen (Hauptenergieniveaus) an. [3 BE]

6. Bindungsverhältnisse

6.1 Ionenbindung – Salze

1. Neutrale Atome können entweder durch Elektronenaufnahme oder Elektronenabgabe negative oder positive Ionen (Anionen oder Kationen) bilden und dadurch in ihrer Elektronenhülle Edelgaskonfiguration erreichen. [2 BE]

2. a) Die Anzahl und Anordnung der Elektronen ist gleich der von Edelgasen. [2 BE]
   b) Die Edelgaskonfiguration ist besonders energiearm, d. h. stabil. [1 BE]

3. a) Da Metalle in der Regel Elektronenspender (Elektronendonatoren) sind, bilden sie bevorzugt positive Ionen (Kationen).
   Nichtmetalle sind im allgemeinen Elektronenempfänger (Elektronenakzeptoren) und bilden bevorzugt negative Ionen (Anionen).
   Die Kationen sind unterstrichen und stehen in den Paaren voran:
   Li/Cl, Ca/F, Ba/S, In/O, Ga/H, Na/P [4 BE]

   b) Li: Abgabe des einzigen Valenzelektrons (VE) aus der 2. Energiestufe (Schale): Li^+-Ion mit He-Konfiguration.
   Cl: Aufnahme eines Elektrons in die Valenzschale (VS), d.h in die 3. Energiestufe: Cl^--Ion mit Ar-Konfiguration.

   Ca: Abgabe der beiden VE aus der 4. Energiestufe: Ca^{2+} mit Ar-Konfiguration.
   F: Aufnahme eines Elektrons in die 2. Energiestufe: F^- mit Ne-Konfiguration; pro Ca^{2+}-Ion entstehen 2 F^--Ionen!

   Ba: Abgabe der beiden VE der 6. Energiestufe: Ba^{2+} mit Xe-Konfiguration.
   S: Aufnahme zweier Elektronen in die 3. Energiestufe: S^{2-} mit Ar-Konfiguration.

   In: Abgabe der drei VE aus der 5. Energiestufe: In^{3+} mit Kr-Konfiguration.
   O: Aufnahme zweier Elektronen in die 2. Energiestufe: O^{2-} mit Ne-Konfiguration. Jeweils zwei In-Atome übertragen ihre Elektronen auf drei O-Atome.

   Ga: Abgabe der drei VE aus der 4. Energiestufe: Ga^{3+} mit Ar-Konfiguration.
   H: Aufnahme eines Elektrons in die 1. Energiestufe: H^- mit He-Konfiguration. Pro Ga^{3+}-Ion entstehen 3 Hydridionen.

   Na: Abgabe des einzigen VE der 3. Energiestufe: Na^+ mit Ne-Konfiguration.
   P: Aufnahme dreier Elektronen in die 3. Energiestufe: P^{3-} mit Ar-Konfiguration. Pro Phosphidion entstehen drei Natriumionen. [6 BE]

4. PbI_2; PbI_4; PbS; PbS_2; Pb_3N_2; Pb_3N_4; AlI_3; Al_2S_3; AlN; LiI; Li_2S; Li_3N. [6 BE]

5. a) 1) (1) $K \rightarrow K^{+} + e^{-}$ / · 2

(2) $Br_2 + 2\,e^{-} \rightarrow 2\,Br^{-}$

(1+2) $2\,K + Br_2 \rightarrow 2\,K^{+} + 2\,Br^{-}$

2) (1) $Mg \rightarrow Mg^{2+} + 2\,e^{-}$

(2) $F_2 + 2\,e^{-} \rightarrow 2\,F^{-}$

(1+2) $Mg + F_2 \rightarrow Mg^{2+} + 2\,F^{-}$

3) (1) $Ca \rightarrow Ca^{2+} + 2\,e^{-}$

(2) $S + 2e^{-} \rightarrow S^{2-}$

(1+2) $Ca + S \rightarrow Ca^{2+} + S^{2-}$

4) (1) $Ga \rightarrow Ga^{3+} + 3\,e^{-}$ / · 2

(2) $Br_2 + 2e^{-} \rightarrow 2\,Br^{-}$ / · 3

(1+2) $2\,Ga + 3\,Br_2 \rightarrow 2\,Ga^{3+} + 3\,Br^{-}$

5) (1) $Ca \rightarrow Ca^{2+} + 2\,e^{-}$ / · 2

(2) $O_2 + 4\,e^{-} \rightarrow 2\,O^{2-}$

(1+2) $2\,Ca + O_2 \rightarrow 2\,Ca^{2+} + 2\,O^{2-}$

6) (1) $Al \rightarrow Al^{3+} + 3\,e^{-}$ / · 2

(2) $Cl_2 + 2\,e^{-} \rightarrow 2\,Cl^{-}$ / · 3

(1+2) $2\,Al + 3\,Cl_2 \rightarrow 2\,Al^{3+} + 6\,Cl^{-}$

7) (1) $Mg \rightarrow Mg^{2+} + 2\,e^{-}$ / · 3

(2) $N_2 + 6\,e^{-} \rightarrow 2\,N^{3-}$

(1+2) $3\,Mg + N_2 \rightarrow 3\,Mg^{2+} + 2\,N^{3-}$

8) (1) $Al \rightarrow Al^{3+} + 3\,e^{-}$ / · 2

(2) $S + 2\,e^{-} \rightarrow S^{2-}$ / · 3

(1+2) $2\,Al + 3\,S \rightarrow 2\,Al^{3+} + 3\,S^{2-}$

9) (1) $Na \rightarrow Na^{+} + e^{-}$ / · 4

(2) $O_2 + 4\,e^{-} \rightarrow 2\,O^{2-}$

(1+2) $4\,Na + O_2 \rightarrow 4\,Na^{+} + 2\,O^{2-}$ [je 3 BE]

b) $r(Al^{3+}) < r(Ga^{3+}) < r(Mg^{2+}) < r(Na^{+}) < r(Ca^{2+}) < r(K^{+})$ [5 BE]

6. Die Ionenbindung ist eine ungerichtete elektrische Anziehungskraft, die in Ionenkristallen (Salzen) den Zusammenhalt der entgegengesetzt geladenen Kationen und Anionen bewirkt. [3 BE]

7. Die chemischen Eigenschaften von Teilchen sind nicht ausschließlich von der Elektronenkonfiguration der Valenzschale abhängig, sondern auch von der Anzahl der Protonen im Kern. [2 BE]

8. Aufgrund der starken elektrostatischen Anziehungskräfte der entgegengesetzt geladenen Ionen im Gitterverband sind Salze durch hohe Schmelz- und Siedetemperaturen ausgezeichnet und unter Normbedingungen Feststoffe, Nichtleiter, hart und spröde. [4 BE]

9. Wird auf eine Ebene geschlagen, die Natrium- und Chloridionen enthält, so kommt es zur Verschiebung gegen die benachbarte Ebene und somit zum Aufbau von Abstoßungskräften zwischen gleichnamigen Ladungen, d. h. der Kristall zerspringt (Schlag A). Wird eine Ebene verschoben, die nur durch gleichgeladene Ionen gebildet wird, so resultieren keine Abstoßungskräfte, d. h. der Kristall bleibt erhalten (Schlag B).

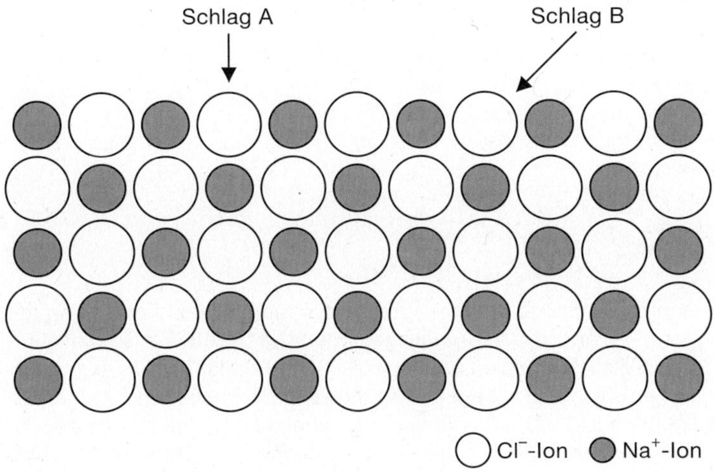

[5 BE]

10. Je größer die Ionenradien sind, um so voluminöser sind die Ionen. Je voluminöser die Ionen sind, um so größer ist die mögliche Anzahl der direkt benachbarten, entgegengesetzt geladenen Ionen. [2 BE]

11. Natriumchloridgitter $\{_i NaCl_{6/6}\}$
Cäsiumchloridgitter $\{_i CsCl_{8/8}\}$
Zinksulfidgitter $\{_i ZnS_{4/4}\}$ [3 BE]

12. Der Gittertyp ist abhängig vom Quotienten $r(Kat^+) : r(An^-)$.
    a) $r(Li^+) : r(Br^-) = 0{,}6 \cdot 10^{-10}\,m : 1{,}95 \cdot 10^{-10}\,m = 0{,}31$; ZnS-Gitter;
    b) $r(Ca^{2+}) : r(O^{2-}) = 0{,}99 \cdot 10^{-10}\,m : 1{,}4 \cdot 10^{-10}\,m = 0{,}71$; NaCl-Gitter;
    c) $r(Na^+) : r(I^-) = 0{,}95 \cdot 10^{-10}\,m : 2{,}16 \cdot 10^{-10}\,m = 0{,}44$; NaCl-Gitter;
    d) $r(NH_4^+) : r(Cl^-) = 1{,}43 \cdot 10^{-10}\,m : 1{,}86 \cdot 10^{-10}\,m = 0{,}77$; CsCl-Gitter;
    e) $r(NH_4^+) : r(I^-) = 1{,}43 \cdot 10^{-10}\,m : 2{,}16 \cdot 10^{-10}\,m = 0{,}66$; NaCl-Gitter. [5 BE]

13. a) Die Anzahl der nächsten Nachbarn. [1 BE]
    b) ZnS: Tetraeder CsCl: Würfel. [2 BE]

14. a) 1) $n(Mg^{2+}) = 2$ mol; $n(Cl^-) = 4$ mol;
    2) $n(Ca^{2+}) = 4{,}5$ mol; $n(P^{3-}) = 3$ mol;
    3) $n(Al^{3+}) = 0{,}8$ mol; $n(Br^-) = 2{,}4$ mol;
    4) $n(Na^+) = 2$ mol; $n(O^{2-}) = 1$ mol;
    5) $n(Hg^{2+}) = 0{,}5$ mol; $n(S^{2-}) = 0{,}5$ mol. [5 BE]
    b) 1) $m(MgCl_2) = n(MgCl_2) \cdot M(MgCl_2) = 2\,mol \cdot 95{,}3\,g/mol = 190{,}6\,g$;
    2) $m(Ca_3P_2) = 273\,g$;
    3) $m(AlBr_3) = 213{,}4\,g$;
    4) $m(Na_2O) = 62\,g$;
    5) $m(HgS) = 116{,}4\,g$. [5 BE]

15. a) Die Schmelztemperatur ionogen aufgebauter Verbindungen ist abhängig von den jeweiligen Ionenradien und von den jeweiligen Ladungen der Ionen, so daß allgemein gilt: Je kleiner die Ionenradien und je größer die Ionenladungen (je größer also die Ladungsdichte), umso stärker die Anziehungskräfte zwischen den entgegengesetzt geladenen Ionen und umso höher die Schmelztemperatur des Salzes. In der Reihe LiF... LiI ist das Kation jeweils gleich und von identischer Größe; die Größe (die Radien) der Anionen nimmt jedoch vom F^-- zum I^--Ion hin zu. Dies bedeutet eine Abnahme der Schmelztemperaturen der Halogenide in der angegebenen Reihenfolge. [5 BE]
    b) Der Anionenradius ist jeweils konstant. Der Kationenradius nimmt innerhalb einer Gruppe von oben nach unten zu, also auch vom Mg^{2+}- zum Ba^{2+}-Ion. Die Schmelztemperaturen sinken in der angegebenen Reihenfolge vom MgO zum BaO. [3 BE]

* 16. a) Das Metallgitter des Kaliums wird unter Energieaufwand in Kaliumatome zerlegt.
    Die Brommoleküle werden in einer endothermen Reaktion in Bromatome gespalten.
    Die Bromatome und die Kaliumatome liegen nun als Gasteilchen vor.
    Anschließend erfolgt die Bildung der positiv geladenen Kaliumionen unter Energieaufwand. Bei der Bildung der negativ geladenen Bromidionen wird dagegen Energie freigesetzt.
    Die Kaliumionen und Bromidionen bauen dann in einer exothermen Reaktion das Ionengitter des Kaliumbromids auf. [5 BE]
    b) Sublimationsenthalpie / Ionisierungsenthalpie / Bindungsenthalpien / Elektronenaffinität / Gitterenthalpie. [3 BE]

17. a) Unter Gitterenergie versteht man diejenige Energie, die frei wird, wenn gasförmige Anionen und Kationen einen Kristall bilden, bzw. die aufgewendet werden muß, um ein Kristallgitter in freie gasförmige Ionen zu zerlegen. [3 BE]
    b) Die Gitterenergie wird von Ladung und Radius der Ionen, sowie der Art des Gitters bestimmt. [2 BE]

* 18. a) Findet die Reaktion zwischen einem einwertigen Metall und einem einwertigen (molekular auftretenden) Nichtmetall statt, so gilt:

$\Delta H^\circ_{Bm} = \Delta H^\circ_{Sm} + \Delta H^\circ_{Im} + 1/2\,\Delta H^\circ_{Dm} + \Delta H^\circ_{EAm} + \Delta H^\circ_{Gm}$;

Sublimation	(1) $Na(s) \rightarrow Na(g)$	ΔH°_{R1}	$= +109\,kJ$
Ionisierung	(2) $Na(g) \rightarrow Na^+(g) + e^-$	ΔH°_{R2}	$= +495\,kJ$
Dissoziation	(3) $1/2\,(F_2(g) \rightarrow 2\,F(g))$	ΔH°_{R3}	$= +79\,kJ$
Elektr.aufnahme	(4) $F(g) + e^- \rightarrow F^-(g)$	ΔH°_{R4}	$= -351\,kJ$
Gitterbildung	(5) $Na^+(g) + F^-(g) \rightarrow NaF(s)$	ΔH°_{R5}	$= -923\,kJ$
Synth.	(1+2+3+4+5) $Na(s) + 1/2\,F_2(g) \rightarrow NaF(s)$	ΔH°_R	$= -591\,kJ$

$\Delta H^\circ_{Bm} = -591\,kJ/mol.$ [7 BE]

b) $\Delta H^\circ_{Gm} = \Delta H^\circ_{Bm} - \Delta H^\circ_{Sm} - \Delta H^\circ_{Im} - 1/2\,\Delta H^\circ_{Dm} - \Delta H^\circ_{EAm}$;

Synthese	(1) $K(s) + 1/2\,F_2(g) \rightarrow KF(s)$	ΔH°_{R1}	$= -564\,kJ$
Sublimation	(2) $K(s) \rightarrow K(g)$	ΔH°_{R2}	$= +90\,kJ$
Ionisierung	(3) $K(g) \rightarrow K^+(g) + e^-$	ΔH°_{R3}	$= +416\,kJ$
Dissoziation	(4) $1/2\,F_2(g) \rightarrow F(g)$	ΔH°_{R4}	$= +79\,kJ$
EA	(5) $F(g) + e^- \rightarrow F^-(g)$	ΔH°_{R5}	$= -351\,kJ$
Gitter	(1-2-3-4-5) $K^+(g) + F(g) \rightarrow KF(s)$	ΔH°_R	$= -798\,kJ$

$\Delta H^\circ_{Gm} = -798\,kJ/mol$ [7 BE]

c) Findet die Reaktion zwischen einem zweiwertigen Metall und einem einwertigen (molekular auftretenden) Nichtmetall statt, so gilt:

$\Delta H^\circ_{Bm} = \Delta H^\circ_{Sm} + \Delta H^\circ_{Im} + \Delta H^\circ_{Dm} + 2\,\Delta H^\circ_{EAm} + \Delta H^\circ_{Gm}$;

Sublimation	(1) $Ca(s) \rightarrow Ca(g)$	ΔH°_{R1}	$= +193\,kJ$
Ionisierung	(2) $Ca(g) \rightarrow Ca^{2+}(g) + 2e^-$	ΔH°_{R2}	$= +1560\,kJ$
Dissoziation	(3) $F_2(g) \rightarrow 2\,F(g)$	ΔH°_{R3}	$= +158\,kJ$
Elektr.aufn.	(4) $2\,F(g) + 2e^- \rightarrow 2\,F^-$	ΔH°_{R4}	$= -702\,kJ$
Gitterbildung	(5) $Ca^{2+}(g) + F_2(g) \rightarrow CaF_2(s)$	ΔH°_{R5}	$= -2610\,kJ$
Synth.	(1+2+3+4+5) $Ca(s) + F_2(g) \rightarrow CaF_2(s)$	ΔH°_R	$= -1401\,kJ$

$\Delta H^\circ_{Bm} = -1401\,kJ/mol.$ [7 BE]

d) Findet die Reaktion zwischen einem zweiwertigen Metall und einem zweiwertigen (molekular auftretenden) Nichtmetall statt, so gilt:

$\Delta H°_{Bm}(MgO) = \Delta H°_{Sm}(Mg) + \Delta H°_{Im}(Mg) + 1/2\ \Delta H°_{Dm}(O_2) + \Delta H°_{EAm}(O) + \Delta H°_{Gm}(MgO);$
$= 150\ kJ/mol + 2181\ kJ/mol + 1/2 \cdot 496\ kJ/mol + 705\ kJ/mol +$
$+ (-3887\ kJ/mol);$
$= -603\ kJ/mol.$ [3 BE]

e) $\Delta H°_{EAm}(I) = \Delta H°_{Bm}(NaI) - \Delta H°_{Sm}(Na) - \Delta H°_{Im}(Na) - 1/2\ \Delta H°_{Dm}(I_2) - \Delta H°_{Gm}(NaI);$
$= -288\ kJ/mol - 109\ kJ/mol - 495\ kJ/mol - 75{,}5\ kJ/mol -$
$(-690\ kJ/mol)$
$= -277{,}5$ kJ/mol I-Atome. [3 BE]

f) $\Delta H°_{Im}(Ca) = \Delta H°_{Bm}(CaCl_2) - \Delta H°_{Sm}(Ca) - \Delta H°_{Dm}(Cl_2) - 2\ \Delta H°_{EAm}(Cl_2)$
$- \Delta H°_{Gm}(CaCl_2);$
$= -796\ kJ/mol - 193\ kJ/mol - 243\ kJ/mol - (-728\ kJ/mol)$
$- (-2233\ kJ/mol)$
$= +1729\ kJ/mol;$

$\Delta H°_{Im}(Ca_{1.Ionis.}) = \Delta H°_{Im}(Ca) + \Delta H°_{Im}(Ca_{2.Ionis.})$
$= 1729\ kJ/mol - 1144\ kJ/mol$
$= 585\ kJ/mol.$ [3 BE]

19. a) Die Gitterenergien nehmen in beiden Reihen von links nach rechts ab. [1 BE]

b) Bei 1) nimmt der Anionenradius von links nach rechts zu.
Demzufolge nimmt die Summe aus Anionen- und Kationenradius ebenfalls zu.
Die Gitterenergie verhält sich umgekehrt proportional zur Summe dieser Radien, d. h. sie nimmt ab.
Bei 2) gilt die Begründung analog, denn hier nimmt der Kationenradius von links nach rechts zu. [5 BE]

20. a) Gitterenergie $Al_2O_3 > MgO > MgS > LiCl > NaBr$
Aluminiumoxid besitzt dreifach positiv geladene Kationen und zweifach negativ geladenen Anionen. Da die Gitterenergie den Ionenladungen direkt proportional ist, besitzt diese Substanz die größte Gitterenergie, gefolgt von Magnesiumoxid und -sulfid, da sich diese beiden durch jeweils zweifache Ionenladungen auszeichnen. Das Oxidion hat den kleineren Ionenradius im Vergleich zum Sulfidion; deshalb ist die Gitterenergie des Magnesiumoxids größer als die des -sulfids.
Im Vergleich sind sowohl Anionen- wie auch Kationenradien im Lithiumchlorid kleiner als im Natriumbromid, den Substanzen, deren Ionen jeweils nur eine einzige Ionenladung haben; damit ist die Gitterenergie beim Natriumbromid geringer. [6 BE]

b) Gitterenergie $CsBr < KF < BaO < Fe_2O_3$
Die Gitterenergie ist den Ionenladungen direkt und den Ionenradien indirekt proportional.
Im KF und CsBr sind nur einfach geladene Ionen vorhanden. Sowohl die Kalium- als auch die Fluoridionen sind kleiner als die Cäsium- und Bromidionen. Im BaO sind beide Ionenarten zweifach geladen. Fe_2O_3 zeichnet sich durch dreifach positiv geladene Eisen- und zweifach negativ geladene Oxidionen aus, d. h. es besitzt hier die größte Gitterenergie. [5 BE]

21. Die Schmelztemperatur ist i.a. ein gutes Maß für die Gitterenergien und damit für die herrschenden Kräfte im Ionenkristall.
Diese Kräfte sind um so größer, je höher die Ionenladung und je kleiner der entsprechende Ionenradius ist. Deshalb nehmen die Schmelztemperaturen der angegebenen Salze mit steigender Gitterenergie ebenfalls zu:
$KF < CaF_2 < BaO < CaO$. [5 BE]

22. Die Gitterenergie ist abhängig von der Ionenladung und -größe:
$r(Na^+) > r(Mg^{2+})$ und $r(Br^-) > r(O^{2-})$
Die Anziehungskräfte zwischen kleinen und höhergeladenen Ionen sind größer. Damit ist die Gitterenergie von NaBr kleiner als die von MgO und die Schmelztemperatur von NaBr niedriger. [4 BE]

23. Es müssen frei bewegliche, elektrisch geladene Teilchen vorliegen. [2 BE]

24. Durch das Auflösen eines Salzes in Wasser sind die Kationen und Anionen des Salzes frei beweglich geworden. Wird eine Spannung angelegt, so wandern die Kationen zur Kathode, und die Anionen zur Anode, wo sie jeweils entladen werden. Dies bedeutet, daß ein Ladungstransport in wäßriger Lösung (Stromfluß) stattfindet. [4 BE]

25. a) Elektrolyse ist ein chemischer Prozeß, bei dem durch Zufuhr von elektrischer Energie ein Elektrolyt zerlegt wird. [2 BE]

b) **Elektrolyse** einer wäßrigen Lösung von Kupferchlorid $CuCl_2$ (aq)

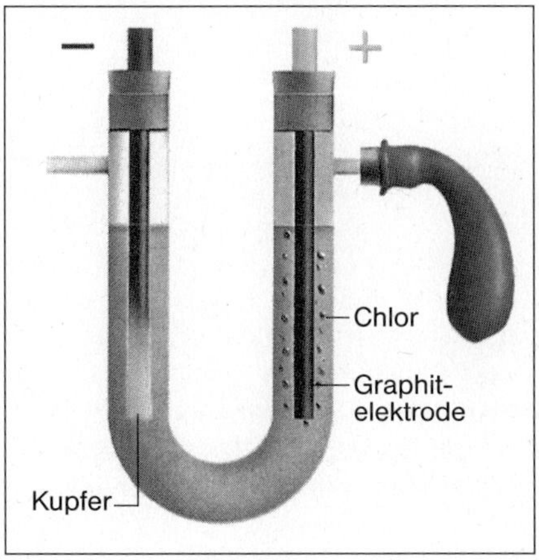

Schmelzflußelektrolyse von Bleichchlorid $PbCl_2$ (l)

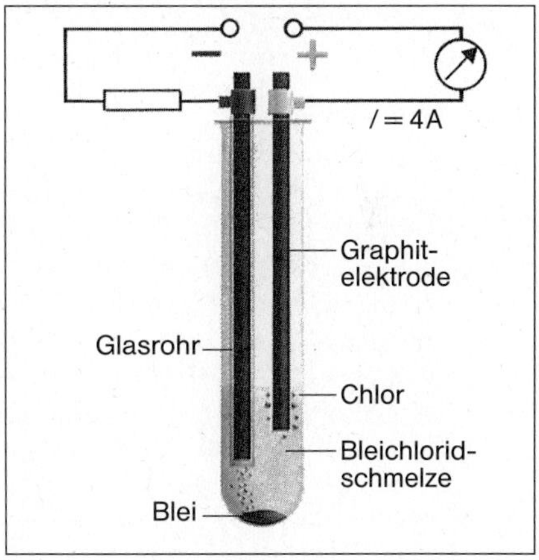

[3 BE]

26.

Nichtleiter (Isolatoren):	z. B. Nichtmetalle, Glas, Porzellan
Halbleiter:	z. B. Si, Ge
Elektronenleiter (Leiter 1. Ordnung):	z. B. Metalle, Graphit
Ionenleiter (Leiter 2. Ordnung):	Elektrolyte (wäßr. Salzlösungen)

[3 BE]

27. a)

Substanzen	Einteilung	Elektrische Leitfähigkeit der wäßrigen Lösung		der Schmelze	
		ja	nein	ja	nein
1) Zucker	Nichtleiter		X	——	——
2) KBr	Ionenleiter	X		X	
3) Cu	Elektronenleiter	——	——	X	
4) S	Nichtleiter	——	——		X
5) HCl(g)	Nichtleiter	X		——	——
6) Alkohol	Nichtleiter		X	——	——

[6 BE]

b) 1) Zucker ist aus Molekülen aufgebaut; in der Lösung befinden sich keine Ionen.
2) Kaliumbromid ist ein Salz; in wäßriger Lösung befinden sich freibewegliche Kalium- und Bromidionen.
5) Chlorwasserstoffgas liefert mit Wasser Salzsäure; in dieser Lösung befinden sich freibewegliche Ionen.
6) Alkohol ist aus Molekülen aufgebaut; in der Lösung befinden sich keine Ionen.

[4 BE]

28. a) 1) $NiCl_2(s) \xrightarrow{\text{Wasser}} Ni^{2+}(aq) + 2\,Cl^-(aq)$
2) $AlBr_3(s) \xrightarrow{\text{Wasser}} Al^{3+}(aq) + 3\,Br^-(aq)$
3) $KI(s) \xrightarrow{\text{Wasser}} K^+(aq) + I^-(aq)$
4) $Al_2O_3(s) \xrightarrow{\text{Energie}} 2\,Al^{3+}(l) + 3\,O^{2-}(l)$
5) $PbCl_2(s) \xrightarrow{\text{Energie}} Pb^{2+}(l) + 2\,Cl^-(l)$
6) $LiCl(s) \xrightarrow{\text{Energie}} Li^+(l) + Cl^-(l)$ [6 BE]

b) 1) Kathode: $Ni^{2+}(aq) + 2\,e^- \rightarrow Ni(s)$
Anode: $2\,Cl^-(aq) \rightarrow Cl_2(aq) + 2\,e^-$
2) Kathode: $Al^{3+}(aq) + 3\,e^- \rightarrow Al(s)$ $/ \cdot 2$
Anode: $2\,Br^-(aq) \rightarrow Br_2(aq) + 2\,e^-$ $/ \cdot 3$
3) Kathode: K^+-Ionen werden nicht entladen, da die hierfür nötige Energie zu hoch ist! Statt dessen entsteht an der Kathode ein Gas (Wasserstoff), das aus der Entladung von Protonen (eigentlich Oxoniumionen) stammt:
$2\,H^+(aq) + 2\,e^- \rightarrow H_2(g)$
Diese Protonen (Oxoniumionen) liefert das Wasser!
Anode: $2\,I^-(aq) \rightarrow I_2(aq) + 2\,e^-$
4) Kathode: $Al^{3+}(l) + 3\,e^- \rightarrow Al(s)$ $/ \cdot 4$
Anode: $2\,O^{2-}(l) \rightarrow O_2(g) + 4\,e^-$ $/ \cdot 3$
5) Kathode: $Pb^{2+}(l) + 2\,e^- \rightarrow Pb(s)$
Anode: $2\,Cl^-(l) \rightarrow Cl_2(g) + 2\,e^-$

6) Kathode: $Li^+(l) \quad + e^- \quad \rightarrow Li(s) \qquad / \cdot 2$
Anode: $2\,Cl^-(l) \quad \rightarrow Cl_2(g) \quad + 2\,e^-$
Im Gegensatz zur Lösungselektrolyse wird bei der Schmelzelektrolyse kathodisch das Alkalimetall gebildet! [je 3 BE]

29. Beim Schmelzen und Auflösen eines Ionenkristalls muß das Kristallgitter jeweils (weitestgehend) zerstört, d. h. die Kräfte zwischen den entgegengesetzt geladenen Ionen aufgehoben werden. Mit steigender Gitterenergie nimmt deshalb die Schmelztemperatur zu. Auch die Wasserlöslichkeit hängt von der Gitterenergie ab, doch ist diese nicht der alleinbestimmende Faktor. [3 BE]

30. a) Redoxreaktionen:
    1) Direkte Synthese aus den Elementen,
    z. B.: $2\,Na(s) + Cl_2(g) \rightarrow 2\,NaCl(s)$
    2) Reaktionen zwischen Metallen und Säuren,
    z. B.: $Mg(s) + 2\,HCl(aq) \rightarrow MgCl_2(aq) + H_2(g)$

    b) Säure-Base-Reaktion:
    Neutralisationsreaktion mit anschließendem Verdampfen des Lösungsmittels,
    z. B.: $NaOH(aq) + HCl(aq) \rightarrow NaCl(aq) + H_2O(l)$

    c) Fällungsreaktion mit anschließender Filtration und Trocknung,
    z. B.: $AgNO_3(aq) + NaCl(aq) \rightarrow AgCl(s) + NaNO_3(aq)$ [8 BE]

31. a) falsch; ... unterscheiden sich in der Anzahl der Elektronen
    b) falsch; ... positiven oder negativen Elementarladungen eines Ions an
    c) richtig
    d) richtig
    e) falsch; ... räumliche Anordnung kann verschieden sein (versch. Gittertypen)
    f) richtig
    g) falsch; ... wird die Bildungsenergie frei
    h) falsch; ... sechs Kationen umgeben, die eine tetragonale Bipyramide bilden
    i) falsch; ... wenn an frei bewegliche Ladungsträger ...
    k) richtig
    l) richtig
    m) richtig
    n) falsch; ... Wanderung von Ionen ...
    o) falsch; ... sinkt i. a. die Leitfähigkeit (da die Anzahl der Ionen abnimmt!) [22 BE]

6.2 Elektronenpaarbindung (Atombindung)

1. Zur Ausbildung von Elektronenpaarbindungen kommt es zwischen gleichen oder verschiedenen Nichtmetallatomen.
   Aufgrund der Elektronenkonfiguration dieser Atome können sie ihre jeweilige Edelgaskonfiguration nicht mehr durch einen Elektronentransfer (Ionenbildung) erreichen. Vielmehr erreichen sie diesen stabilen Zustand durch ein oder mehrere gemeinsame Elektronenpaare. [3 BE]

2. a) Bei der Elektronenpaarbindung kommt es zur Durchdringung zweier einfach besetzter Elektronenwolken und damit zur Ausbildung einer gemeinsamen Elektronenwolke. Diese wird als gemeinsames Elektronenpaar oder Bindungselektronenpaar bezeichnet.
   Die Bindung beruht auf der elektrostatischen Anziehung der positiv geladenen Kerne und der zwischen ihnen liegenden Durchdringungszone der Elektronenwolken (Ort hoher negativer Ladungsdichte) und ist räumlich gerichtet. [4 BE]
   b) Bindende Elektronenpaare stellen gemeinsame, also unmittelbar an einer Bindung beteiligte Elektronenpaare dar (und werden zwischen den Elementsymbolen der beteiligten Atome angegeben).
   Freie (nichtbindende) Elektronenpaare sind nicht zur Elektronenpaarbindung beanspruchte Valenzelektronenpaare eines Atoms (und werden um das Elementsymbol des betreffenden Atoms angeordnet). [2 BE]

3. Eine Elektronenwolke (ein Orbital) kennzeichnet jenen Bereich um den Atomkern, in dem sich ein Elektron mit bestimmtem Energieinhalt mit großer Wahrscheinlichkeit aufhält. [2 BE]

4. Eine gemeinsame Elektronenwolke (ein Molekülorbital) entsteht bei der Durchdringung mindestens zweier Elektronenwolken (Orbitale) und ist mit mindestens zwei Elektronen, den Bindungselektronen, besetzt. [2 BE]

5. a) $R < r_A + r_B$ [1 BE]
   b) Sie bilden Moleküle unter Abgabe von Bindungsenergie.
   Ausnahme: Edelgase. [2 BE]
   c) 1) Sie bilden Iodmoleküle unter Abgabe von Bindungsenergie.
   :Ï· + ·Ï: → |Ī–Ī|
   2) Sie bilden Stickstoffmoleküle unter Abgabe von Bindungsenergie.
   :N: + :N: → |N≡N| [3 BE]

6. a) Br $\rightarrow$ Br^{+} + e^{-} d. h. keine Edelgaskonfiguration
   Br + e^{-} $\rightarrow$ Br^{-} d. h. stabile Edelgaskonfiguration
   Nur ein Atom würde durch einen Elektronenübergang die energetisch günstige, stabile Edelgaskonfiguration durch Bildung eines Bromidions erreichen. [3 BE]
   b) Ein gemeinsames bindendes Elektronenpaar beschreibt den Zusammenhalt der Atome im Brommolekül: $:\underset{..}{\ddot{Br}}\cdot + \cdot\underset{..}{\ddot{Br}}: \rightarrow |\overline{\underline{Br}}-\overline{\underline{Br}}|$
   Zwei gemeinsame bindende Elektronenpaare beschreiben den Zusammenhalt der Atome im Sauerstoffmolekül: $\underset{..}{\dot{O}}: + :\underset{..}{\dot{O}} \rightarrow \overline{\underline{O}}=\overline{\underline{O}}$
   Drei gemeinsame bindende Elektronenpaare beschreiben den Zusammenhalt der Atome im Stickstoffmolekül: $:\dot{N}\vdots + \vdots\dot{N}: \rightarrow |N\equiv N|$ [6 BE]

7. Da die gerichteten Bindungskräfte im allgemeinen nur innerhalb der Moleküle wirken, sind die Anziehungskräfte zwischen den Molekülen im Molekülgitter nur schwach.
   Die elektrostatischen Anziehungskräfte der entgegengesetzt geladenen Ionen im Gitterverband sind dagegen stark.
   Die Schmelz- und Siedetemperaturen der molekular aufgebauten Verbindungen sind deshalb in der Regel niedriger als die der aus Ionen aufgebauten Salze. [4 BE]

8. Allgemeiner Lösungsvorschlag:
   - Elementsymbole so anordnen, daß Wasserstoff und Halogene stets nur einen Bindungspartner haben!
   - Atome durch ein gemeinsames Elektronenpaar verbinden.
   - Restliche Valenzelektronen so verteilen, daß jedes Atom Edelgaskonfiguration erreicht, wobei
   - auch Mehrfachbindungen (Doppel- und Dreifachbindungen) entstehen können.

a) $H-\overline{\underline{F}}|$

b) $|\overline{\underline{Br}}-\overline{\underline{Br}}|$

c) 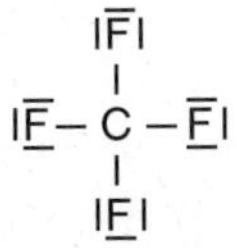

d) $\overline{\underline{S}}=C=\overline{\underline{S}}$

e) $|C\equiv O|$

f) 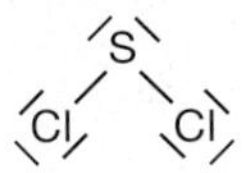

g) $|\overline{\underline{I}}-\overline{\underline{Br}}|$

h) 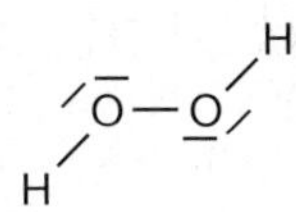

i) 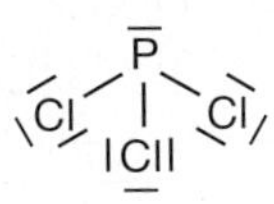

k) 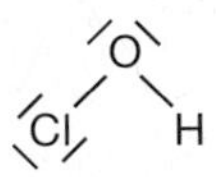

l) 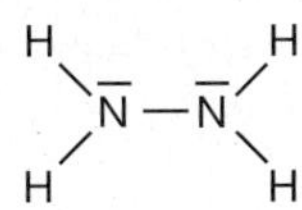

m) 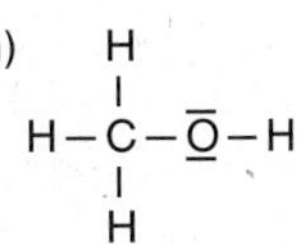

n) 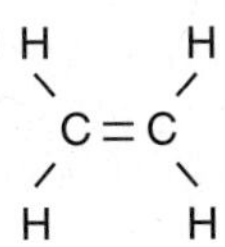

o) $H-C\equiv N|$

p) 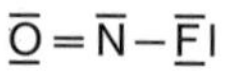

q) 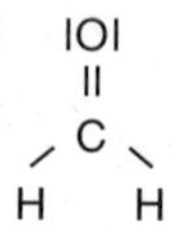

r) 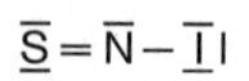

s) 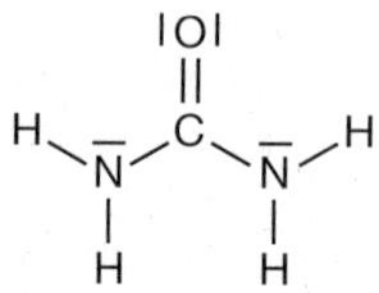

t) 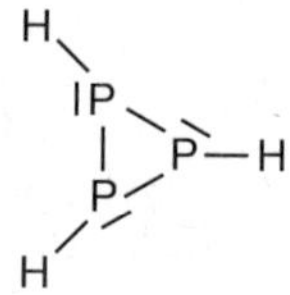

[je 2 BE]

9. a) N: je 3-bindig
   b) H und Cl je einbindig
   c) C: 4-bindig, beide O-Atome je 2-bindig
   d) beide H-Atome je einbindig, S: 2-bindig
   e) O: 2-bindig, beide F-Atome je einbindig
   f) I und Cl je einbindig
   g) C: 4-bindig, H und Cl je einbindig
   h) C: 4-bindig, H und Cl je einbindig
   i) N: 3-bindig, H je einbindig
   k) P: 5-bindig, Cl je einbindig [je 1 BE]

10. In der zweiten Periode (erste Achterperiode) gilt streng die Oktettregel; d. h. Kohlenstoff- und Stickstoffatome dürfen in ihren Valenzschalen nicht mehr als acht Elektronen (4 Elektronenpaare aus vier Elektronenpaarbindungen!) besitzen.
In den nachfolgenden Perioden gilt diese Regel nicht mehr streng;
die sog. „Oktetterweiterung" ist möglich. [4 BE]

11. a) Je größer die Anzahl der Bindungen ist, desto geringer ist die Bindungslänge. [2 BE]
    b) Je geringer die Bindungslänge ist, desto größer ist die Bindungsenergie. [2 BE]

12. Die Elekronegativität ist ein relatives Maß für die Tendenz eines Atoms, die Bindungselektronen innerhalb eines Moleküls zu beanspruchen.
(Hinweis: Die Elekronegativität ist keine Kraft, sie wird auch nicht in den Einheiten einer Kraft, sondern als dimensionslose Zahl angegeben!). [2 BE]

13. Die Elekronegativität nimmt innerhalb einer jeden Periode des PSE von links nach rechts zu. Innerhalb der Hauptgruppen des PSE nimmt sie im allgemeinen von oben nach unten ab. [2 BE]

* 14. Reaktionsgleichung: $H_2 + F_2 \rightarrow 2\,HF$
Bei der Bildung von 2 mol Fluorwasserstoff muß einerseits die molare Bindungsenergie des Wasserstoffs, wie auch die des Fluors aufgewendet werden, andererseits wird die Bindungsenthalpie von 2 mol Fluorwasserstoff frei:

$$\Delta H^\circ_R(\mathrm{HF}) = n(\mathrm{HF}) \cdot \Delta H^\circ_{Bm}(\mathrm{HF}) - (n(\mathrm{H_2}) \cdot \Delta H^\circ_{Dm}(\mathrm{H_2}) + n(\mathrm{F_2}) \cdot \Delta H^\circ_{Dm}(\mathrm{F_2}))$$
$$= -539\,\mathrm{kJ}.$$

Die Synthese verläuft (mit 269,5 kJ/mol) exotherm, da aus den unpolaren Eduktmolekülen (H_2 und F_2) polare Produktmoleküle entstehen. [5 BE]

15. HI – HBr – HCl – HF.
Im allgemeinen nimmt die Bindungsenergie vergleichbarer kovalenter Bindungen mit steigender Elektronegativitätsdifferenz zwischen den Bindungspartnern zu (Ionenbindungscharakter nimmt zu). [3 BE]

16. a)

Element	H–H	Cl–Cl	O=O	N≡N	Br–Br	I–I
Bindungslänge	0,74	1,99	1,21	1,09	2,28	2,67

[3 BE]

b) Die Bindungslängen der Moleküle steigen in der Reihe:
H_2 – N_2 – O_2 – Cl_2 – Br_2 – I_2 [2 BE]

17. Sie müssen polare Elektronenpaarbindungen besitzen. Die Ladungsschwerpunkte der positiven und negativen Teilladungen müssen an räumlich getrennten Orten liegen. [2 BE]

18. a) OZ 17: Elektronenkonfiguration 2/8/7. „X" ist ein Element der 3. Periode und VII. HG. Das Element „X" ist ein Halogen (Chlor) und damit ein Nichtmetall.

OZ 13: Elektronenkonfiguration 2/8/3. „Y" ist ein Element der 3. Periode und III. HG. Das Element „Y" ist ein sogenanntes Erdmetall (Aluminium).

Verhältnisformeln:
1) YX_3 ($AlCl_3$); Halogen einwertig, Elemente der III. HG dreiwertig.
2) HX (HCl); Wasserstoff wie Halogene einwertig.
3) X_2O (Cl_2O); Sauerstoff zweiwertig.

Bindungstyp:
1) YX_3 ist eine Verbindung aus Metall und Nichtmetall; d. h. $\Delta EN = 1{,}5$. Die Verbindung ($AlCl_3$) ist aus Ionen aufgebaut (Salz), allerdings mit kovalenten Bindungsanteilen.
2) HX ist eine Verbindung aus zwei elektronegativen Nichtmetallen ($\Delta EN = 0{,}9$) und damit molekular aufgebaut (polare Elektronenpaarbindung).
3) X_2O ist eine Verbindung aus zwei elektronegativen Nichtmetallen ($\Delta EN = 0{,}5$) und damit molekular aufgebaut (polare Elektronenpaarbindungen). [6 BE]

b) δ^+ δ^-
H–X; Ladungsschwerpunkte des linear gebauten Moleküls fallen nicht zusammen; Molekül ist ein Dipol.

δ^- /O\
/ \
δ^+X Xδ^+
Ladungsschwerpunkte des gewinkelt gebauten Moleküls fallen nicht zusammen; Molekül ist ein Dipol. [4 BE]

19. a) $NaCl$ – $MgCl_2$ – $AlCl_3$ – $SiCl_4$ – PCl_3 – SCl_2 – Cl_2
Fließender Übergang von der Ionenbindung über polare Elektronenpaarbindungen zur unpolaren Elektronenpaarbindung beim Cl_2.
(Die Bindungsart ist dabei von der Elektronegativitätsdifferenz der beteiligten Atome abhängig.) [3 BE]

b)

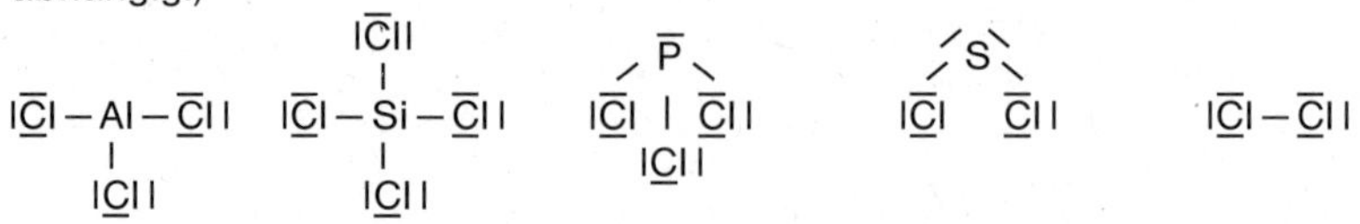

[3 BE]

20. LiF: Ionenbindung, da die Elektronegativitätsdifferenz größer als 1,5 ist.
BeI_2 und OF_2: polare Elektronenpaarbindung, da die Elektronegativitätsdifferenz kleiner als 1,5 ist.
F_2: unpolare Elektronenpaarbindung, da Fluor ein Elementmolekül und damit die Elektronegativitätsdifferenz 0 ist. [6 BE]

21. a) Die Reihenfolge wird durch die Elektronegativitätsdifferenzen bestimmt:

	Cl_2	$BrCl$	HBr	NH_3	NF_3	$MgCl_2$	$CsBr$
ΔEN:	0	0,2	0,7	0,9	1,0	1,8	2,1

[3 BE]

b) Dipolmoleküle: NH_3, NF_3, $BrCl$, HBr.

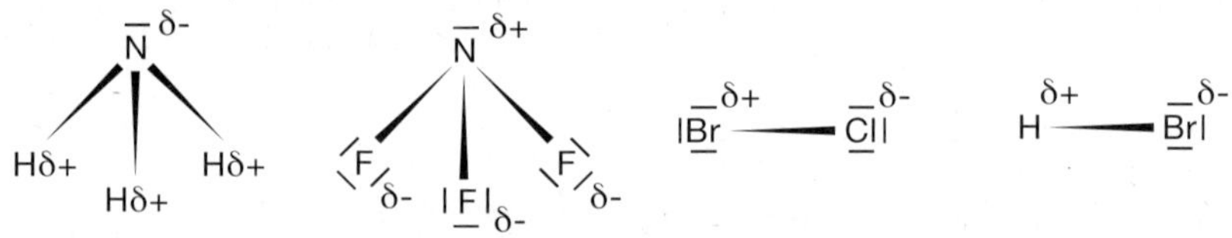

Strukurformeln in Elektronenpaarschreibweise: Positive Teilladungen tragen darin stets die jeweils elektropositiveren Bindungspartner. [5 BE]

22. Die Elektronenwolken (Orbitale) ordnen sich stets so an, daß sie versuchen, einen möglichst großen Abstand voneinander einzunehmen, d. h., einen Zustand maximaler Stabilität zu erreichen. Die Elektronenwolken der freien Elektronenpaare wirken stärker abstoßend als die der bindenden. [3 BE]

23. a) 1) lineares Molekül
2) dreiseitig pyramidales Molekül
3) lineares Molekül
4) gewinkeltes Molekül
5) lineares Molekül
6) dreiseitig pyramidales Molekül
7) tetraedrisches Molekül
8) lineares Molekül [je 1 BE]

b) 1) Polare Elektronenpaarbindung;
δ^- Fluoratom: negativer Ladungsschwerpunkt.
δ^+ Wasserstoffatom: positiver Ladungsschwerpunkt.
2) Unpolare Elektronenpaarbindungen
3) Polare Elektronenpaarbindungen;
δ^- Kohlenstoffatom: negativer Ladungsschwerpunkt.
δ^+ Schwefelatome: positiver Ladungsschwerpunkt in der Mitte der gedachten Verbindungslinie zwischen den Schwefelatomen.
4) Polare Elektronenpaarbindungen;
δ^- an den Chloratomen: negativer Ladungsschwerpunkt auf der Winkelhalbierenden des Bindungswinkels.
δ^+ Schwefelatom: positiver Ladungsschwerpunkt.
5) Polare Elektronenpaarbindung;
δ^- Bromatom: negativer Ladungsschwerpunkt.
δ^+ Iodatom: positiver Ladungsschwerpunkt.
6) Polare Elektronenpaarbindungen;
δ^- an den Chloratomen: negativer Ladungsschwerpunkt im Schwerpunkt der drei Chloratome.
δ^+ Phosphoratom: positiver Ladungsschwerpunkt.
7) Polare Elektronenpaarbindungen;
δ^- Fluoratom: negativer Ladungsschwerpunkt im Schwerpunkt der vier Fluoratome.
δ^+ Kohlenstoffatom: positiver Ladungsschwerpunkt.
8) Polare Elektronenpaarbindungen;
δ^- an den Kohlenstoffatomen: negativer Ladungsschwerpunkt in der Mitte der gedachten Verbindungslinie zwischen den Kohlenstoffatomen.
δ^+ an den Wasserstoffatomen: positiver Ladungsschwerpunkt im Schwerpunkt der vier Wasserstoffatome. [je 2 BE]

c) Keine Dipoleigenschaften bei 2, 3, 7 und 8. Die Ladungsschwerpunkte der Teilladungen fallen zusammen.
Dipoleigenschaften bei 1, 4, 5 und 6. Die Ladungsschwerpunkte der Teilladungen fallen nicht zusammen. [4 BE]

24. Ein lineares Wassermolekül hätte, im Gegensatz zum gewinkelt gebauten, kein Dipolmoment (Die Schwerpunkte der negativen und positiven Teilladungen würden im linearen Molekül zusammenfallen).
a) Das Verhalten eines feinen Wasserstrahls im elektrischen Feld (Annähern eines aufgeladenen Kunststoff- oder Glasstabes) gibt Auskunft über das Dipolmoment: Ablenkung des Wasserstrahls bedeutet Vorliegen von Dipolmolekülen.
b) Im Wassermolekül befinden sich am elektronegativeren Sauerstoffatom zwei nichtbindende, freie Elektronenpaare, deren gegenseitige Abstoßung stärker ist als die zwischen den nichtbindenden und bindenden Elektronenpaaren
(die nichtbindenden Elektronenpaare üben einen Druck auf die bindenden aus): gewinkeltes Molekül mit Teilladungen an den Bindungspartnern
(Sauerstoffatom negativ, Wasserstoffatome positiv teilgeladen). [6 BE]

25. Zur Elektronenpaarbindung kommt zusätzlich noch ein ausgeprägter ionischer Bindungsanteil, der aus der stark polarisierten H-F-Bindung resultiert! [3 BE]

26. A) Niedrigere Siedetemperatur; es liegen keine Dipole vor und somit nur geringe zwischenmolekulare Kräfte.
    B) Höhere Siedetemperatur; es liegen ausgeprägte Dipole vor und somit ausgeprägte Dipol-Dipol-Kräfte. [3 BE]

27. X: 60 °C; die Moleküle sind ausgeprägte Dipole und deshalb treten starke Dipol-Dipol-Wechselwirkungen auf.
    Y: 113 °C; die Moleküle haben nahezu doppelte Molekülmasse im Vergleich zu X und Z. Darüber hinaus handelt es sich um Dipolmoleküle mit Dipol-Dipol-Kräften.
    Z: 48 °C; die Moleküle sind keine Dipole. Deshalb wirken untereinander nur geringe zwischenmolekulare Kräfte. [5 BE]

28. Cl_2O: 111°; die beiden positiv partialgeladenen, voluminösen Chloratome mit ihren freien Elektronenpaaren stoßen sich stark ab und geben dem Druck der freien Elektronenpaare am Sauerstoffatom auf die bindenden Elektronenpaare nur begrenzt nach: Aufweitung des Tetraederwinkels.
    OF_2: 103°; die Bindungselektronenpaare befinden sich näher den elektronegativsten, kleinen Fluoratomen, und geben dem Druck der freien Elektronenpaare am Sauerstoffatom dadurch leichter nach: geringe Verkleinerung des Tetraederwinkels.
    H_2S: 92°; die positiv partialgeladenen, kleinen Wasserstoffatome, denen freie Elektronenpaare fehlen, stoßen sich nur geringfügig ab und leisten dem Druck der freien Elektronenpaare am Schwefelatom auf die Bindungselektronen nur schwachen Widerstand: starke Verringerung des Tetraederwinkels. [6 BE]

29. a) falsch; ... ein exothermer Prozeß
    b) richtig
    c) richtig
    d) falsch; ... eine Edelgaskonfiguration (die nicht immer Elektronenoktett bedeutet: vgl. He!)
    e) falsch; ... und der Molekülbau asymmetrisch ist (die Schwerpunkte der positiven und negativen Teilladungen nicht zusammenfallen)
    f) richtig [9 BE]

6.3 Kräfte zwischen Teilchen

1. a) Van-der-Waals-Kräfte; Wasserstoffbrückenbindungen; Dipol-Dipol-Kräfte. [3 BE]
   b) Van-der-Waals-Kräfte: Verteilung der Elektronen in den Hüllen unpolarer Teilchen ist nicht immer symmetrisch. So entstehen für kurze Zeit schwache Dipole (sog. spontane Dipole), die auf die Elektronenhüllen unmittelbar benachbarter Teilchen einwirken und diese ebenfalls polarisieren (es entstehen sog. induzierte Dipole). Van-der-Waals-Kräfte sind demnach ungerichtete elektrostatische Kräfte zwischen spontanen und induzierten Dipolen.
   Wasserstoffbrückenbindungen: in einer Verbindung liegen stark positiv polarisierte Wasserstoffatome direkt benachbart zu kleinen, stark elektronegativen Atomen mit freien Elektronenpaaren (nur Fluor, Sauerstoff oder Stickstoff) vor.
   Dipol-Dipol-Kräfte: elekrostatische Kräfte zwischen unterschiedlich polarisierten Atomen und/oder Atomgruppen benachbarter Moleküle. [6 BE]

2. a) Rückschlüsse auf die Bindungsart lassen Schmelz- und/oder Siedetemperaturen zu. Sind die Kräfte zwischen den Teilchen klein und damit die Schmelz- und Siedetemperaturen relativ niedrig, so handelt es sich in der Regel um Moleküle mit Elektronenpaarbindungen oder um Edelgase; sind sie hoch, liegt meist Ionen- oder Metallbindung vor. [3 BE]
   b) SiO_2, Diamant, Graphit und einige polymere Stoffe wie z. B. Teflon, Silicone sowie manche Polyester zeigen relativ hohe Schmelztemperaturen, obwohl in diesen Stoffen nur Elektronenpaarbindungen auftreten. [2 BE]

3. Die Siedetemperatur ist primär eine Funktion der Molekülmasse. Da die Molekülmasse von Iod wesentlich größer als von Chlor und Fluor ist, siedet Jod bei höherer Temperatur als Chlor und Fluor. Mit zunehmender Molekülgröße steigen außerdem die van-der-Waals-Kräfte zwischen den Teilchen. [4 BE]

4. Die Siedetemperatur homologer Verbindungen ist primär eine Funktion der Molekülmasse: mit steigender Molekülmasse nimmt die Siedetemperatur zu; so auch in der Reihe $H_2S - H_2Se - H_2Te$.
   Zwischen Wassermolekülen kommt es jedoch zur Ausbildung von Wasserstoffbrücken. Da beim Übergang des Wassers von der flüssigen Phase in die Gasphase (Sieden) die Molekülverbände in einzelne Moleküle getrennt werden müssen, ist dazu ein erheblicher zusätzlicher Energieaufwand nötig. Wasser hat deshalb eine abnorm hohe Siedetemperatur.
   Solche Wasserstoffbrücken sind aber nur zwischen Wasserstoffverbindungen mit stark elektronegativen Elementen (Fluor, Sauerstoff und Stickstoff) möglich. Bei den zwar polaren Molekülen der Verbindungen H_2S, H_2Se und H_2Te ist die Elektronegativitätsdifferenz zwischen Wasserstoff und dem jeweiligen anderen Element der VI.HG zu gering; die H-Atome sind in diesen Molekülen zu wenig polar, um mit Nachbarmolekülen Wasserstoffbrücken auszubilden. [6 BE]

5. Die Stärke der Wasserstoffbrückenbindung spiegelt sich in der Siedetemperatur wider und diese hängt grundsätzlich von der Molekülmasse ab. [2 BE]

6. Die Wechselwirkung verhält sich direkt proportional zum Elektronegativitätsunterschied. Diese Differenzen zwischen Chlor und Wasserstoff, Schwefel und Wasserstoff sowie Phosphor und Wasserstoff sind deutlich kleiner als zwischen Sauerstoff und Wasserstoff bzw. Fluor und Wasserstoff. [3 BE]

7. Nein, denn dazu sind stark positiv polarisierte Wasserstoffatome Voraussetzung. Diese allerdings kommen im HCN-Molekül nicht vor, da Wasserstoff und Kohlenstoff nur einen sehr kleinen Unterschied in der Elektronegativität aufweisen. [3 BE]

8. Die vier Elektronenpaare (2 bindende, 2 freie) eines jeden Wassermoleküls sind in die Ecken eines Tetraeders ausgerichtet. Die beiden H-Atome liegen in den Ecken dieses Tetraeders.
Diese tetraedrische Anordnung der H-Atome und der freien Elektronenpaare bleibt im Molekülgitter des Eises erhalten, so daß die freien Elektronenpaare der O-Atome Wasserstoffbrücken zu benachbarten Molekülen ausbilden können. Im Eiskristall kommt es deshalb zu einem weitmaschigen Gitter mit durchgängigen Hohlräumen von sechseckigem Querschnitt.
Wegen dieser weiträumigen Struktur besitzt Eis eine geringere Dichte als flüssiges Wasser und schwimmt auf diesem. Beim Schmelzen bricht dieses lockere, voluminöse Gitter weitgehend zusammen. Die Wassermoleküle rücken dabei enger zusammen. Die Schmelze ist somit dichter als der Feststoff. [5 BE]

9. Beim unpolaren Methan bewirken nur die schwachen van-der-Waals-Kräfte Wechselwirkungen zwischen den Molekülen, die wegen der geringen Oberfläche der Methanmoleküle insgesamt sehr schwach sind. Dagegen sind die polaren Wassermoleküle zusätzlich durch Wasserstoffbrücken assoziiert, zu deren Trennung ein erheblicher zusätzlicher Energiebedarf nötig ist. [4 BE]

10.

Stoff	N_2	O_2	HCl	He	HF	HBr
Siedetemp. (K)	77	90	188	4	292	206

Zwischen den Teilchen (Atomen, Molekülen) der unpolaren Substanzen (N_2, O_2, He) herrschen nur schwache van-der-Waals-Kräfte, die mit wachsender Molekülmasse und zunehmender Teilchenoberfläche größer werden.
Zwischen den Fluorwasserstoffmolekülen wirken extrem starke Wasserstoffbrückenbindungen, die den polaren Chlorwassertoff- und Bromwasserstoffmolekülen weitgehend fehlen.
Da zwischen Chlor und Brom nur eine geringe Elektronegativitätsdifferenz besteht, herrschen jeweils zwischen HCl- und HBr-Molekülen nahezu gleich starke Dipol-Dipol-Wechselwirkungen. Deshalb überwiegt hier die Zunahme der Molekülmassen und ist für die Zuordnung der Siedetemperaturen entscheidend. [6 BE]

11. Bezogen auf die gleiche Stoffmenge beider Verbindungen, können H_2O-Moleküle doppelt so viele Wasserstoffbrücken ausbilden wie HF-Moleküle.
Jedes H_2O-Molekül verfügt über ein negativ polarisiertes O-Atom mit zwei freien Elektronenpaaren, die mit H-Atomen benachbarter Moleküle H-Brücken eingehen können: pro H_2O-Molekül sind zwei H-Brücken möglich.
Jedes HF-Molekül kann aber nur eine H-Brücke zu Nachbarmolekülen ausbilden!
[4 BE]

12. „Similia similibus solvuntur" – Ähnliches löst sich in Ähnlichem!
Für polar gebaute Stoffe, z. B. Salze, benutzt er ein polares Lösungsmittel, z. B. Wasser oder Spiritus. Unpolare Stoffe werden mit unpolaren Lösungsmitteln, z. B. Benzin, gelöst. [3 BE]

13. a) Chlormoleküle sind im Gegensatz zu HCl-Molekülen unpolare Teilchen. Mit den polaren Wassermolekülen können die ebenfalls polaren HCl-Moleküle stärker in Wechselwirkung treten und bilden hydratisierte Ionen. Deshalb ist die Löslichkeit von HCl-Gas in Wasser erheblich besser als die von Chlor (in 1 l H_2O sind etwa 500 l HCl-Gas löslich). [3 BE]
b) Aus den gleichen Gründen sind die polaren NH_3-Moleküle in H_2O gut, die unpolaren CH_4-Moleküle dagegen kaum löslich. [3 BE]

14. CCl_4-Moleküle sind im Gegensatz zu Methanolmolekülen unpolare Teilchen.
Ähnlich wie Wasser verfügen auch die Methanolmoleküle über eine polare OH-Gruppe (OH-Bindung polar), so daß zu den polaren Wassermolekülen Wasserstoffbrücken aufgebaut werden können. Deshalb ist Methanol mit Wasser in jedem Verhältnis löslich, während Tetrachlormethan mit Wasser kaum löslich ist. [3 BE]

15. a) $m(KNO_3) = (500\,g \cdot 40\,g) : 100\,g = 200$ Gramm [1 BE]
b) $c(KNO_3) = n(KNO_3) : V(Lsg)$ und $n(KNO_3) = m(KNO_3) : M(KNO_3)$;
$c(KNO_3) = m(KNO_3) : (M(KNO_3) \cdot V(Lsg))$;
$= 200\,g : (101\,g/mol \cdot 500 \cdot 10^{-3}\,l)$
$= 3{,}96\,mol/l$ [3 BE]

16. $c(NaCl) = n(NaCl) : V(Lsg) = m(NaCl) : (M(NaCl) \cdot V(Lsg))$
$m(NaCl) = c(NaCl) \cdot M(NaCl) \cdot V(Lsg)$
$= 6{,}1\,mol/l \cdot 58{,}5\,g/mol \cdot 1\,l = 356{,}8$ Gramm
In 100 g Wasser sind dann 35,7 Gramm NaCl löslich. [3 BE]

17. $c(MgSO_4) = n(MgSO_4) : V(Lsg) = m(MgSO_4) : (M(MgSO_4) \cdot V(Lsg))$
$m(MgSO_4) = c(MgSO_4) \cdot M(MgSO_4) \cdot V(Lsg)$
$= 2{,}14\,mol/l \cdot 120{,}4\,g/mol \cdot 1\,l$
$= 257{,}66$ Gramm
Die Löslichkeit von $MgSO_4$ in Wasser beträgt 25,77 g/(100 g). [3 BE]

18. a) von den Eigenschaften des zu lösenden Stoffs
    b) von der Art des Lösungsmittels (es gibt nicht nur das Lösungsmittel H_2O)
    c) von der Temperatur
    d) bei Gasen vom Druck. [3 BE]

19. a) Es müssen die Gitterenergie und die Wechselwirkungen der Lösungsmittelteilchen (Kohäsionskräfte) überwunden werden. [2 BE]
    b) Der Lösungsvorgang ist endotherm, d. h. es tritt „Lösungskälte" auf. [1 BE]

*20. Allgemein gilt:

$\Delta H_L(XY) = \Delta H_H(X^+) + \Delta H_H(Y^-) - \Delta H_G(XY)$

a) 1) $\Delta H_L(KCl) = n(K^+) \cdot \Delta H_{Hm}(K^+) + n(Cl^-) \cdot \Delta H_{Hm}(Cl^-) - n(KCl) \cdot \Delta H_{Gm}(KCl)$
$= 1\,mol \cdot (-314\,kJ/mol) + 1\,mol \cdot (-376\,kJ/mol) - 1\,mol \cdot (-703\,kJ/mol)$
$= +13\,kJ$
Der Lösevorgang verläuft endotherm, also unter gelinder Abkühlung der Lösung. [3 BE]

2) $\Delta H_L(CaCl_2) =$
$= 2\,mol \cdot (-1577\,kJ/mol) + 4\,mol\,(-376\,kJ/mol) - 2\,mol \cdot (-2146\,kJ/mol)$
$= -366\,kJ$
Der Lösevorgang verläuft exotherm, also unter Erwärmung der Lösung. [3 BE]

3) $\Delta H_L(MgBr_2) =$
$= 0{,}5\,mol \cdot (-1918\,kJ/mol) + 1\,mol\,(-342\,kJ/mol) - 0{,}5\,mol \cdot (-2402\,kJ/mol)$
$= -100\,kJ$
Der Lösevorgang verläuft exotherm. [3 BE]

4) $\Delta H_L(NaF) =$
$= 1{,}3\,mol \cdot (-398\,kJ/mol) + 1{,}3\,mol \cdot (-510\,kJ/mol) - 1{,}3\,mol \cdot (-923\,kJ/mol)$
$= +19{,}5\,kJ$
Der Lösevorgang verläuft endotherm. [3 BE]

b) $\Delta H_{Lm}(NaBr) = \Delta H_{Hm}(Na^+) + \Delta H_{Hm}(Br^-) - \Delta H_{Gm}(NaBr)$
$= 0\,kJ/mol$
$\Delta H_{Lm}(AgBr) = \Delta H_{Hm}(Ag^+) + \Delta H_{Hm}(Br^-) - \Delta H_{Gm}(AgBr)$
$= +55\,kJ/mol$ [2 BE]

c) $\Delta H_{Hm}(MgBr_2) = \Delta H_{Hm}(Mg^{2+}) + 2 \cdot \Delta H_{Hm}(Br^-)$
$= -2602\,kJ/mol$
$\Delta H_{Hm}(MgI_2) = \Delta H_{Hm}(Mg^{2+}) + 2 \cdot \Delta H_{Hm}(I^-)$
$= -2514\,kJ/mol$
Die Hydratation der kleineren Bromidionen liefert einen größeren Energiebetrag, da die Hydratationsenthalpie eines Ions eine Funktion der Ladungsdichte dieses Ions ist: je kleiner und je höher seine Ladung, umso größer die Ladungsdichte, und umso stärker die Anziehung der H_2O-Moleküle. [5 BE]

7. Transferreaktionen

7.1 Säuren – Basen (Protonenübergänge)

1. a) Säuren sind Teilchen (Moleküle oder Ionen), die Protonen abgeben können (Protonendonatoren).
   Basen sind Teilchen (Moleküle oder Ionen), die Protonen aufnehmen können (Protonenakzeptoren). [4 BE]
   b) Säure → korrespondierende Base + Proton
   Base + Proton → korrespondierende Säure [2 BE]

2. In reiner Schwefelsäure und reinem Wasser treten keine oder kaum Ladungsträger (Ionen) auf; deshalb keine Leitfähigkeit.
   In der resultierenden Lösung müssen Anionen und Kationen vorliegen. Diese Ladungsträger können nur durch heterolytische Trennung der Schwefelsäuremoleküle entstanden sein, die damit zu Protonendonatormolekülen (*Brönsted*-Säure) werden. Die Wassermoleküle wirken als Protonenakzeptoren (*Brönsted*-Base). Die chemische Reaktion erfolgt als zweistufige Protolyse:
   $H_2SO_4 + H_2O \rightarrow H_3O^+ + HSO_4^-$
   $HSO_4^- + H_2O \rightarrow H_3O^+ + SO_4^{2-}$
   In der Lösung liegen Oxonium- und Sulfationen vor. [5 BE]

3.

	Säure	Base		Säure	Base
a)	H_2O	OH^-	g)	HSO_3^-	SO_3^{2-}
b)	HI	I^-	h)	H_3O^+	H_2O
c)	$HClO_2$	ClO_2^-	i)	$[Fe(H_2O)_6]^{3+}$	$[Fe(OH)(H_2O)_5]^{2+}$
d)	$H_2PO_4^-$	HPO_4^{2-}	k)	CH_3COOH	CH_3COO^-
e)	$HCOOH$	$HCOO^-$	l)	H_2O_2	HO_2^-
f)	OH^-	O^{2-}	m)	$[Zn(H_2O)_6]^{2+}$	$[Zn(OH)(H_2O)_5]^+$

[12 BE]

4.

Neutralsäuren:	H_2O; HI; $HClO_2$; $HCOOH$; CH_3COOH; H_2O_2	
Neutralbasen:	H_2O	[4 BE]
Kationsäuren:	$[Zn(H_2O)_6]^{2+}$; $[Fe(H_2O)_6]^{3+}$; H_3O^+	
Kationbasen:	$[Zn(OH)(H_2O)_5]^+$; $[Fe(OH)(H_2O)_5]^{2+}$	[3 BE]
Anionsäuren:	$H_2PO_4^-$; OH^-; HSO_3^-	
Anionbasen:	OH^-; I^-; ClO_2^-; HPO_4^{2-}; $HCOO^-$; O^{2-}; SO_3^{2-}; CH_3COO^-; HO_2^-	[6 BE]
Ampholyte:	H_2O; OH^-; $H_2PO_4^-$; $[Zn(OH)(H_2O)_5]^+$; HSO_3^-; $[Fe(OH)H_2O)_5]^{2+}$; HO_2^-	[4 BE]

5. a) richtig
   b) falsch; ... ist der Besitz von Oxoniumionen
   c) falsch; ... die sowohl als Säuren wie auch als Basen wirken können
   d) richtig
   e) richtig
   f) richtig
   g) falsch; ... ist um eine positive Elementarladung ärmer als ... [10 BE]

6. a) 1) Edukte: Natrium und Chlor

Red.: $Cl_2 + 2\,e^- \rightarrow 2\,Cl^-$

Ox.: $2\,Na \rightarrow 2\,Na^+ + 2\,e^-$

Redox: $2\,Na(s) + Cl_2(g) \rightarrow 2\,NaCl(s)$ [3 BE]

2) Edukte: Zink und verdünnte Schwefelsäure

Red.: $2\,H_3O^+ + 2\,e^- \rightarrow H_2 + 2\,H_2O$

Ox.: $Zn \rightarrow Zn^{2+} + 2\,e^-$

Redox: $Zn(s) + 2\,H_3O^+(aq) \rightarrow Zn^{2+}(aq) + H_2(g) + 2\,H_2O(l)$

bzw. $Zn(s) + H_2SO_4 + 2\,H_2O \rightarrow ZnSO_4(aq) + H_2(g) + 2\,H_2O$ [3 BE]

3) Edukte: Aluminium und Brom

Red.: $Br_2 + 2\,e^- \rightarrow 2\,Br^-$ $/ \cdot 3$

Ox.: $Al \rightarrow Al^{3+} + 3\,e^-$ $/ \cdot 2$

Redox: $2\,Al(s) + 3\,Br_2(l) \rightarrow 2\,AlBr_3(s)$ [3 BE]

4) Edukte: Calcium und schweflige Säure

Red.: $2\,H_3O^+ + 2\,e^- \rightarrow H_2 + 2\,H_2O$

Ox.: $Ca \rightarrow Ca^{2+} + 2\,e^-$

Redox: $Ca(s) + 2\,H_3O^+(aq) \rightarrow Ca^{2+}(aq) + H_2(g) + 2\,H_2O(l)$

bzw. $Ca(s) + H_2SO_3 + 2\,H_2O \rightarrow CaSO_3 + H_2(g) + 2\,H_2O$ [3 BE]

b) 1) $Na^+ + OH^- + H_3O^+ + Cl^- \rightarrow H_2O + Na^+ + Cl^-$

oder: $NaOH(aq) + HCl(aq) \rightarrow H_2O(l) + NaCl(aq)$ [3 BE]

2) $Zn^{2+} + 2\,OH^- + 2\,H_3O^+ + SO_4^{2-} \rightarrow 4\,H_2O + Zn^{2+} + SO_4^{2-}$

oder: $Zn(OH)_2(aq) + H_2SO_4(aq) \rightarrow 2\,H_2O(l) + ZnSO_4(aq)$ [3 BE]

3) $Al^{3+} + 3\,OH^- + 3\,H_3O^+ + 3\,Br^- \rightarrow 6\,H_2O + Al^{3+} + 3\,Br^-$

oder: $3\,HBr(aq) + Al(OH)_3 \rightarrow 3\,H_2O(l) + AlBr_3(aq)$ [3 BE]

4) $2\,H_3O^+ + SO_3^{2-} + Ca^{2+} + 2\,OH^- \rightarrow 4\,H_2O + Ca^{2+} + SO_3^{2-}$

oder: $H_2SO_3(aq) + Ca(OH)_2(aq) \rightarrow 2\,H_2O(l) + CaSO_3(aq)$ [3 BE]

7. a) Protolyse: Koeffizienten korrekt
   b) Redox: $CaH_2(s) + 2\,H_2O(l) \rightarrow Ca(OH)_2(aq) + 2\,H_2(g)$
   c) Redox: $3\,H_2S(g) + 2\,HNO_3(aq) \rightarrow 3\,S(s) + 2\,NO(g) + 4\,H_2O(l)$
   d) Redox: $Cl_2(g) + 2\,OH^-(aq) \rightarrow Cl^-(aq) + ClO^-(aq) + H_2O(l)$
   e) Protolyse: $Mg_3N_2(s) + 6\,H_2O(l) \rightarrow 2\,NH_3(g) + 3\,Mg(OH)_2(aq)$
   f) Redox: $2\,SO_2(g) + O_2(g) + 6\,H_2O(l) \rightarrow 2\,SO_4^{2-}(aq) + 4\,H_3O^+(aq)$
   g) Protolyse: Koeffizienten korrekt
   h) Redox: $4\,HNO_3(aq) + Cu(s) \rightarrow Cu(NO_3)_2(aq) + 2\,NO_2(g) + 2\,H_2O(l)$
   i) Protolyse: $S^{2-}(aq) + 2\,NH_4^+(aq) \rightarrow H_2S(g) + 2\,NH_3(g)$
   k) Protolyse: Koeffizienten korrekt [je 2 BE]

8. a) Reaktionsgleichung: $NaOH(aq) + HCl(aq) \rightarrow NaCl(aq) + H_2O(l)$
   b) Stoffmengenverhältnis aus der Reaktionsgleichung:
   $n(NaOH) : n(HCl) = 1 : 1;\ n(NaOH) = n(HCl)$
   c) Umrechnen der Stoffmengen in jene Größen, die sich aus der Fragestellung ergeben:
   $c(NaOH) \cdot V(NaOH) = c(HCl) \cdot V(HCl)$
   $c(NaOH) = c(HCl) \cdot V(HCl) : V(NaOH)$
   $= 0{,}1\,mol/l \cdot 10 \cdot 10^{-3}\,l : 50 \cdot 10^{-3}\,l$
   $= 0{,}02\,mol/l$
   $m(NaOH) = n(NaOH) \cdot M(NaOH)$
   $= c(NaOH) \cdot V(NaOH) \cdot M(NaOH)$
   $= 0{,}02\,mol/l \cdot 50 \cdot 10^{-3}\,l \cdot 40\,g/mol$
   $= 4 \cdot 10^{-2}\,g = 40\,mg$ [6 BE]

9. Konzentration der Natronlauge:
   $c(NaOH) = (m(NaOH) : M(NaOH)) \cdot V(NaOH)$
   $= 1\,mol/l$
   Aus der Reaktionsgleichung, dem Stoffmengenverhältnis und der Umrechnung kann die Konzentration der Salzsäure ermittelt werden:
   a) $HCl(aq) + NaOH(aq) \rightarrow H_2O(l) + NaCl(aq)$
   b) $n(HCl) : n(NaOH) = 1 : 1;\ n(HCl) = n(NaOH)$
   c) $c(HCl) \cdot V(HCl) = c(NaOH) \cdot V(NaOH)$
   $c(HCl) = c(NaOH) \cdot V(NaOH) : V(HCl)$
   $= 0{,}5\,mol/l$
   Im Liter Wasser wurden also $n(HCl) = 0{,}5\,mol$ gelöst; dieser Stoffmenge entspricht ein Volumen $V(HCl) = n(HCl) \cdot V_m$
   $V(HCl) = 0{,}5\,mol \cdot 22{,}4\,l/mol = 11{,}2\,l$
   $m(HCl) = n(HCl) \cdot M(HCl)$
   $= 18{,}25\,g$ [7 BE]

10. a) Reaktionsgleichung: $HCl(aq) + NH_3(aq) \rightarrow NH_4Cl(aq)$
   b) Stoffmengenverhältnis: $n(HCl) : n(NH_3) = 1 : 1;\ n(NH_3) = n(HCl)$
   c) Umrechnung: $n(NH_3) = n(HCl) = c(HCl) \cdot V(HCl)$
   $= 10^{-2}\,mol$
   und $m(NH_3) = n(NH_3) \cdot M(NH_3)$
   $= 0{,}17\,g = 170\,mg$ [4 BE]

11. a) Reaktionsgleichung: $2\,KOH(aq) + H_2SO_4(aq) \rightarrow Na_2SO_4(aq) + 2\,H_2O(l)$
   b) Stoffmengenverhältnis: $n(KOH) : n(H_2SO_4) = 2 : 1;$
   $n(KOH) = 2n(H_2SO_4)$
   c) Umrechnung: $c(KOH) \cdot V(KOH) = 2 \cdot c(H_2SO_4) \cdot V(H_2SO_4)$
   $c(KOH) = 2c(H_2SO_4) \cdot V(H_2SO_4) : V(KOH)$
   $= 0{,}615\,mol/l$
   Masse an Kaliumhydroxid:
   $n(KOH) = c(KOH) \cdot V(KOH)$ und $n(KOH) = m(KOH) : M(KOH)$, so daß
   $m(KOH) = c(KOH) \cdot V(KOH) \cdot M(KOH)$
   $= 1{,}38\,g$ (in 40 ml Analysenlösung) [5 BE]

12. Konzentration der verwendeten NaOH:

$c(\text{NaOH}) = m(\text{NaOH}) : (M(\text{NaOH}) \cdot V(\text{NaOH}))$
$= 0{,}02\,\text{mol/l}$

Konzentration der Schwefelsäure:

a) Reaktionsgleichung: $H_2SO_4(aq) + 2\,NaOH(aq) \rightarrow Na_2SO_4(aq) + 2\,H_2O(l)$

b) Stoffmengenverhältnis: $n(H_2SO_4) : n(\text{NaOH}) = 1 : 2$
$2n(H_2SO_4) = n(\text{NaOH})$

c) Umrechnung: $2c(H_2SO_4) \cdot V(H_2SO_4) = c(\text{NaOH}) \cdot V(\text{NaOH})$
$c(H_2SO_4) = 0{,}05\,\text{mol/l}$ [5 BE]

13. Berechnung der Konzentration der Salzsäure:

Aus (1) $c(\text{HCl(aq)}) = n(\text{HCl(g)}) : V_L$ und
(2) $n(\text{HCl(g)}) = V(\text{HCl(g)}) : V_m$ eingesetzt in (1) folgt:
$c(\text{HCl(aq)}) = V(\text{HCl(g)}) : (V_L \cdot V_m)$
$= 1\,\text{mol/l}$

Berechnung von $c(Ca(OH)_2)$:

a) Reaktionsgleichung: $Ca(OH)_2(aq) + 2\,HCl(aq) \rightarrow CaCl_2(aq) + 2\,H_2O(l)$

b) Stoffmengenverhältnis: $n(Ca(OH)_2) : n(\text{HCl}) = 1 : 2$
$2n(Ca(OH)_2) = n(\text{HCl})$

c) Umrechnung: $2c(Ca(OH)_2) \cdot V(Ca(OH)_2) = c(\text{HCl}) \cdot V(\text{HCl})$
$c(Ca(OH)_2) = c(\text{HCl}) \cdot V(\text{HCl}) : 2V(Ca(OH)_2)$
$= 0{,}1\,\text{mol/l}$ [7 BE]

14. a) – Reaktionsgleichung: $Ca(OH)_2(aq) + H_2SO_4(aq) \rightarrow CaSO_4(aq) + 2\,H_2O(l)$
– Stoffmengenverhältnis: $n(Ca(OH)_2) : n(H_2SO_4) = 1 : 1$
$n(Ca(OH)_2) = n(H_2SO_4)$
– Umrechnung: $m(Ca(OH)_2) : M(Ca(OH)_2) = c(H_2SO_4) \cdot V(H_2SO_4)$
$m(Ca(OH)_2) = 0{,}148\,\text{g} = 148\,\text{mg}$ [4 BE]

b) Wie aus der Reaktionsgleichung hervorgeht, entstehen während der Titration mit dem schwerlöslichen $CaSO_4$ und dem Wasser zwei Produkte, die in der Lösung kaum Ladungsträger (freibewegliche Ionen) bilden. Bis zum Äquivalenzpunkt nimmt deshalb die Leitfähigkeit rasch kontinuierlich ab, ohne allerdings den Wert Null zu erreichen.
Wird über den Äquivalenzpunkt hinaus Schwefelsäure zugetropft, so gelangen Ionen in die Lösung und die Leitfähigkeit der Lösung steigt wieder kontinuierlich an. [4 BE]

15. a) – Reaktionsgleichung: $Ba(OH)_2(aq) + H_2SO_4(aq) \rightarrow 2\,H_2O(l) + BaSO_4(s)$
– Stoffmengenverhältnis: $n(Ba(OH)_2) : n(H_2SO_4) = 1 : 1$
$n(Ba(OH)_2 = n(H_2SO_4)$
– Umrechnung: $c(Ba(OH)_2 \cdot V(Ba(OH)_2 = c(H_2SO_4) \cdot V(H_2SO_4)$
$c(Ba(OH)_2 = 0{,}02\,\text{mol/l}$
$m(Ba(OH)_2) = n(Ba(OH)_2) \cdot M(Ba(OH)_2)$
$= c(Ba(OH)_2) \cdot V(Ba(OH)_2) \cdot M(Ba(OH)_2)$
$= 0{,}332\,\text{g} = 332\,\text{mg}$ [5 BE]

b) Diagramm:

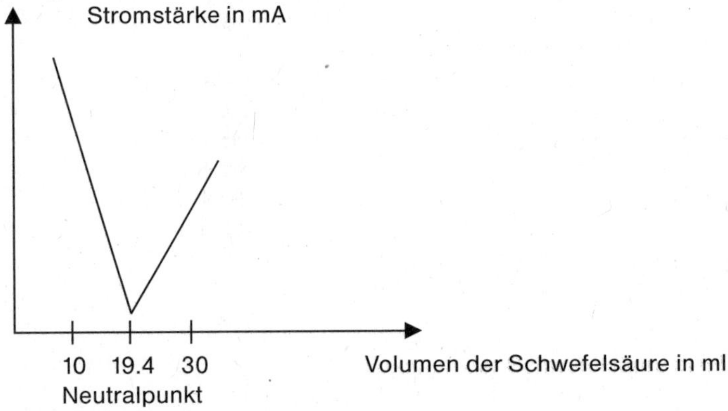

[4 BE]

16. Neutralisierte Stoffmenge NaOH:
$n(\text{HCl(g)}) \;=\; V(\text{HCl(g)}) : V_m \;=\; 0{,}025\,\text{mol}$
$c(\text{HCl(aq)}) \;=\; n(\text{HCl(g)}) : V_L \;=\; 0{,}025\,\text{mol/l}$
In 50 ml Salzsäure befindet sich folgende Stoffmenge $n(\text{HCl})$:
$n(\text{HCl(aq)}) \;=\; c(\text{HCl(aq)}) \cdot V(\text{HCl(aq)}) \;=\; 1{,}25 \cdot 10^{-3}\,\text{mol}$
Entsprechend der Reaktionsgleichung $\text{HCl(aq)} + \text{NaOH(aq)} \rightarrow \text{NaCl(aq)} + H_2O\text{(l)}$
und dem daraus resultierenden Stoffmengenverhältnis:
$n(\text{HCl(aq)}) \;=\; n(\text{NaOH})$ werden durch $1{,}25 \cdot 10^{-3}$ mol HCl
exakt $1{,}25 \cdot 10^{-3}$ mol Natriumhydroxid neutralisiert.
Gesamtstoffmenge NaOH (aus 1 Gramm):
$n(\text{NaOH}) \;=\; m(\text{NaOH}) : M(\text{NaOH}) \;=\; 0{,}025\,\text{mol}$
Reststoffmenge NaOH (die mit Schwefelsäure neutralisiert wird):
$n(\text{NaOH})_{rest} \;=\; n(\text{NaOH})_{ges} - n(\text{Na(OH)}_{neutralisiert}$
$\;=\; 23{,}75 \cdot 10^{-3}\,\text{mol}$
Diese Reststoffmenge ist jetzt in 50 ml Wasser gelöst (aus der Neutralisation der Salzsäure mit Natriumhydroxid entsteht Wasser), so daß Natronlauge mit der Konzentration
$c(\text{NaOH}) \;=\; n(\text{NaOH})_{rest} : V_L$
$\;=\; 0{,}475\,\text{mol/l}$ vorliegt.
Neutralisation der Natronlauge mit Schwefelsäure:
a) Reaktionsgleichung: $H_2SO_4\text{(aq)} + 2\,\text{NaOH(aq)} \rightarrow Na_2SO_4\text{(aq)} + 2\,H_2O\text{(l)}$
b) Stoffmengenverhältnis: $n(H_2SO_4) : n(\text{NaOH}) \;=\; 1:2$
c) Umrechnung: $2c(H_2SO_4) \cdot V(H_2SO_4) \;=\; n(\text{NaOH}) \;=\; n(\text{NaOH})_{rest}$
$V(H_2SO_4) \;=\; 118{,}8\,\text{ml}$ [10 BE]

7.2 Oxidation – Reduktion (Elektronenübergänge)

1. Die Oxidationszahlen sind der Reihe nach angegeben!

+II;	+IV;	−IV;	+IV;	−I;	−III;	+V;	
−I;	−III;	±0;	+II;	+V;	+IV;	+I;	
+IV;	+VI;	−II;	−II;	+I;	+III;	+I;	
±0;	+III;	+VII;	+I;	+III/+VI;	−III;	+II;	
+II;	+V;	+IV;	+IV;	±0;	±0;	+II	[je 1 BE]

2.

a) +IV;	b) +IV;	c) +VI;	d) −II;	e) +IV;	f) −II;	g) +VII;	
h) +VI;	i) +V;	k) +III;	l) −III;	m)+IV;	n) +V;	o) −II;	
p) −III;	q) +V;	r) +V;	s) +I				[je 1 BE]

3. CrO_4^{2-} / $H_3IO_6^{2-}$ / AlF_6^{3-} / PBr_4^{+} / $PtCl_6^{2-}$
AlH_4^{-} / $AlSi_3O_8^{-}$ / NO^{+} / NO_2^{+} / $N_2O_2^{2-}$ / ClO_4^{-} [je 1 BE]

4. a)

Oxidation:	Fe	$\rightarrow$	$Fe^{3+} + 3\,e^-$	/ · 2	
Reduktion:	$Cl_2 + 2\,e^-$	$\rightarrow$	$2\,Cl^-$	/ · 3	
Redox:	$2\,Fe + 3\,Cl_2$	$\rightarrow$	$2\,FeCl_3$		[3 BE]

b) Erwärmung bringt die Aktivierungsenergie. [1 BE]
c) Sie bilden ein korrespondierendes Redoxpaar. [1 BE]
d)

Oxidation:	Sb	$\rightarrow$	$Sb^{4+} + 4\,e^-$		
Reduktion:	$Br_2 + 2\,e^-$	$\rightarrow$	$2\,Br^-$	/ · 2	
Redox:	$Sb + 2\,Cl_2$	$\rightarrow$	$SbBr_4$		[3 BE]

5. a) Die Halogenatome erreichen durch die Aufnahme eines Elektrons eine energiearme, d. h. stabile Edelgaskonfiguration. [2 BE]
b) Die Alkalimetallatome erreichen durch die Abgabe eines Elektrons eine energiearme, d. h. stabile Edelgaskonfiguration. [2 BE]

6. Die Atomradien der Fluoratome sind sehr klein. Die positiven Kernladungen dieser Atome treten mit ihren Elektronenhüllen in starke Wechselwirkung. Fluoratome sind deshalb nicht in der Lage Elektronen abzugeben, um reduzierend zu wirken.
Vielmehr zeigen die Fluoratome auf Grund ihrer Elektronenkonfiguration eine starke Tendenz zur Aufnahme jeweils eines Elektrons, um damit Edelgaskonfiguration zu erreichen: Fluoratome wirken ausschließlich oxidierend. [4 BE]

7. a) Oxidation: $2\,NH_3 \rightarrow N_2 + 6\,H^+ + 6\,e^-$
Reduktion: $Cl_2 + 2\,e^- \rightarrow 2\,Cl^-$ / · 3
Redox: $2\,NH_3 + 3\,Cl_2 \rightarrow N_2 + 6\,HCl$
NH_3 als Red.-mittel (= Red); Cl_2 als Ox.-mittel (= Ox) [6 BE]

b) Oxidation: $Al \rightarrow Al^{3+} + 3e^-$ / · 2
Reduktion: $Cl_2 + 2\,e^- \rightarrow 2\,Cl^-$ / · 3
Redox: $2\,Al + 3\,Cl_2 \rightarrow 2\,AlCl_3$
Red Ox [3 BE]

c) Oxidation: $C + 2\,O^{2-} \rightarrow CO_2 + 4\,e^-$
Reduktion: $H_2SO_4 + 2\,e^- \rightarrow H_2O + SO_2\,(H_2SO_3) + O^{2-}$ / · 2
Redox: $2\,H_2SO_4 + C \rightarrow 2\,H_2O + 2\,SO_2 + CO_2$
Ox Red [6 BE]

d) Oxidation: $K \rightarrow K^+ + e^-$ / · 2
Reduktion: $2\,H_2O + 2\,e^- \rightarrow H_2 + 2\,OH^-$
Redox: $2\,K + 2\,H_2O \rightarrow H_2 + 2\,KOH$
Red Ox [4 BE]

e) Oxidation: $CH_4O \rightarrow CH_2O + 2\,e^- + 2\,H^+$
Reduktion: $CuO + 2\,e^- \rightarrow Cu + O^{2-}$
Redox: $CH_4O + CuO \rightarrow CH_2O + Cu + H_2O$
Red Ox [6 BE]

f) Oxidation: $2\,I^- \rightarrow I_2 + 2\,e^-$ / · 3
Reduktion: $BrO_3^- + 6\,e^- + 6\,H^+ \rightarrow Br^- + 3\,H_2O$
Redox: $BrO_3^- + 6\,I^- + 6\,H^+ \rightarrow 3\,I_2 + Br^- + 3\,H_2O$
Ox Red [3 BE]

g) Oxidation: $2\,Cl^- \rightarrow Cl_2 + 2\,e^-$ / · 5
Reduktion: $MnO_4^- + 5\,e^- + 8\,H^+ \rightarrow Mn^{2+} + 4\,H_2O$ / · 2
Redox: $2\,MnO_4^- + 10\,Cl^- + 8H^+ \rightarrow 2\,Mn^{2+} + 5\,Cl_2 + 4\,H_2O$
Ox Red [6 BE]

h) Oxidation: $2\,H^- \rightarrow H_2 + 2\,e^-$
Reduktion: $2\,H_2O + 2\,e^- \rightarrow H_2 + 2\,OH^-$
Redox: $H^- + H_2O \rightarrow H_2 + OH^-$
Red Ox [7 BE]

i) Oxidation: $H_2S \rightarrow S + 2\,H^+ + 2\,e^-$
Reduktion: $Cl_2 + 2\,e^- \rightarrow 2\,Cl^-$
Redox: $H_2S + Cl_2 \rightarrow S + 2\,HCl$
Red Ox [3 BE]

k) Oxidation: $Cl_2 + 4\,OH^- \rightarrow 2\,ClO^- + 2\,H_2O + 2\,e^-$
Reduktion: $Cl_2 + 2\,e^- \rightarrow 2\,Cl^-$
Redox: $Cl_2 + Cl_2 + 4\,OH^- \rightarrow 2\,ClO^- + 2\,Cl^- + 2\,H_2O$
Ox Red [5 BE]

l) Oxidation: $Fe^{2+} \rightarrow Fe^{3+} + e^-$ / · 4
Reduktion: $2\,NO_3^- + 4\,e^- + 6\,H^+ \rightarrow N_2O_3 + 3\,H_2O$
Redox: $2\,NO_3^- + 4\,Fe^{2+} + 6\,H^+ \rightarrow N_2O_3 + 4\,Fe^{3+} + 3\,H_2O$
Ox Red [5 BE]

m) Oxidation: $Fe^{2+} \rightarrow Fe^{3+} + e^-$ / · 2
Reduktion: $H_2O_2 + 2\,H^+ + 2\,e^- \rightarrow 2\,H_2O$
Redox: $2\,Fe^{2+} + H_2O_2 + 2\,H^+ \rightarrow 2\,Fe^{3+} + 2\,H_2O$
Red Ox [5 BE]

n) Oxidation: $2\,I^- \rightarrow I_2 + 2\,e^-$ / · 4
Reduktion: $H_2SO_4 + 8\,e^- + 8\,H^+ \rightarrow H_2S + 4\,H_2O$
Redox: $H_2SO_4 + 8\,I^- + 8\,H^+ \rightarrow H_2S + 4\,I_2 + 4\,H_2O$
Ox Red [5 BE]

o) Oxidation: $Cu \rightarrow Cu^{2+} + 2\,e^-$
Reduktion: $HNO_3 + e^- + H^+ \rightarrow NO_2 + H_2O$ / · 2
Redox: $2\,HNO_3 + Cu + 2\,H^+ \rightarrow 2\,NO_2 + Cu^{2+} + 2\,H_2O$
Ox Red [5 BE]

p) Oxidation: $I_2 + 6\,H_2O \rightarrow 2\,HIO_3 + 10\,e^- + 10\,H^+$ / · 3
Reduktion: $HNO_3 + 3\,e^- + 3\,H^+ \rightarrow NO + 2\,H_2O$ / · 10
Redox: $10\,HNO_3 + 3\,I_2 \rightarrow 10\,NO + 6\,HIO_3 + 2\,H_2O$
Ox Red [6 BE]

q) Oxidation: $Fe^{2+} \rightarrow Fe^{3+} + e^-$ / · 6
Reduktion: $Cr_2O_7^{2-} + 6\,e^- + 14\,H^+ \rightarrow 2\,Cr^{3+} + 7\,H_2O$
Redox: $Cr_2O_7^{2-} + 6\,Fe^{2+} + 14\,H^+ \rightarrow 2\,Cr^{3+} + 6\,Fe^{3+} + 7\,H_2O$
Ox Red [6 BE]

r) Oxidation: $H_2O_2 \rightarrow O_2 + 2\,e^- + 2\,H^+$ / · 3
Reduktion: $Cr_2O_7^{2-} + 6\,e^- + 14\,H^+ \rightarrow 2\,Cr^{3+} + 7\,H_2O$
Redox: $Cr_2O_7^{2-} + 3\,H_2O_2 + 8H^+ \rightarrow 2\,Cr^{3+} + 3\,O_2 + 7\,H_2O$
Ox Red [6 BE]

8. Redoxreaktionen sind
a) / b) / c) / d) / g) / i) / k) / l) / m) / o) [je 2 BE]

9. Keine Redoxreaktion, da keine Änderung der Oxidationszahlen auftritt (Säure-Base-Reaktion). [2 BE]

10. a) falsch; ... in positiver Richtung
b) richtig
c) richtig
d) richtig
e) richtig
f) richtig [7 BE]

11. a)	Red.:	HNO_3	$+ 3\,e^-$	$+ 3\,H_3O^+$	$\rightarrow$	NO	$+ 5\,H_2O$		$/ \cdot 10$
	Ox.:	I_2	$+ 18\,H_2O$		$\rightarrow$	$2\,IO_3^-$	$+ 10\,e^-$	$+ 12\,H_3O^+$	$/ \cdot 3$
	Redox:	$10\,HNO_3$	$+ 3I_2$	$+ 4\,H_2O$	$\rightarrow$	$10\,NO$	$+ 6\,IO_3^-$	$+ 6\,H_3O^+$	
b)	Red.:	MnO_2	$+ 2\,e^-$	$+ 4\,H_3O^+$	$\rightarrow$	Mn^{2+}	$+ 6\,H_2O$		
	Ox.:	$2\,HCl$	$+ 2\,H_2O$		$\rightarrow$	Cl_2	$+ 2\,e^-$	$+ 2\,H_3O^+$	
	Redox:	MnO_2	$+ 2\,HCl$	$+ 2\,H_3O^+$	$\rightarrow$	Mn^{2+}	$+ Cl_2$	$+ 4\,H_2O$	
c)	Red.:	ClO_3^-	$+ e^-$	$+ 2\,H_3O^+$	$\rightarrow$	ClO_2	$+ 3\,H_2O$		$/ \cdot 2$
	Ox.:	$H_2C_2O_4$	$+ 2\,H_2O$		$\rightarrow$	$2\,CO_2$	$+ 2\,e^-$	$+ 2\,H_3O^+$	
	Redox:	$2\,ClO_3^-$	$+ H_2C_2O_4$	$+ 2\,H_3O^+$	$\rightarrow$	$2\,ClO_2$	$+ 2\,CO_2$	$+ 4\,H_2O$	
d)	Red.:	$Cr_2O_7^{2-}$	$+ 6\,e^-$	$+ 14\,H_3O^+$	$\rightarrow$	$2\,Cr^{3+}$	$+ 21\,H_2O$		
	Ox.:	$2\,Cl^-$			$\rightarrow$	Cl_2	$+ 2\,e^-$		$/ \cdot 3$
	Redox:	$Cr_2O_7^{2-}$	$+ 6\,Cl^-$	$+ 14\,H_3O^+$	$\rightarrow$	$2\,Cr^{3+}$	$+ 3\,Cl_2$	$+ 21\,H_2O$	
e)	Red.:	MnO_4^-	$+ 5\,e^-$	$+ 8\,H3O^+$	$\rightarrow$	Mn^{2+}	$+ 12\,H_2O$		$/ \cdot 2$
	Ox.:	H_2O_2	$+ 2\,H_2O$		$\rightarrow$	O_2	$+ 2\,e^-$	$+ 2\,H_3O^+$	$/ \cdot 5$
	Redox:	$2\,MnO_4^-$	$+ 5\,H_2O_2$	$+ 6\,H_3O^+$	$\rightarrow$	$2\,Mn^{2+}$	$+ 5\,O_2$	$+ 14\,H_2O$	
f)	Red.:	$Cr_2O_7^{2-}$	$+ 6\,e^-$	$+ 14\,H_3O^+$	$\rightarrow$	$2\,Cr^{3+}$	$+ 21\,H_2O$		
	Ox.:	$2\,I^-$			$\rightarrow$	I_2	$+ 2\,e^-$		$/ \cdot 3$
	Redox:	$Cr_2O_7^{2-}$	$+ 6\,I^-$	$+ 14\,H_3O^+$	$\rightarrow$	$2\,Cr^{3+}$	$+ 3\,I_2$	$+ 21\,H_2O$	
g)	Red.:	$2\,HNO_3$	$+ 8\,e^-$	$+ 8\,H_3O^+$	$\rightarrow$	N_2O	$+ 13\,H_2O$		
	Ox.:	$2\,NH_3$	$+ 9\,H_2O$		$\rightarrow$	N_2O	$+ 8\,e^-$	$+ 8\,H_3O^+$	
	Redox:	HNO_3	$+ NH_3$		$\rightarrow$	N_2O	$+ 2\,H_2O$		
h)	Red.:	$Cr_2O_7^{2-}$	$+ 6\,e^-$	$+ 14\,H_3O^+$	$\rightarrow$	$2\,Cr^{3+}$	$+ 21\,H_2O$		
	Ox.:	H_2S	$+ 2\,H_2O$		$\rightarrow$	S	$+ 2\,e^-$	$+ 2\,H_3O^+$	$/ \cdot 3$
	Redox:	$Cr_2O_7^{2-}$	$+ 3\,H_2S$	$+ 8\,H_3O^+$	$\rightarrow$	$2\,Cr^{3+}$	$+ 3\,S$	$+ 15\,H_2O$	
i)	Red.:	MnO_4^-	$+ 5\,e^-$	$+ 8\,H_3O^+$	$\rightarrow$	Mn^{2+}	$+ 12\,H_2O$		$/ \cdot 2$
	Ox.:	$H_2C_2O_4$	$+ 2\,H_2O$		$\rightarrow$	$2\,CO_2$	$+ 2\,e^-$	$+ 2\,H_3O^+$	$/ \cdot 5$
	Redox:	$2\,MnO_4^-$	$+ 5\,H_2C_2O_4$	$+ 6\,H_3O^+$	$\rightarrow$	$2\,Mn^{2+}$	$+ 10\,CO_2$	$+ 14\,H_2O$	
k)	Red.:	HNO_3	$+ 3\,e^-$	$+ 3\,H_3O^+$	$\rightarrow$	NO	$+ 5\,H_2O$		$/ \cdot 10$
	Ox.:	$2\,Sb$	$+ 15\,H_2O$		$\rightarrow$	Sb_2O_5	$+ 10\,e^-$	$+ 10\,H_3O$	$/ \cdot 3$
	Redox:	$10\,HNO_3$	$+ 6\,Sb$		$\rightarrow$	$10\,NO$	$+ 3\,Sb_2O_5$	$+ 5\,H_2O$	[je 6 BE]

12\. a) Red.: $MnO_4^- + 3\,e^- + 2\,H_2O \rightarrow MnO_2 + 4\,OH^-$ / · 2
Ox.: $H_2O_2 + 2\,OH^- \rightarrow O_2 + 2\,e^- + 2\,H_2O$ / · 3
Redox: $2\,MnO_4^- + 3\,H2O_2 \rightarrow 2\,MnO_2 + 3\,O_2 + 2\,H_2O + 2\,OH^-$

b) Red.: $MnO_4^- + 3\,e^- + 2\,H_2O \rightarrow MnO_2 + 4\,OH^-$ / · 2
Ox.: $2\,I^- \rightarrow I_2 + 2\,e^-$ / · 3
Redox: $2\,MnO_4^- + 6\,I^- + 4\,H2O \rightarrow 2\,MnO_2 + 3\,I_2 + 8\,OH^-$

c) Red.: $NO_3^- + 8\,e^- + 6\,H_2O \rightarrow NH_3 + 9\,OH^-$ / · 3
Ox.: $Al + 4\,OH^- \rightarrow [Al(OH)_4]^- + 3\,e^-$ / · 8
Redox: $3\,NO_3^- + 8\,Al + 18\,H_2O + 5\,OH^- \rightarrow 3\,NH_3 + 8\,[Al(OH)_4]^-$

d) Red.: $ClO^- + 2\,e^- + H_2O \rightarrow Cl^- + 2\,OH^-$ / · 3
Ox.: $CrO_2^- + 4\,OH^- \rightarrow CrO_4^{2-} + 3\,e^- + 2\,H_2O$ / · 2
Redox: $3\,ClO^- + 2\,CrO_2^- + 2\,OH^- \rightarrow 3\,Cl^- + 2\,CrO_4^{2-} + H_2O$ [je 6 BE]

13\. Red.: $MnO_4^- + 5\,e^- + 8\,H_3O^+ \rightarrow Mn^{2+} + 12\,H_2O$ / · 2
Ox.: $C_2O_4^{2-} \rightarrow 2\,CO_2 + 2\,e^-$ / · 5
Redox: $2\,MnO_4^- + 5\,C_2O_4^{2-} + 16\,H_3O^+ \rightarrow 2\,Mn^{2+} + 10\,CO_2 + 24\,H_2O$ [6 BE]

14\. Red.: $MnO_4^- + 5\,e^- + 8\,H_3O^+ \rightarrow Mn^{2+} + 12\,H_2O$ / · 2
Ox.: $NO_2^- + 3\,H_2O \rightarrow NO_3^- + 2\,e^- + 2\,H_3O^+$ / · 5
Redox: $2\,MnO_4^- + 5\,NO_2^- + 6\,H_3O^+ \rightarrow 2\,Mn^{2+} + 5\,NO_3^- + 9\,H_2O$ [6 BE]

15\. Red.: $MnO_4^- + 5\,e^- + 8\,H_3O^+ \rightarrow Mn^{2+} + 12\,H_2O$ / · 2
Ox.: $HCOOH + 2\,H_2O \rightarrow CO_2 + 2\,e^- + 3\,H_3O^+$ / · 5
Redox: $2\,MnO_4^- + 5\,HCOOH + 6\,H_3O^+ \rightarrow 2\,Mn^{2+} + 5\,CO_2 + 14\,H_2O$ [6 BE]

16\. Red.: $H_2O_2 + 2\,e^- + 2\,H_3O^+ \rightarrow 4\,H_2O$
Ox.: $SO_2 + 6\,H_2O \rightarrow SO_4^{2-} + 2\,e^- + 4\,H_3O^+$
Redox: $SO_2 + H_2O_2 + 2\,H_2O \rightarrow SO_4^{2-} + 2\,H_3O^+$

Red.: $H_2O_2 + 2\,e^- + 2\,H_3O^+ \rightarrow 4\,H_2O$
Ox.: $2\,I^- \rightarrow I_2 + 2\,e^-$
Redox: $2\,I^- + H_2O_2 + 2\,H_3O^+ \rightarrow I_2 + 4\,H_2O$

Red.: $I_2 + 2\,e^- \rightarrow 2\,I^-$
Ox.: $2\,S_2O_3^{2-} \rightarrow S_4O_6^{2-} + 2\,e^-$
Redox: $I_2 + 2\,S_2O_3^{2-} \rightarrow 2\,I^- + S_4O_6^{2-}$ [12 BE]

17\. a) Aluminiumoxid hat eine sehr hohe Schmelztemperatur (2050 °C).
Durch den Zusatz von Kryolith, dessen Schmelztemperatur etwa 1000 °C beträgt, schmilzt das Gemisch bereits bei etwa 950 °C. Damit wird viel Energie eingespart. [2 BE]

b) Minus-Pol (Kathode): $Al^{3+} + 3\,e^- \rightarrow Al$
Plus-Pol (Anode): $2\,O^{2-} \rightarrow O_2 + 4\,e^-$ [2 BE]

c) Die Herstellung von Aluminium erfordert sehr viel Energie. Durch Recycling können Energie und Rohstoffe gespart werden. [2 BE]

8. Hauptgruppenelemente und ihre Verbindungen

8.1 Alkali- und Erdalkalimetalle (I. und II. Hauptgruppe)

1. a) Die Alkalimetalle sind die reaktivsten Metalle überhaupt. Sie besitzen innerhalb ihrer Perioden den jeweils größten Atomradius und verfügen in ihren Atomen lediglich über ein Valenzelektron. Dieses kann, besonders mit wachsendem Atomradius, leicht abgegeben werden (elektropositiver Charakter der Alkalimetalle); auf diese Weise entstehen einfach positiv geladene Alkalimetallionen (Kationen), die die Edelgaskonfiguration des jeweils vorangehenden Edelgases besitzen. Alkalimetalle sind deshalb hervorragende Elektronendonatoren und damit starke Reduktionsmittel. [5 BE]

   b) Vorkommen: Alkalimetalle kommen in der Natur ausschließlich in Form von Verbindungen (Mineralien) vor. Am häufigsten sind Na- und K-Verbindungen:
   NaCl (Steinsalz); große Mengen von NaCl sind auch im Meerwasser enthalten. $NaNO_3$ (Chilesalpeter), Natriumsilicate (Feldspäte). KCl (Sylvin), Kaliumsilicate (Feldspäte).
   Li-, Rb- und Cs-Verbindungen sind selten und werden hauptsächlich als Beimengungen von Na- und K-Mineralien gefunden.

   Gewinnung: Alle Alkalimetalle werden durch Schmelzelektrolyse ihrer trockenen Salze hergestellt.

   Na-Gewinnung: z. B. Schmelzelektrolyse von NaCl (Downs-Verfahren):

   Anode: $2\,Cl^- \rightarrow Cl_2 + 2e^-$

   Kathode: $2\,Na^+ + 2e^- \rightarrow 2\,Na$

   Gesamtreaktion (Redox): $2\,Na^+ + 2\,Cl^- \rightarrow 2\,Na + Cl_2(g)$ [5 BE]

2. Physikalische Eigenschaften:
   a) Diese Metalle sind weich; die Alkalimetalle besitzen innerhalb ihrer Perioden die größten Atome, wobei die Kräfte zwischen deren Atomrümpfen und den Valenzelektronen gering sind.
   Innerhalb der I. Hauptgruppe werden deshalb die Metalle vom Lithium (kleinster Atomradius) zum Caesium (größter Atomradius) immer weicher.
   b) Sie besitzen relativ niedrige Schmelz- und Siedetemperaturen; wegen der großen Atomradien sind die Bindungen zwischen den Atomrümpfen im Metallgitter schwächer und nehmen innerhalb der I. Hauptgruppe von oben nach unten ab. Deshalb nehmen auch die Schmelz- und Siedetemperaturen vom Lithium zum Caesium hin ab.
   c) Sie sind Leichtmetalle (Dichte $< 4\,g/cm^3$); innerhalb ihrer Perioden besitzen die Alkalimetalle die größten Atom- bzw. Ionenradien, aber auch die kleinsten Atommassen.
   Da die Atommasse vom Lithium zum Caesium stärker zunimmt als der Atom- bzw. Ionenradius, nimmt die Dichte der Metalle in der gleichen Richtung zu.

Chemische Eigenschaften:
Allgemein hohe Reaktivität; das einzige Valenzelektron eines jeden Alkalimetallatoms wird leicht abgegeben; dies um so leichter, je weiter das Elektron vom Kern entfernt ist. Die Reaktivität nimmt vom Lithium zum Caesium hin zu.
Alkalimetalle sind gute Elektronendonatoren, also gute Reduktionsmittel; an Luftsauerstoff oder feuchter Luft werden sie sofort oxidiert (zu Na_2O bzw. NaOH). [10 BE]

3. Das einzige Valenzelektron der Alkalimetallatome wird sehr leicht abgegeben, so daß die Metalle (Me) besonders reaktiv sind. Bereits mit dem Wasserdampf der Luft reagieren sie spontan zu den entsprechenden Hydroxiden:
   $4\,Me + 2\,H_2O + O_2 \rightarrow 4\,MeOH.$
   Die Metalle müssen folglich unter Luft- bzw. Feuchtigkeitsausschluß gelagert werden. Deshalb bewahrt man sie unter einer Flüssigkeit auf, die ihrerseits aber so reaktionsträge (inert) sein muß, daß sie mit den Metallen chemisch nicht reagiert. Diese Voraussetzung erfüllen flüssige, gesättigte Kohlenwasserstoffe wie Petroleum oder Paraffinöl. [3 BE]

4. Natrium und Kalium werden getrennt zu Wasser gegeben. Man kann sofort erkennen in welchem Gefäß das Kalium reagierte, denn nur im Falle des Kaliums brennt der entstehende Wasserstoff (mit fahlblauer Flamme). Dieses unterschiedliche Verhalten beider Metalle läßt sich aus deren Atombau folgendermaßen erklären: das Valenzelektron des K-Atoms ist weiter vom Kern entfernt als das des Na-Atoms und wird folglich leichter abgegeben, so daß Kalium reaktiver als Natrium ist. Bei der Reaktion ... heißt Natriumhydroxid; ihre Verhältnisformel lautet: NaOH. Die wäßrige Lösung dieser Verbindung reagiert / **alkalisch** /, weil darin freie Hydroxidionen (OH^-) vorliegen. Dies läßt sich durch chemische Experimente folgendermaßen beweisen: Zugabe eines geeigneten Indikators, z. B. Phenolphthalein (wird durch die alkalische Lösung rot gefärbt) oder neutrale Lackmuslösung (die blau gefärbt wird). [11 BE]

5. Das Natrium reagiert mit dem im Gefäß befindlichen Sauerstoff der Luft zum Natriumoxid (Feststoff) und mit der Luftfeuchtigkeit zum Natriumhydroxid (Feststoff). Durch den Verbrauch des Sauerstoffs und des Wasserdampfs entsteht im Gefäß ein Unterdruck, der Stopfen wird festgesaugt. [3 BE]

6. Die drei Ionen NH_4^+, K^+ und Rb^+ besitzen ähnliche Radien.
   ($r(NH_4^+) = 1{,}43 \cdot 10^{-10}\,m$; $r(K^+) = 1{,}33 \cdot 10^{-10}\,m$; $r(Rb^+) = 1{,}48 \cdot 10^{-10}\,m$)
   Da die molare Hydratationsenergie vom Ionenradius abhängig ist, ist diese bei den drei Ionen ebenfalls vergleichbar; deshalb ähnelt sich häufig das Löslichkeitsverhalten (Leicht- und Schwerlöslichkeit) der Salze. [3 BE]

7. Flammenprobe:
   Eine entleuchtete Brennerflamme wird durch Li-Salze rot, durch Na-Salze langanhaltend gelb und durch K-Salze fahl-violett gefärbt. [3 BE]

8. a) Metall mit (heißem) Wasser versetzen: Reaktion unter H_2-Entwicklung und Bildung einer Suspension (weißer Niederschlag):
   $Me(s) + 2\,H_2O(l) \rightarrow Me(OH)_2(aq) + H_2(g)$;
   b) Suspension abfiltrieren;
   c) In das klare Filtrat CO_2 oder Atemluft einblasen:
   - wird dabei ein weißer Niederschlag gebildet (Trübung der Lösung), so war das Filtrat „Kalkwasser", also Calciumhydroxidlösung, und das Ausgangsmetall Calcium:
     $Ca(OH)_2(aq) + CO_2(g) \rightarrow CaCO_3(s) + H_2O(l)$
   - wird dabei kein Niederschlag gebildet, so war das Filtrat Magnesiumhydroxidlösung, und das Ausgangsmetall Magnesium.

[6 BE]

9. a) Mg Ca Li Na
   ——— steigende Reaktivität ———→
   Die Reaktionsgleichung für die heftigste Reaktion lautet:
   $2\,Na(s) + 2\,H_2O(l) \rightarrow 2\,NaOH(aq) + H_2(g)$.
   Diese Reaktion ist / **eine** / Redoxreaktion, weil das elementare Natrium zu Na^+ oxidiert und Wasserstoff aus dem Wasser zum elementaren Wasserstoff reduziert wurde. [6 BE]
   b) Der Feststoff Lithiumhydroxid mit der Verhältnisformel (empirischen Formel) LiOH ist / **ein** / Salz, weil er aus einer Metall- und einer Nichtmetallkomponente aufgebaut ist (aufbauende Elemente mit großer Elektronegativitätsdifferenz). Hinweise auf die Bindungsverhältnisse im Feststoff ließen sich wie folgt erhalten: Die wäßrige Lösung oder die Schmelze von Lithiumhydroxid leitet den elektrischen Strom.
   Wird der Feststoff in Wasser gelöst, so reagiert die wäßrige Lösung / **alkalisch** /, weil freie OH^--Ionen darin vorliegen. [6 BE]

8.2 Halogene (VII. Hauptgruppe)

1. Alle Halogenatome besitzen in ihrer äußersten Energiestufe (Schale) sieben Valenzelektronen und damit ein Elektron weniger als die jeweils nachfolgenden Edelgasatome. Da sie außerdem innerhalb ihrer Perioden die kleinsten Atomradien besitzen, hat dies zur Folge, daß die Halogenatome stark dazu neigen, durch Aufnahme eines Elektrons Edelgaskonfiguration (Elektronenoktett) zu erreichen.
Innerhalb der VII. Hauptgruppe nehmen die Atomradien vom Fluor zum Iod hin zu, so daß in dieser Richtung die Tendenz zur Elektronenaufnahme abnimmt: Fluor stärkstes, Iod schwächstes Oxidationsmittel. [6 BE]

2. a) Halogen kommt aus dem Griechischen (*hals* = Salz; *gennaein* = erzeugen) und bedeutet „Salzbildner", da diese Elemente aufgrund ihrer hohen Reaktivität in der Lage sind, mit Metallen, in direkter exothermer Reaktion, ionogen aufgebaute Verbindungen (Salze) zu bilden.
Beispiele:
1) $2\,K(s) + Cl_2(g) \rightarrow 2\,KCl(s) \quad \Delta H < 0$
2) $2\,Al(s) + 3\,Br_2(l) \rightarrow 2\,AlBr_3(s) \quad \Delta H < 0$
3) $Mg(s) + I_2(s) \rightarrow MgI_2(s) \quad \Delta H < 0$
4) $Zn(s) + Cl_2(g) \rightarrow ZnCl_2(s) \quad \Delta H < 0$
5) $Ca(s) + F_2(g) \rightarrow CaF_2(s) \quad \Delta H < 0$
[3 BE]

b) z. B.:
1) Oxidation: $K \rightarrow K^+ + e^-$ / · 2
Reduktion: $Cl_2 + 2e^- \rightarrow 2\,Cl^-$
Redox: $2K(s) + Cl_2(g) \rightarrow 2KCl(s)$

2) Oxidation: $Al \rightarrow Al^{3+} + 3e^-$ / · 2
Reduktion: $Br_2 + 2e^- \rightarrow 2\,Br^-$ / · 3
Redox: $2Al(s) + 3Br_2(l) \rightarrow 2AlBr_3(s)$

3) Oxidation: $Mg \rightarrow Mg^{2+} + 2e^-$
Reduktion: $I_2 + 2e^- \rightarrow 2\,I^-$
Redox: $Mg(s) + I_2(s) \rightarrow MgI_2(s)$
[je 3 BE]

3. Im Labor üblicherweise durch Zugabe von konzentrierter Salzsäure zu festem Kaliumpermanganat, wobei $KMnO_4$ als Oxidationsmittel gegenüber der Säure (genauer den Chloridionen) wirkt:
$16\,HCl(aq) + 2\,KMnO_4(s) \rightarrow 5\,Cl_2(g) + 2\,MnCl_2(aq) + 2\,KCl(aq) + 8\,H_2O$
Großtechnisch wird Chlor vor allem durch Elektrolyse wäßriger NaCl-Lösungen gewonnen, wobei anodisch (am Pluspol) das Halogen entsteht (anodische Oxidation):
$2\,Cl^-(l) \rightarrow Cl_2(g) + 2e^-$ [5 BE]

4. Ähnlich wie bei den Metallen müssen die Elektronen im Kristall zumindest teilweise frei beweglich, delokalisiert sein. Die Lichtabsorption ist deshalb vergleichbar mit der in Metallen. [3 BE]

5. Iodmoleküle sind unpolar. Deshalb ist die Löslichkeit von Iod
   - in polaren Lösungsmitteln, z. B. in Wasser (Dipolmoleküle), gering, da die Kräfte der Wassermoleküle untereinander viel stärker als die zwischen Wasser- und Iodmolekülen sind.
   - in schwach polaren oder unpolaren Lösungsmitteln, z. B. in flüssigen Kohlenwasserstoffen (unpolar), in Tetrachlormethan (unpolar), in Schwefelkohlenstoff (CS_2; unpolar), in flüssigen Alkoholen (schwach polar), in Ether (schwach polar) oder Aceton (schwach polar), gut bis sehr gut. Zwar ist auch hier die Kraft zwischen den Lösungsmittel- und Iodmolekülen schwach, aber ebenso schwach ist die Kraft zwischen den Lösungsmittelmolekülen.
   - Eine gute Löslichkeit zeigt Iod allerdings in wäßrigen Iodid oder in wäßrigen Iodwasserstofflösungen, da hierbei leicht das komplexe I_3^--Ion (Triiodidion: Komplex aus Iodmolekül und Iodidion) gebildet werden kann. Diese Triiodide sind gut wasserlöslich; ihre Lösungen sind tiefbraun (vgl. Iod-Iodkaliumlösung, eine Lösung von Iod in wäßriger KI-Lösung, eigentlich KI_3-Lösung).

   Allgemein fällt auf, daß sich Iod in sauerstofffreien Lösungsmitteln mit der Farbe seines Dampfes, also mit violetter Farbe, in sauerstoffhaltigen Lösungsmitteln dagegen mit brauner Farbe löst. Dieses Phänomen kann gut zum Nachweis chemisch gebundenen Sauerstoffs genutzt werden. [6 BE]

6. Stärke ist ein empfindliches Nachweismittel für Iod.
   Wird die Flüssigkeit mit Stärke oder einer Stärkelösung versetzt, so tritt nur im Falle einer Iodlösung eine intensive Blaufärbung auf, die beim Erwärmen der Lösung verschwindet. [3 BE]

7. Chlorwasser ist hauptsächlich eine rein physikalische Lösung von Chlor in Wasser, wenngleich die Löslichkeit von Chlor in Wasser nicht sehr ausgeprägt ist. Teilweise findet auch eine chemische Reaktion zwischen Chlor und Wasser statt.
   Da Chlor ein giftiges Gas ist, läßt es sich als Chlorwasser sehr viel einfacher und sicherer handhaben; es kommt vor allem dann zum Einsatz, wenn beim Experimentieren elementares Chlor in geringer Menge und Konzentration benötigt wird, und das Lösungsmittel Wasser den experimentellen Verlauf nicht beeinträchtigt. Fluor als reaktivstes Halogen reagiert chemisch mit dem Wasser spontan, heftig und vollständig nach folgender Reaktionsgleichung:
   $2\,F_2(g) + 2\,H_2O \rightarrow 4\,HF(g) + O_2(g)$ [6 BE]

8. Beobachtungen: a) Gasentwicklung (O_2) und b) Lösung reagiert sauer.
   $2\,H_2O + 2\,Cl_2(g) \rightarrow 2\,HCl(aq) + 2\,HClO(aq)$
   $2\,HClO(aq) \rightarrow 2\,HCl(aq) + 2\,[O](g);$
   $2\,[O](g) \rightarrow O_2(g)$
   $2\,H_2O + 2\,Cl_2(g) \rightarrow 4\,HCl(aq) + O_2(g)$ [4 BE]

9. Voraussetzung: feuchtes oder in Wasser gelöstes Chlor.
   In dieser Form reagiert Chlor in geringer Menge mit Wasser:
   $Cl_2(g) + H_2O \rightarrow HCl(aq) + HClO(aq)$;
   durch Lichteinwirkung zerfällt HClO gemäß folgender Reaktionsgleichung:
   $HClO(aq) \rightarrow 2\,HCl(aq) + [O](g)$;
   der gebildete atomare Sauerstoff bewirkt das Abtöten von Keimen (Krankheitserregern), aber auch die Zerstörung von Farbstoffen. [4 BE]

10. Substanz in Wasser lösen; wäßrige Lösung mit $AgNO_3$-Lösung versetzen: Bildung eines schwerlöslichen Niederschlags (Suspension):
    $Ag^+(aq) + Hal^-(aq) \rightarrow AgHal(s)$
    Suspension halbieren:
    - die eine Hälfte mit wäßriger NH_3-Lösung versetzen: wird der Niederschlag durch Komplexbildung (Silberdiamminkomplex) aufgelöst, so enthielt er und damit auch die Ausgangssubstanz Cl^--Ionen.
      Dieses Salz ist NaCl.

    Löst sich der Niederschlag auf Zugabe der NH_3-Lösung nicht, so
    - wird die andere Hälfte mit wäßriger Natriumthiosulfatlösung ($Na_2S_2O_3$) versetzt. Löst sich jetzt der Niederschlag durch Komplexbildung, so enthielt er und damit die Ausgangssubstanz Br^--Ionen. Dieses Salz ist NaBr.

    Wird der Niederschlag weder durch Ammoniak- noch durch Natriumthiosulfatlösung gelöst, so enthielt er und damit die Ausgangssubstanz I^--Ionen. Dieses Salz ist NaI.
    [8 BE]

11. *Clever* und *Smart* haben verunreinigtes KF in Wasser gelöst und die Lösung mit $AgNO_3$-Lösung versetzt. Da AgF wasserlöslich ist, bildete sich nur ein AgCl-Niederschlag, der durch anschließende Zugabe von NH_3-Lösung wieder verschwand. [4 BE]

12. Wäßrige Lösung der Substanz herstellen, z. B. mit Hexan bzw. Ether überschichten und Chlor- oder Bromwasser zugeben.
    Da Chlor (Brom) ein besseres Oxidationsmittel ist als Iod, werden eventuell vorhandene Iodidionen zum Element oxidiert:

    Oxidation: $2\,I^- \rightarrow I_2 + 2e^-$
    Reduktion: $Cl_2 + 2e^- \rightarrow 2\,Cl^-$

    Redox: $Cl_2(aq) + 2I^-(aq) \rightarrow 2Cl^-(aq) + I_2(aq)$

    Das in diesem Fall gebildete Iod liegt gelöst in der wäßrigen Phase vor (braune Lösung) und kann durch Schütteln daraus extrahiert werden; die jetzt violette organische Phase (Iod löst sich in Hexan mit der Farbe seines Dampfes) zeigt Iod und damit die eventuelle ursprüngliche Verunreinigung an. [4 BE]

13. Zunächst wird eine wäßrige KBr-Lösung mit $AgNO_3$-Lösung versetzt, so daß eine Suspension entsteht (gelblich-weißer Niederschlag):
$Br^-(aq) + Ag^+(aq) \rightarrow AgBr(s)$
Die Suspension mit der Flüssigkeit versetzen:
- Handelt es sich um $Na_2S_2O_3$-Lösung, wird der Niederschlag durch Komplexbildung aufgelöst.
- Handelt es sich um NH_3-Lösung, bleibt der Niederschlag erhalten. [4 BE]

14. a) Direktsynthese aus Kalium und Iod:

Reduktion:	I_2	$+ 2e^-$	$\rightarrow 2\,I^-$		
Oxidation:	K		$\rightarrow K^+$	$+ e^-$	$/ \cdot 2$
Redox:	$2K(s)$	$+ I_2(s)$	$\rightarrow 2KI(s)$		

[3 BE]

b) Kationennachweis: Flammenprobe; fahlviolette Brennerflamme zeigt K^+-Ionen an.
Anionennachweis: KI in Wasser lösen: $KI(s) \rightarrow K^+(aq) + I^-(aq)$
I^--Ionen mittels Ag^+-Ionen (Zugabe von $AgNO_3$-Lsg.) fällen:
$Ag^+(aq) + I^-(aq) \rightarrow AgI(s)$
Suspension halbieren: die eine Hälfte mit Ammoniak-, die andere mit Natriumthiosulfatlösung versetzen; in beiden Fällen bleibt der Niederschlag erhalten. [6 BE]

c) KI-Lösung mit Chlor- oder Bromwasser versetzen, wobei das Oxidationsmittel Chlor (Brom) für die Oxidation der Iodidionen sorgt:

Oxidation:	$2\,I^-$		$\rightarrow I_2$	$+ 2e^-$
Reduktion:	Cl_2	$+ 2e^-$	$\rightarrow 2\,Cl^-$	
Redox:	$Cl_2(aq)$	$+ 2I^-(aq)$	$\rightarrow 2Cl^-(aq) + I_2(aq)$	

Durch Zugabe eines Lösungs- oder Extraktionsmittels (z. B. Hexan, Ether o.ä.) das Iod aus der wäßrigen Phase entfernen und beide Phasen trennen. Anschließend das organische Lösungsmittel vorsichtig verdampfen. Oder: direkt aus der wäßrigen Phase Wasser verdampfen; dabei das Iod sublimieren und resublimieren. [6 BE]

15. Fluor und Chlor sind stärkere Oxidationsmittel als Brom; deshalb können F^-- und Cl^--Ionen mit Brom nicht zu den entsprechenden Elementen aufoxidiert werden. Lediglich die Natriumiodidlösung wird chemisch verändert. Das stärkere Oxidationsmittel Brom oxidiert Iodidionen zum schwächeren Oxidationsmittel Iod:

Reduktion:	Br_2	$+ 2e^-$	$\rightarrow 2\,Br^-$	
Oxidation:	$2\,I^-$		$\rightarrow I_2$	$+ 2e^-$
Redox:	$Br_2(aq)$	$+ 2I^-(aq)$	$\rightarrow 2Br^-(aq) + I_2(aq)$	

[5 BE]

16. Wäßrige ZnI_2-Lösung mit Chlorwasser versetzen: Bildung von Iod in wäßriger Lösung (Braunfärbung der Lösung) gemäß folgender Teilreaktionen:

Oxidation:	$2\,I^-$		$\rightarrow I_2$	$+\ 2e^-$
Reduktion:	Cl_2	$+\ 2e^-$	$\rightarrow 2\,Cl^-$	
Redox:	$2I^-(aq)$	$+\ Cl_2(aq)$	$\rightarrow I_2(aq)$	$+\ 2Cl^-(aq)$

Anschließend die Lösung im Abzug mit Chloroform versetzen und schütteln; da die beiden Flüssigkeiten nicht miteinander mischbar sind, und Iod in Chloroform besser löslich ist als in Wasser, befindet sich das Iod nach dem Schütteln weitgehend in der Chloroformphase.
Beide Phasen (z. B. im Scheidetrichter) trennen und die Chloroformphase so lange stehen lassen bis das Lösungsmittel verdunstet ist, oder es durch vorsichtiges Erwärmen verdampfen. [7 BE]

17. a) – Direkte Synthese aus den Elementen:
$Hal_2 + H_2 \rightarrow 2\,HHal$
Hinweis: Ein F_2/H_2-Gemisch ist sowohl im Dunkeln, als auch in der Kälte hochexplosiv!
– Einwirkung von konzentrierter Schwefelsäure auf die entsprechenden trockenen Halogenide (meist NaF und NaCl):
$H_2SO_4(l) + NaHal(s) \rightarrow HHal(g) + Na_2SO_4(s)$ [4 BE]

b) Unter Lichtabsorption (Blau- oder UV-Licht) werden Cl_2-Moleküle homolytisch getrennt, wobei pro Chlormolekül zwei Cl-Atome (Cl-Radikale) entstehen:
1) Startreaktion: $Cl_2(g) + h\nu \rightarrow 2\,[Cl]\,(g)$
Diese Chloratome sind wegen ihres ungepaarten Valenzelektrons äußerst reaktiv und leiten folgende Kettenreaktion ein (wofür theoretisch die Homolyse eines einzigen Chlormoleküls ausreicht!):
2) $[Cl]\,(g) + [H]\,(g) \rightarrow HCl(g) + [H]\,(g)$
3) $[H]\,(g) + Cl_2(g) \rightarrow HCl(g) + [Cl]\,(g)$
Im Verlauf dieser Reaktion werden weitere energiereiche Radikale (Wasserstoffatome) gebildet, die mit weiteren Chlormolekülen die Reaktionskette weitertragen.
Summe 2) + 3): $H_2(g) + Cl_2(g) \rightarrow 2\,HCl(g)$
Die Startreaktion darf bei der Summation der Teilschritte unberücksichtigt bleiben, da für die Kettenreaktion ein Chloratom ausreicht! [7 BE]

18. Ob ein vorliegendes Gas Fluorwasserstoff oder Chlorwasserstoff ist, läßt sich auf physikalischem Weg **/ leicht /** entscheiden, weil HF eine für Halogenwasserstoffe abnorm hohe Siedetemperatur besitzt (+ 19,5 °C). Das Gas auf unter 19,5 °C abkühlen (z. B im Kühlschrank): HF wäre jetzt flüssig, HCl bliebe gasförmig. Es sind zwei Möglichkeiten denkbar:
a) konz. wäßrige Lösung der Gase herstellen: Flußsäure ätzt im Gegensatz zu Salzsäure Glas:
$SiO_2(s) + 4\,HF(g) \rightarrow SiF_4(g) + 2\,H_2O$
b) Unterscheidung der wäßrigen Lösungen mittels Ag^+-Ionen (Zugabe von $AgNO_3$-Lsg.): nur mit HCl fällt schwerlösliches AgCl aus; das entsprechende AgF ist löslich: $Ag^+(aq) + Cl^-(aq) \rightarrow AgCl(s)$ [7 BE]

8.3 Schwefel (VI. Hauptgruppe)

1. a) Man preßt durch eine Tiefbohrung überhitzten Wasserdampf in die Lagerstätte, der Schwefel schmilzt, und wird nach oben gedrückt. [2 BE]
   b) Es handelt sich um Ringe aus acht Schwefelatomen, die eine kronenförmige Struktur besitzen. Die Ringe selbst bauen ein molekulares Kristallgitter (α-rhombisch) auf. [3 BE]
   c) Zunächst erhält man eine hellgelbe, dünnflüssige Schmelze, die anschließend gelblich braun und weniger dünnflüssig wird. Beim weiteren Erhitzen wird sie immer zähflüssiger, besitzt eine rotbraune Farbe und erreicht schließlich ihre größte Zähflüssigkeit, so daß sie fast das Aussehen eines Feststoffs hat. Danach nimmt die Zähflüssigkeit wieder ab. Letztlich wird die Schmelze wieder dünnflüssiger und der Schwefel beginnt zu sieden. [4 BE]
   d) Anfangs liegen in der dünnflüssigen Schmelze S_8-Ringe vor. Diese Ringe lassen sich leicht gegeneinader verschieben. Beim Übergang von dünnflüssig in zähflüssig brechen die S_8-Ringe auf und die Bruchstücke verbinden sich zu längeren Ketten. Diese Kettenmoleküle verflechten sich untereinander, so daß die Beweglichkeit der Moleküle abnimmt und die Zähflüssigkeit der Schmelze zunimmt. Beim weiteren Erhitzen werden die Kettenmoleküle beweglicher und in kürzere Schwefelketten gespalten. Dadurch wird die Schmelze erneut dünnflüssig. [4 BE]
   e) Allotropie (bei Verbindungen Polymorphie!) [1 BE]
   f) Schwefel kommt in Form von sulfidische Erzen vor; z. B. FeS_2 (Pyrit), ZnS (Zinkblende), $CuFeS_2$ (Kupferkies) und PbS (Bleiglanz). Bei der Aufarbeitung der Erze fällt u. a. SO_2 („Röstgas") an, das mittels Kohlenstoff (Koks) zum elementaren Schwefel reduziert werden kann. [3 BE]

2. a) Feste Zustandsformen eines Stoffes (Element oder Verbindung) mit unterschiedlicher Anordnung der Teilchen im Kristallgitter, unterschiedlichen physikalischen, aber gleichen chemischen Eigenschaften. [2 BE]
   b) 1) α-Schwefel (rhombischer Schwefel), die bei Raumtemperatur einzig stabile Modifikation, die aus kronenförmigen S_8-Ringen (Cyclooctaschwefel) aufgebaut ist.
   2) Bei 95,6 °C geht α-Schwefel allmählich und reversibel in die zweite feste Zustandsform, den β-Schwefel (monokliner Schwefel) über. Auch diese Modifikation besteht aus S_8-Molekülen.
   3) Beim Abschrecken von hocherhitztem, flüssigem Schwefel entsteht der μ-Schwefel (plastischer Schwefel) als unterkühlte Schmelze mit gummiähnlichen Eigenschaften. Diese Modifikation besteht aus langen Schwefelketten. [9 BE]

3. Schwefeldioxidmolekül

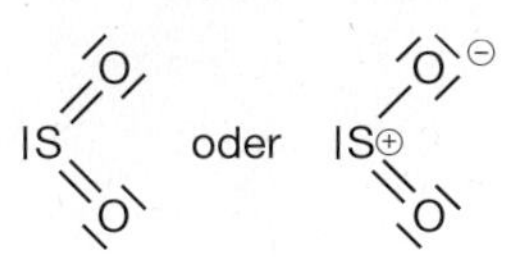

Schwefeltrioxidmolekül

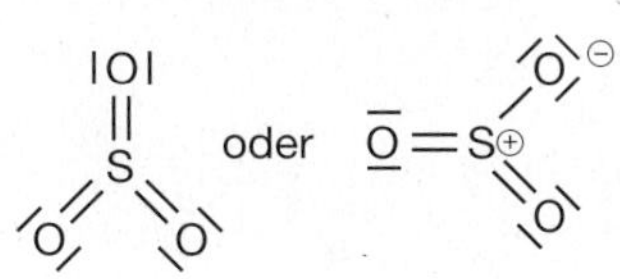

[3 BE]

4. Labor: Synthese aus den Elementen (Oxidation des Schwefels mit Luft bzw. Luftsauerstoff):
   $S(s) + O_2(g) \rightarrow SO_2(g)$; exotherme Reaktion
   oder Säure-Base-Reaktion zwischen Salzsäure und festem Natriumsulfit:
   $SO_3^{2-}(s) + 2\,H_3O^+(aq) \rightarrow SO_2(g) + 3\,H_2O$
   bzw. $Na_2SO_3(s) + 2\,HCl(aq) \rightarrow SO_2(g) + 2\,NaCl(aq) + H_2O$

   Technik: Oxidation (Rösten) von Sulfiden (sulfidischen Erzen):
   $4\,FeS(s) + 7\,O_2(g) \rightarrow 4\,SO_2(g) + 2\,Fe_2O_3(s)$; exotherme Reaktion
   oder Abrösten von Pyrit (FeS_2):
   $4\,FeS_2(s) + 11\,O_2(g) \rightarrow 8\,SO_2(g) + 2\,Fe_2O_3(s)$; exotherme Reaktion
   oder vollständige Oxidation von Schwefelwasserstoff (H_2S):
   $2\,H_2S(g) + 3\,O_2(g) \rightarrow 2\,SO_2(g) + 2\,H_2O(g)$; exotherme Reaktion
   [4 BE]

5. a) 1) $2\,ZnS(s) + 3\,O_2(g) \rightarrow 2\,ZnO(s) + 2\,SO_2(g)$
   2) $2\,K_2S(s) + 3\,O_2(g) \rightarrow 2\,K_2O(s) + 2\,SO_2(g)$
   3) $4\,FeS_2(s) + 11\,O_2(g) \rightarrow 2\,Fe_2O_3(s) + 8\,SO_2(g)$
   4) $2\,Sb_2S_3(s) + 9\,O_2(g) \rightarrow 2\,Sb_2O_3(s) + 6\,SO_2(g)$
   5) $HgS(s) + O_2(g) \rightarrow Hg(l) + SO_2(g)$
   6) $5\,Ag_2S(s) + 5\,O_2(g) \rightarrow 10\,Ag(s) + 5\,SO_2(g)$ [6 BE]
   b) Redoxreaktion [1 BE]

6. In den gewinkelten SO_2-Molekülen fallen die Schwerpunkte der positiven und negativen Teilladungen nicht zusammen; die Moleküle besitzen Dipolcharakter, so daß Wechselwirkungen mit den ebenfalls polaren H_2O-Molekülen möglich sind. [3 BE]

7. a) $SO_2(g) + H_2O(l) \rightarrow H_2SO_3(aq)$ [1 BE]
   b) Das SO_2 ist das Anhydrid der Schwefligen Säure (H_2SO_3). [1 BE]
   c) Die Lösung färbt neutralen Lackmus rot; saure Reaktion durch H_3O^+-Ionen, die durch Protolyse (Säure-Base-Reaktion; Protonenübergang) der zweiprotonigen Schwefligen Säure gebildet werden:
   $H_2SO_3(aq) + H_2O \rightarrow H_3O^+(aq) + HSO_3^-(aq)$
   $HSO_3^-(aq) + H_2O \rightarrow H_3O^+(aq) + SO_3^{2-}(aq)$ [4 BE]

8. Die zweiprotonige H_2SO_3 bildet zwei Salzreihen:
   a) die Hydrogensulfite (HSO_3^-) und b) die Sulfite (SO_3^{2-}) [2 BE]

9. a) Zugabe von Natrium zu Wasser:

Oxidation: $\overset{\pm 0}{Na} \rightarrow \overset{+I}{Na}{}^{+} + e^{-}$ $\quad / \cdot 2$

Reduktion: $2\,\overset{+I}{H_2}O + 2e^{-} \rightarrow \overset{\pm 0}{H_2} + 2\,\overset{-II}{O}H^{-}$

Redox: $2\,Na(s) + 2\,H_2O(l) \rightarrow 2\,Na^{+}(aq) + H_2(g) + 2\,OH^{-}(aq)$

b) Neutralisation der Lauge mit Schwefliger Säure bzw. durch Einleiten von SO_2 in die Natronlauge.

$2\,Na^{+}(aq) + \underset{\text{Base 1}}{2\,OH^{-}(aq)} + \underset{\text{Säure 2}}{2\,H_3O^{+}(aq)} + SO_3{}^{2-}(aq) \rightarrow$

$\rightarrow 2\,Na^{+}(aq) + SO_3{}^{2-}(aq) + \underset{\text{Säure 1}}{2\,H_2O(aq)} + \underset{\text{Base 2}}{2\,H_2O(aq)}$ [6 BE]

10. a) Verschwinden der Färbung bedeutet, daß das elementare Jod reduziert wird, denn mittels $BaCl_2$-Lösung wird die Bildung von Sulfat-Ionen aus Sulfit-Ionen, d. h. eine Oxidation nachgewiesen. [3 BE]

b) Ox.: $SO_3{}^{2-} + 3\,H_2O \rightarrow SO_4{}^{2-} + 2e^{-} + 2\,H_3O^{+}$

Red.: $I_2 + 2e^{-} \rightarrow 2\,I^{-}$

Redox: $SO_3{}^{2-}(aq) + I_2(aq) + 3\,H_2O(l) \rightarrow SO_4{}^{2-}(aq) + 2\,I^{-}(aq) + 2\,H_3O^{+}(aq)$

[4 BE]

Fällungsreaktion:

$BaCl_2(aq) + Na_2SO_4(aq) \rightarrow BaSO_4(s) + 2\,NaCl(aq)$ [2 BE]

11. a) Formalladung: Ladungen innerhalb eines Moleküls oder Molekülions, die über mehrere Atome verteilt sind, die man sich aber „rein formal“ und damit theoretisch auf ganz bestimmte Atome fixiert denkt.

Ionenladung: Anzahl und Art der Elementarladungen, die ein Ion trägt und die durch Elektronenübertragung zustande kommt. [3 BE]

b) Die Bestimmung der Formalladung eines Atoms erfolgt so, daß alle freien, nichtbindenden Elektronen und Elektronenpaare dem betreffenden Atom gänzlich, die bindenden Elektronenpaare, ungeachtet der Elektronegativität der Bindungspartner, diesem Atom zur Hälfte zugeordnet werden. Anschließend vergleicht man diese Anzahl von Elektronen mit der Anzahl von Valenzelektronen, die das neutrale Atom auf Grund seiner Stellung im PSE besitzt.

Daraus ergeben sich u.U. positive oder negative Formalladungen:

z.B. für das $SO_3{}^{2-}$-Ion:

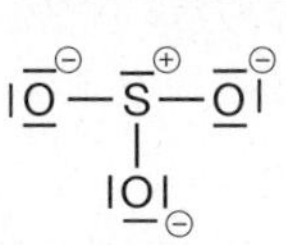

[4 BE]

c) 1) 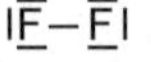

2) 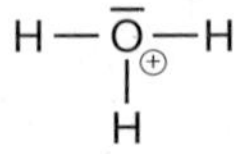

3) 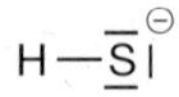

4) 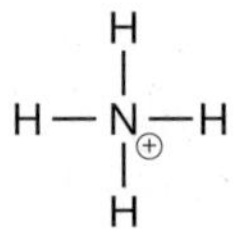

5) 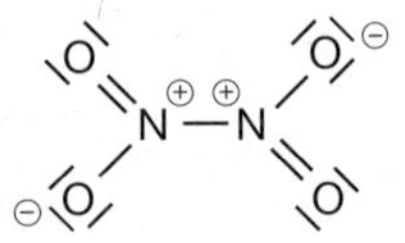

6) 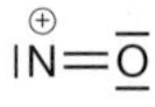

7) 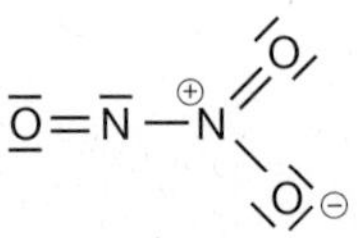

8) 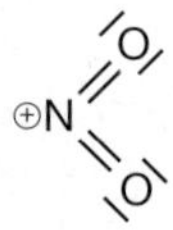

9) 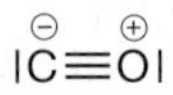

10) 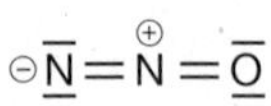

[je 2 BE]

12. $Na_2SO_3(s) + 2\,HCl(aq) \rightarrow H_2SO_3(aq) + 2\,NaCl(aq)$
$H_2SO_3(aq) \rightarrow H_2O(l) + SO_2(g)$
oder:
$SO_3^{2-}(aq) + 2\,H_3O^+(aq) \rightarrow H_2SO_3(aq) + 2\,H_2O(l)$
$H_2SO_3(aq) \rightarrow H_2O(l) + SO_2(g)$
Die Reaktion ist eine Säure-Base-Reaktion; die H_3O^+-Ionen (Säurefunktion) protonieren die Sulfitionen (Basenfunktion). Die primär gebildete Schweflige Säure zerfällt in H_2O und ihr Anhydrid SO_2. [4 BE]

13. a)
Ox.: $\overset{+IV}{S}O_3^{2-} + 3\,H_2O \rightarrow \overset{+VI}{S}O_4^{2-} + 2\,H_3O^+ + 2e^-$ / · 3
Red.: $\overset{+V}{I}O_3^- + 6\,H_3O^+ + 6e^- \rightarrow \overset{-I}{I^-} + 9\,H_2O$
Redox: $3\,SO_3^{2-}(aq) + IO_3^-(aq) \rightarrow 3\,SO_4^{2-}(aq) + I^-(aq)$

b)
Ox.: $\overset{+IV}{S}O_3^{2-} + 3\,H_2O \rightarrow \overset{+VI}{S}O_4^{2-} + 2\,H_3O^+ + 2e^-$ / · 4
Red.: $\overset{+VII}{Cl}O_4^- + 8\,H_3O^+ + 8e^- \rightarrow \overset{-I}{Cl^-} + 12\,H_2O$
Redox: $4\,SO_3^{2-}(aq) + ClO_4^-(aq) \rightarrow 4\,SO_4^{2-}(aq) + Cl^-(aq)$

c)
Ox.: $\overset{+IV}{S}O_3^{2-} + 3\,H_2O \rightarrow \overset{+VI}{S}O_4^{2-} + 2\,H_3O^+ + 2e^-$
Red.: $\overset{\pm 0}{Cl_2} + 2e^- \rightarrow 2\,\overset{-I}{Cl^-}$
Redox: $SO_3^{2-}(aq) + Cl_2(aq) + 3H_2O(l) \rightarrow SO_4^{2-}(aq) + 2\,Cl^-(aq) + 2\,H_3O^+(aq)$

[je 3 BE]

14. Nach der Bildung des SO_2 verläuft die Folgereaktion $2\,SO_2(g) + O_2(g) \rightarrow 2\,SO_3(s)$ ohne Katalysator nur extrem langsam! Auch die bei der stark exothermen SO_2-Bildung freiwerdende Energie verhindert die Trioxidbildung, da oberhalb von ca. 500 °C SO_3 in Umkehrung seiner Bildung in SO_2 und O_2 zerfällt. [4 BE]

15. Die Bildung von Schwefeltrioxid aus Schwefeldioxid und Sauerstoff ist ein exothermer Prozeß. Das Gasgemisch heizt sich demzufolge an der Kontaktschicht auf. Da Schwefeltrioxid bereits bei 500 °C merklich wieder in die Ausgangsstoffe zerfällt, kühlt man das Gasgemisch im Wärmetauscher ab. [4 BE]

16. Schwefeltrioxid ist bei Raumtemperatur ein Feststoff; wird dieser mit Wasser versetzt, so findet eine stark exotherme Reaktion statt. Die entsprechende Reaktionsgleichung lautet: $SO_3(s) + H_2O(l) \rightarrow H_2SO_4(aq)$
Das resultierende Produkt heißt Schwefelsäure. Damit ist das Schwefeltrioxid das Anhydrid des obigen Reaktionsproduktes.

Strukturformel
dieses Reaktionsprodukts

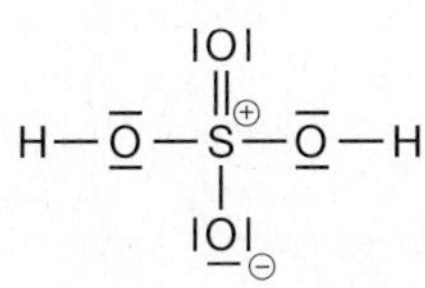

Die obige Strukturformel erlaubt Aussagen über den räumlichen Bau dieses Moleküls, der wie folgt beschrieben werden kann:
Das H_2SO_4-Molekül ist tetraedrisch gebaut, mit dem Schwefelatom im Schwerpunkt und den Sauerstoffatomen in den Ecken des Tetraeders. An zwei Sauerstoffatome ist jeweils ein Wasserstoffatom gebunden. [8 BE]

17. a) 1) Verbrennung (Oxidation) des Schwefels:
$S(s) + O_2(g) \rightarrow SO_2(g)$;
2) Katalytische Oxidation von SO_2 zu SO_3 (Alternativen):
- Kontaktverfahren:

$$2\,SO_2(g) + O_2(g) \xrightarrow[\text{oder Pt}]{V_2O_5} 2\,SO_3(s);$$

- Bleikammerverfahren:
Auch hier wird zur Oxidation ein Katalysator, NO_2, eingesetzt:
$SO_2(g) + NO_2(g) \rightarrow SO_3(g) + NO(g)$
$2\,NO(g) + O_2(g) \rightarrow 2\,NO_2(g)$
3) Reaktion des SO_3 mit Wasser (in der Technik wird das SO_3 allerdings in konz. H_2SO_4 gelöst, da SO_3 in H_2O nicht besonders gut löslich ist):
$SO_3(s) + H_2O \rightarrow H_2SO_4(l)$; [5 BE]

b) Einerseits reagieren SO_2 und O_2 unter Standardbedingungen, wegen der Reaktionsträgheit der O_2-Moleküle, praktisch nicht miteinander, andererseits zerfällt SO_3 bei hohen Temperaturen in Umkehrung seiner Bildung wieder in SO_2 und O_2. Eine geeignete, möglichst niedrige Reaktionstemperatur (etwa 400–500 °C), bei der in guter Ausbeute SO_3 entsteht, kann aber nur bei Verwendung eines Katalysators gewählt werden. [3 BE]

c) Durch die Lackmuslösung wird die Schwefelsäure verdünnt, protolysiert und liefert dabei H_3O^+-Ionen, die die Lackmuslösung röten:
$H_2SO_4(l) + H_2O(l) \rightarrow H_3O^+(aq) + HSO_4^-(aq)$
$HSO_4^-(aq) + H_2O(l) \rightarrow H_3O^+(aq) + SO_4^{2-}(aq)$ [4 BE]

d) Da Ionen Ladungsträger sind, muß eine verdünnte Schwefelsäure den elektrischen Strom leiten: Leitfähigkeitsmessung. [2 BE]

18. Die Schwefelsäure ist die stärkere Säure, sie besitzt das größere Bestreben Protonen abzugeben. Sie ist beständig, ganz im Gegensatz zur Schwefligen Säure und hat hygroskopischen wie auch oxidierenden Charakter. [3 BE]

19. Die konzentrierte Schwefelsäure ist stark hygroskopisch (wasserentziehend). Durch Aufnahme von Wasserdampf aus der Luft (Luftfeuchtigkeit) werden Hydrate unterschiedlicher Zusammensetzung (z. B. Monohydrat $H_2SO_4 \cdot H_2O$, Dihydrat $H_2SO_4 \cdot 2H_2O$) gebildet. Dadurch gehen allmählich die charakteristischen chemischen Eigenschaften der konzentrierten Schwefelsäure verloren. [2 BE]

20. $H_2SO_4(l) + H_2O(l) \rightarrow HSO_4^-(aq) + H_3O^+(aq)$
$HSO_4^-(aq) + H_2O(l) \rightarrow SO_4^{2-}(aq) + H_3O^+(aq)$
Die elektrische Leitfähigkeit beruht auf den vorhandenen Ionen. Beim Vermischen bilden sich Oxonium-, Hydrogensulfat- und Sulfat-Ionen, was zum starken Anstieg der Leitfähigkeit führt. [4 BE]

21.

Zu vergleichende Aussage	konz. HCl	verd. H_2SO_4	konz. H_2SO_4
a) Die konzentrierte Säure enthält im wesentlichen Moleküle.	–	———	+
b) Auf Stoffe wie Holz und Papier wirkt die Säure verkohlend.	–	–	+
c) Die heiße Säure greift Silber unter SO_2-Entwicklung an.	–	–	+
d) Die heiße Säure löst Gold und Platin.	–	–	–
e) Kupfer und Quecksilber werden nicht angegriffen.	–	+	–
f) Die Säure wirkt oxidierend.	–	–	+
g) Unedle Metalle werden unter Wasserstoffentwicklung aufgelöst.	+	+	–
h) Die Salze der Säure lassen sich durch eine wäßrige Bariumhydroxidlösung nachweisen.	–	+	+

[11 BE]

22. H_2SO_3: Hydrogensulfite – HSO_3^- / Sulfite – SO_3^{2-}
H_2SO_4: Hydrogensulfate – HSO_4^- / Sulfate – SO_4^{2-} [2 BE]

23. a) $Mg(HSO_3)_2$ b) $Ga_2(SO_4)_3$ c) $PbSO_4$ d) K_2SO_3
e) $Al(HSO_3)_3$ f) $As_2(SO_3)_5$ [6 BE]

24. a) Anhydride sind Stoffe, die aus sauerstoffhaltigen Säuren (oder Basen) durch Wasserentzug entstehen, bzw. durch Reaktion mit Wasser Säuren (oder Basen) bilden. [2 BE]

b) z. B. Säureanhydride: SO_2 / SO_3 / NO_2 / CO_2 [2 BE]
Basenanhydride: K_2O / CaO

25. a)
$2\,Li(s) + H_2SO_4(aq) \rightarrow Li_2SO_4(aq) + H_2(g)$
$MgO(s) + H_2SO_4(aq) \rightarrow MgSO_4(aq) + H_2O(l)$
$2\,Al(OH)_3(aq) + 3\,H_2SO_4(aq) \rightarrow Al_2(SO_4)_3(aq) + 6\,H_2O(l)$ [6 BE]

b) Li: Redoxreaktion; MgO und $Al(OH)_3$: Säure-Base-Reaktionen [2 BE]

26. Verdünnte H_2SO_4:
    - Unedle Metalle werden unter H_2-Entwicklung aufgelöst.
    - Viele Metalloxide werden unter Entstehung von Wasser aufgelöst.
    - Metallhydroxide werden unter Wasserbildung neutralisiert.
    - Sie stellt eine zweiprotonige, starke Brönsted-Säure dar.

    Konzentrierte H_2SO_4:
    - Alle Eigenschaften der verdünnten Schwefelsäure mit der Ausnahme, daß unedle Metalle nicht unter Wasserstoffentwicklung aufgelöst werden, und
    - hygroskopischer (wasserentziehender) Charakter, sowie
    - oxidierende Wirkung. [4 BE]

27. Das Mineralwasser enthält Sulfationen, die mit den zugegebenen Bariumionen einen schwerlöslichen Niederschlag von Bariumsulfat liefern:
    $Ba^{2+}(aq) + SO_4^{2-}(aq) \rightarrow BaSO_4(s)$ [3 BE]

28. a) Wasserstoff: Knallgasprobe
    Sauerstoff: Glimmspanprobe
    Schwefeldioxid: Einleiten in Indikatorlösung – saure Reaktion! [3 BE]

    b) 1) $H_3O^+(aq) + Na_2SO_3(s) \rightarrow HSO_3^-(aq) + 2\,Na^+(aq) + H_2O(l)$
    2) $H_3O^+(aq) + HSO_3^-(aq) \rightarrow H_2SO_3(aq) + H_2O(l)$
    3) $H_2SO_3(aq) \rightarrow SO_2(g) + H_2O(l)$ [4 BE]

    c) 1) und 2) aus b) Säure-Base-Reaktionen, da nur Protonenübergänge auftreten und keine Oxidationszahländerung vorkommt.
    3) Es handelt sich weder um eine Redox- noch eine Säure-Base-Reaktion, sondern um eine Dissoziation. [2 BE]

29. a) 1) Redoxreaktion: Cu mit Sauerstoff zum CuO aufoxidieren:
    $$\overset{\pm 0}{2\,Cu}(s) + \overset{\pm 0}{O_2}(g) \rightarrow 2\,\overset{+II}{Cu}\overset{-II}{O}(s)$$
    2) Säure-Base-Reaktion: CuO + verd. H_2SO_4:
    $$CuO(s) + 2\,H_3O^+(aq) + SO_4^{2-}(aq) \rightarrow Cu^{2+}(aq) + SO_4^{2-}(aq) + 3\,H_2O(l)$$
    Die eigentliche S-B-Reaktion findet zwischen den Oxid- und Oxoniumionen statt:
    $$\underset{B_1}{O^{2-}} + \underset{S_2}{2\,H_3O^+} \rightarrow \underset{S_1}{H_2O} + \underset{B_2}{2\,H_2O}$$
    [5 BE]

    b) Zink + verd. H_2SO_4:
    $$\text{Ox.:}\quad \overset{\pm 0}{Zn} \rightarrow \overset{+II}{Zn^{2+}} + 2e^-$$
    $$\text{Red.:}\quad 2\,\overset{+I}{H_3}O^+ + 2e^- + SO_4^{2-} \rightarrow \overset{\pm 0}{H_2} + 2\,H_2O + SO_4^{2-}$$

    Redox: $Zn(s) + 2\,H_3O^+(aq) + SO_4^{2-}(aq) \rightarrow Zn^{2+}(aq) + H_2(g) + 2\,H_2O(l) + SO_4^{2-}(aq)$
    [4 BE]

30. a) $Al(HSO_4)_3(s) + 3\,NH_4^+(aq) + 3\,OH^-(aq)$
$\rightarrow Al^{3+}(aq) + 3\,SO_4^{2-}(aq) + 6\,H_2O(l) + 3\,NH_4^+(aq)$ [3 BE]
b) Neutralisation. [1 BE]

31. Kationennachweis:
Flammenprobe mit dem Feststoff: gelbe Flammenfarbe zeigt Na^+-Ionen an. Andere Kationen können auch mit einem Spektrometer nicht nachgewiesen werden.
Anionennachweise:
Auf Zugabe einer Säure (z. B. Salz- oder Schwefelsäure) zum Feststoff entsteht ein stechend riechendes, feuchtes blaues Lackmuspapier rötendes Gas (SO_2):
$SO_3^{2-}(s) + 2\,H_3O^+(aq) \rightarrow SO_2(g) + 3\,H_2O(l)$
Eine wäßrige Lösung des Feststoffs wird mit einer salzsauren wäßrigen $BaCl_2$-Lösung versetzt, wobei ein weißer $BaSO_4$-Niederschlag entsteht:
$SO_4^{2-}(aq) + Ba^{2+}(aq) \rightarrow BaSO_4(s)$
Andere Anionennachweise negativ! [4 BE]

32. a) Ox.: $S + 6\,H_2O \rightarrow SO_2 + 4\,e^- + 4\,H_3O^+$
Red.: $H_2SO_4 + 2\,e^- + 2\,H_3O^+ \rightarrow SO_2 + 4\,H_2O$ / · 2

Redox: $S(s) + 2\,H_2SO_4(l) \rightarrow 3\,SO_2(g) + 2\,H_2O(l)$ [6 BE]
b) Synproportionierung, d. h. ein Verbindungsbestandteil tritt in verschieden hohen Oxidationsstufen auf und erreicht eine dazwischenliegende Oxidationsstufe. [3 BE]

33. Erst Wasser vorlegen, dann langsam die konz. H_2SO_4 unter Umrühren zufließen lassen – niemals umgekehrt!
Beim Vermischen der Säure mit Wasser wird ein erheblicher Energiebetrag als Wärme frei, der bei einem bestimmten Mischungsverhältnis zu einem starken Temperaturanstieg (u. U. über 100 °C) führen kann. Das schlagartig siedende und verdampfende Wasser reißt Säure mit und verursacht auf der Haut Verbrennungen und Verätzungen! [3 BE]

34. a) $2\,KF(s) + H_2SO_4(l) \rightarrow K_2SO_4(s) + 2\,HF(g)$; Säure-Base-Reaktion [3 BE]
b) $2\,KBr(s) + H_2SO_4(l) \rightarrow K_2SO_4(s) + 2\,HBr(g)$; Säure-Base-Reaktion
$2\,HBr(g) + H_2SO_4(l) \rightarrow Br_2(g) + SO_2(g) + 2\,H_2O(l)$; Redoxreaktion [4 BE]

35. Zunächst oxidiert die konz. H_2SO_4 die Iodidionen zu Iodmolekülen, und wird dabei selbst zu H_2S (Schwefelwasserstoff) reduziert:

Oxidation:	$2\,\overset{-I}{I^-}$	$\rightarrow \overset{\pm 0}{I_2} + 2e^-$	$/ \cdot 4$
Reduktion:	$\overset{+VI}{H_2SO_4} + 8e^- + H_3O^+$	$\rightarrow \overset{-II}{H_2S} + 12\,H_2O$	
Redox:	$8\,I^-(s) + H_2SO_4(l) + 8\,H_3O^+(aq)$	$\rightarrow 4\,I_2(g) + H_2S(g) + 12\,H_2O(l)$	

Der gebildete Schwefelwasserstoff kann durch das entstandene Iod teilweise zum elementaren Schwefel aufoxidiert werden:

Oxidation:	$\overset{-II}{H_2S} + 2\,H_2O$	$\rightarrow \overset{\pm 0}{S} + 2e^- + 2\,H_3O^+$	
Reduktion:	$\overset{\pm 0}{I_2} + 2e^-$	$\rightarrow 2\overset{-I}{I^-}$	
Redox:	$H_2S(g) + I_2(s) + 2\,H_2O(l)$	$\rightarrow S(s) + 2\,I^-(aq) + 2\,H_3O^+(aq)$	[6 BE]

36. SO_2: gewinkelt; SO_3: planar;
SO_3^{2-}: pyramidenförmig; SO_4^{2-}: tetraedrisch. [2 BE]

37. a) Synthese aus den Elementen:
$S(g) + H_2(g) \rightarrow H_2S(g)$; Redoxreaktion
b) Einwirkung verdünnter Säuren (z. B. Salzsäure) auf Sulfide (z. B. Eisensulfid):
$FeS(s) + 2\,H_3O^+(aq) \rightarrow H_2S(g) + Fe^{2+}(aq) + 2\,H_2O(l)$; Säure-Base-Reaktion.
[4 BE]

38. a) $PbS(s) + 2\,HCl(aq) \rightarrow PbCl_2(aq) + H_2S(g)$ [2 BE]
b) Eine starke Säure setzt eine schwache Säure aus deren Salz frei.
Starke Base (Salz der schwachen Säure) + starke Säure
$\rightarrow$ schwache Base (Salz der starken Säure) + schwache Säure [2 BE]
c) Dihydrogensulfid (Schwefelwasserstoff) ist ein Gas, das bereits in geringen Konzentrationen giftig ist und Übelkeit oder Bewußtlosigkeit hervorruft. [2 BE]
d) Erdgas, Vulkane, Dunghaufen, Abwasserschächte, Heilwässer. [2 BE]

39. Als zweiprotonige Säure bildet H_2S zwei Salzreihen:
Hydrogensulfide mit HS^--Ion und Sulfide mit S^{2-}-Ion. [2 BE]

40. a) $H_2S(aq) + H_2O(l) \rightarrow H_3O^+(aq) + HS^-(aq)$
$HS^-(aq) + H_2O(l) \rightarrow H_3O^+(aq) + S^{2-}(aq)$
Aufgrund der nur in geringem Umfang gebildeten Oxoniumionen reagiert die wäßrige Lösung schwach sauer; Lackmus wird gerötet. [3 BE]
b) Der Schwefelwasserstoff besitzt hier die Funktion einer Brönsted-Säure. [1 BE]

41. Nachweis mit feuchtem Bleiacetatpapier (mit Bleiacetatlösung getränktes Filterpapier).
   - Zunächst löst sich H_2S im Wasser und gibt anschließend Protonen ab. Dabei werden nicht nur H_3O^+-Ionen, sondern auch Sulfidionen angeliefert:
     $H_2S(aq) + H_2O(l) \rightarrow H_3O^+(aq) + HS^-(aq)$
     $HS^-(aq) + H_2O(l) \rightarrow H_3O^+(aq) + S^{2-}(aq)$
   - Mit den Bleiionen der Nachweislösung bilden die aus der Protolyse stammenden Sulfidionen schwarzes schwerlösliches Bleisulfid (Schwärzung des angefeuchteten Papiers):
     $Pb^{2+}(aq) + S^{2-}(aq) \rightarrow PbS(s)$ [4 BE]

42. Zwischen Schwefel und Wasserstoff besteht nur eine geringe Elektronegativitätsdifferenz, so daß die S-H-Bindungen im H_2S nur schwach polar sind. Die Abspaltung des schwach polaren H-Atoms als Proton (z. B. durch ein stärker polares H_2O-Molekül) ist wenig begünstigt.
   Anders dagegen beim Chlorwasserstoff. Die H-Cl-Bindung ist aufgrund der höheren Elektronegativitätsdifferenz zwischen Chlor und Wasserstoff stark polar. Ein stark polares Wassermolekül kann deshalb das H-Atom eines HCl-Moleküls leicht als Proton übernehmen. [4 BE]

43. Der Bindungswinkel im H_2O-Molekül (104°) ist größer als im H_2S-Molekül (92°). Sowohl am Sauerstoff- als auch am Schwefelatom befinden sich in den homologen Molekülen zwei freie, nichtbindende Elektronenpaare, welche auf die bindenden Elektronenpaare eine starke Abstoßung ausüben. Da der Sauerstoff elektronegativer ist als der Schwefel, werden die bindenden Elektronenpaare im Wassermolekül stärker vom Sauerstoffatom beansprucht als im Schwefelwasserstoffmolekül vom Schwefelatom. Die bindenden Elektronenpaare befinden sich im H_2S-Molekül deshalb so weit vom S-Atom entfernt, daß ihre gegenseitige Abstoßung erst bei einer deutlichen Verringerung des Bindungswinkels zum Tragen kommt. [5 BE]

44. a) H_2S ist spurenweise stets Bestandteil der Luft. Mit der schwefelwasserstoffhaltigen Luft reagiert das Schwermetall Silber empfindlich unter Bildung von festhaftendem, schwerlöslichem, schwarzem Silbersulfid:
   $4\,Ag(s) + 2\,H_2S(g) + O_2(g) \rightarrow 2\,Ag_2S(s) + 2\,H_2O(l)$ [3 BE]
   b) Beim Kochen von Eiweißen werden diese teilweise so zersetzt, daß der darin gebundene Schwefel in Spuren als H_2S freigesetzt wird:
   Bildung von Ag_2S wie in a). [2 BE]

8.4 Stickstoff und Phosphor (V. Hauptgruppe)

8.4.1 Stickstoff

1. a) Aufgrund seiner Stellung im PSE fehlen dem Stickstoff in jedem seiner Atome drei Valenzelektronen. Eine stabile Edelgaskonfiguration erhält jedes Stickstoffatom durch Molekülbildung aus zwei Atomen. Im N_2-Molekül liegen drei gemeinsame bindende Elektronenpaare und zwei freie Elektronenpaare vor: $|N\equiv N|$ [4 BE]
   b) Stickstoffmoleküle sind durch die Dreifachbindung extrem stabil; im Vergleich zu anderen Elementargasen energiearm und chemisch inert (reaktionsträge). [2 BE]
   c) Höhere Temperatur, besonders in Gegenwart von Katalysatoren. [2 BE]

2. Luft wird in einer geeigneten Apparatur über erhitztes Kupfer geleitet. Dabei wird der Luftsauerstoff durch Bildung von festem CuO dem Gasgemisch Luft entzogen, und der Stickstoff kann pneumatisch aufgefangen werden. [3 BE]

3. Moleküle und Atome mit ungepaartem Elektron nennt man „Radikale". Solche Radikale sind äußerst reaktiv.
   Im NO-Molekül liegt eine ungerade Anzahl von Elektronen vor. Das NO-Molekül besitzt ein ungepaartes Elektron: $|\dot{N}=\underline{\overline{O}}$ [4 BE]

4. a)

Oxidation:	$\overset{\pm 0}{Mg}$		$\rightarrow$	$\overset{+II}{Mg}{}^{2+}$	$+ 2e^-$	$/ \cdot 3$
Reduktion:	$\overset{\pm 0}{N_2}$	$+ 6e^-$	$\rightarrow$	$2\,\overset{-III}{N}{}^{3-}$		
Redox:	$3\,Mg(s)$	$+ N_2(g)$	$\rightarrow$	$3\,Mg^{2+}(s)$	$+ 2\,N^{3-}(s)$	[3 BE]

   b) $\underset{B_2}{Mg_3N_2(s)} + \underset{S_1}{6\,H_2O(l)} \rightarrow \underset{S_2}{2\,NH_3(g)} + \underset{B_1}{3\,Mg(OH)_2(aq)}$
   oder als Ionengleichung:
   $\underset{B_2}{N^{3-}(s)} + \underset{S_1}{3\,H_2O(l)} \rightarrow \underset{S_2}{NH_3(g)} + \underset{B_1}{3\,OH^-(aq)}$ [3 BE]

5. a) NO kann aus den Elementen (im Gasgemisch Luft enthalten) durch elektrische Entladungen (Blitze) entstehen. Durch die hohen Temperaturen entlang der Entladungsstrecke wird die dort befindliche Luft so stark erhitzt, daß der reaktionsträge Stickstoff mit dem Sauerstoff reagiert:
   $N_2(g) + O_2(g) \rightarrow 2\,NO(g)$; [3 BE]
   b) NO als endotherme (energiereiche) Verbindung mit Radikalcharakter reagiert außerhalb der Entladungsstrecke spontan mit Luftsauerstoff (Oxidation) unter Bildung von Stickstoffdioxid:
   $2\,NO(g) + O_2(g) \rightarrow 2\,NO_2(g)$
   Da auch das NO_2 Radikalcharakter besitzt (ungerade Anzahl von Elektronen), liegt unterhalb von 20 °C vor allem (aber nicht ausschließlich!) das dimere, farblose N_2O_4 vor:
   $2\,NO_2(g) \rightarrow N_2O_4(g)$ [4 BE]

c) Bei der Synthese können vor allem die extrem stabilen Stickstoffmoleküle (Dreifachbindung) nur durch erheblichen Energieaufwand in die reaktiven, radikalischen Atome gespalten werden. [2 BE]

6. a) Nitrose Gase sind die Stickstoffoxide NO und NO_2 (allg. NO_x). Diese beiden Gase entstehen stets beim starken Erhitzen von Luft. In hochverdichteten Otto-Motoren wird für die Verbrennung des Kraftstoffs Luft benötigt. Durch die Kompression und anschließende Zündung des Kraftstoff-Luft-Gemisches werden so hohe Temperaturen erreicht, daß es in der Flamme (etwa 2300 °C) zur Bildung von NO und dessen Ausstoß über die Auspuffanlagen kommt. In der Atmosphäre erfolgt die spontane Oxidation von NO zu NO_2 (Autoxidation). [4 BE]

b) Im Wasserdampf der feuchten Luft wird NO_2 zunächst absorbiert; dadurch kommt es zur Bildung feiner Nebeltröpfchen (Kondensation). Anschließend reagiert das NO_2 mit dem Wasserdampf und dem Luftsauerstoff vornehmlich zu Salpetersäure, teilweise auch zu Salpetriger Säure:

$4\ NO_2(g) + 2\ H_2O(l) + O_2(g) \rightarrow 4\ HNO_3(aq)$

und/oder:

$2\ NO_2(g) + H_2O(l) \rightarrow HNO_3(aq) + HNO_2(aq)$

Das entstehende Aerosol schädigt Atemwege und Atmungsorgane und ist beim Abregnen Bestandteil des „Sauren Regens“. [5 BE]

c) Es handelt sich um Katalysatoren. [1 BE]

7. a)

$$NO_2(g) \xrightarrow{\text{UV-Licht}} NO(g) + [O](g)$$
$$O_2(g) + [O](g) \rightarrow O_3(g)$$
$$\overline{\quad\quad\quad\quad\quad\quad\quad\quad\quad\quad}$$
$$NO_2(g) + O_2(g) \rightarrow NO(g) + O_3(g)$$

[3 BE]

b) Stickstoffdioxid ist ein Oxidationsmittel, d. h. ein Elektronenakzeptor. Es oxidiert andere Stoffe und wird dabei selbst reduziert! [3 BE]

c) $2\ NO(g) + O_2(g) \rightarrow 2\ NO_2(g)$

Diese Reaktion ist eine Autoxidation! Der Prozeß (vgl. a) kann erneut beginnen. [3 BE]

8. a)

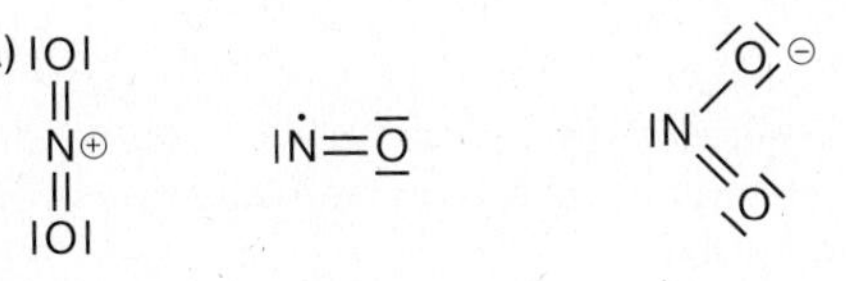

[3 BE]

b) Gewinkelt: NO_2^-; Linear: NO_2^+ und NO [2 BE]

9. +V +IV +III +II +I

N_2O_5 / NO_2 / N_2O_3 / NO / N_2O [3 BE]

10. a) *Haber-Bosch*-Verfahren: Ammoniaksynthese

$\overset{\pm 0}{N_2}(g) + 3\,\overset{\pm 0}{H_2}(g) \rightarrow 2\,\overset{-III+I}{NH_3}(g)$

Ostwald-Verfahren:

- Katalytische Oxidation (Verbrennung) von Ammoniak:

  $4\,\overset{-III}{NH_3}(g) + 5\,\overset{\pm 0}{O_2}(g) \xrightarrow[873\,K]{Kat.} 4\,\overset{+II-II}{NO}(g) + 6\,\overset{-II}{H_2O}$

- Oxidation von NO mit (Luft-)Sauerstoff:

  $2\,\overset{+II}{NO}(g) + \overset{\pm 0}{O_2}(g) \rightarrow 2\,\overset{+IV-II}{NO_2}(g)$

- Oxidation von NO_2 mittels Sauerstoff in Gegenwart von Wasser:

  $4\,\overset{+IV}{NO_2}(g) + \overset{\pm 0}{O_2}(g) + 2\,H_2O(l) \rightarrow 4\,\overset{+V-II}{HNO_3}(aq)$ [9 BE]

b) 1) Oxidierende Wirkung; 2) Säurefunktion. [2 BE]

11. a) N_2O_5:

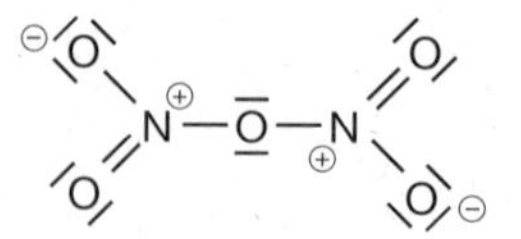

[3 BE]

b) Wasser zugeben, da N_2O_5 das Anhydrid der Salpetersäure darstellt:

$N_2O_5(s) + H_2O(l) \rightarrow 2\,HNO_3(aq)$ [3 BE]

12. Einige unedle Metalle, wie Fe oder Al bilden auf ihrer Oberfläche unter der Einwirkung von konz. HNO_3 eine dünne, geschlossene und stabile Oxidhaut, die das darunterliegende Metall vor weiteren Angriffen der konzentrierten Säure schützt. [2 BE]

13. „Scheidewaser" ist konz. HNO_3 (50%ig); sie löst oxidativ sowohl die halbedlen Metalle Kupfer und Quecksilber als auch das wenig reaktive Edelmetall Silber, nicht jedoch das Edelmetall Gold. Konz. HNO_3 kann deshalb zur Trennung der Edelmetalle Gold und Silber dienen.
„Königswasser" ist ein Gemisch aus konz. HNO_3 und konz. HCl im Volumenverhältnis $V(HNO_3) : V(HCl) = 1 : 3$; dieses Gemisch wirkt noch stärker oxidierend als Scheidewasser und löst sogar Gold und Platin. [4 BE]

14. Durch die konz. HNO_3 wurde Silber oxidativ gelöst (Bildung von Ag^+-Ionen) und die HNO_3 zum NO_2 reduziert. Die Ag^+-Ionen konnten mittels Cl^--Ionen nachgewiesen werden (Bildung von schwerlöslichem, weißem AgCl):

Ox.: $\overset{\pm 0}{Ag} \rightarrow \overset{+I}{Ag^+} + e^-$

Red.: $\overset{+V}{HNO_3} + H_3O^+ + e^- \rightarrow \overset{+IV}{NO_2} + 2\,H_2O(l)$

Redox: $Ag(s) + HNO_3(ag) + H_3O^+(aq) \rightarrow Ag^+(aq) + NO_2(g) + 2\,H_2O(l)$

Nachweis der Silberionen: $Ag^+(aq) + Cl^-(aq) \rightarrow AgCl(s)$ [6 BE]

15. 1. Möglichkeit:
Neutralisation von Natronlauge durch HNO_3 und anschließendes Verdampfen des Lösungsmittels Wasser:
$NaOH(aq) + HNO_3(aq) \rightarrow NaNO_3(aq) + H_2O(l)$
oder: $Na^+(aq) + OH^-(aq) + H_3O^+(aq) + NO_3^-(aq)$
$\rightarrow Na^+(aq) + NO_3^-(aq) + 2\,H_2O(l)$
2. Möglichkeit:
Versetzen von $Na_2CO_3(s)$ mit HNO_3 (Säure-Base-Reaktion) und anschließendes Verdampfen des Lösungsmittels Wasser:
$Na_2CO_3(s) + 2\,HNO_3(aq) \rightarrow H_2CO_3(aq) + 2\,NaNO_3(aq)$
$H_2CO_3(aq) \rightarrow CO_2(g) + H_2O(l)$ [3 BE]

16. a) 1)
Ox.: $\overset{\pm 0}{Hg} \rightarrow \overset{+II}{Hg^{2+}} + 2e^-$
Red.: $\overset{+V}{HNO_3} + H_3O^+ + e^- \rightarrow \overset{+IV}{NO_2} + 2\,H_2O$ / · 2
Redox: $Hg(s) + 2\,HNO_3(aq) + 2\,H_3O^+(aq) \rightarrow Hg^{2+}(aq) + NO_2(g) + 4\,H_2O(l)$

2)
Ox.: $\overset{\pm 0}{Mg} \rightarrow \overset{+II}{Mg^{2+}} + 2e^-$
Red.: $2\,\overset{+I}{H_3O^+} + 2e^- + NO_3^- \rightarrow \overset{\pm 0}{H_2} + 2\,H_2O + NO_3^-$
Redox: $Mg(s) + 2\,H_3O^+(aq) + NO_3^-(aq)$
$\rightarrow Mg^{2+}(aq) + H_2(g) + 2\,H_2O(l) + NO_3^-(aq)$ [5 BE]

b) Alle Nitrate sind thermisch instabil:
1) Quecksilbernitrat als Schwermetallnitrat zerfällt beim Erhitzen in Quecksilberoxid, NO_2 und O_2:
$2\,Hg(NO_3)_2(s) \rightarrow 2\,HgO(s) + 4\,NO_2(g) + O_2(g)$; $\Delta H^\circ_R < 0$
2) Magnesiumnitrat als Leichtmetallnitrat zerfällt beim Erhitzen in Magnesiumnitrit und O_2:
$Mg(NO_3)_2(s) \rightarrow Mg(NO_2)_2(s) + O_2(g)$; $\Delta H^\circ_R < 0$ [5 BE]

17. a) $H_2S(g) + 2\,H_2O \rightarrow 2\,H_3O^+(aq) + S^{2-}(aq)$
$S^{2-}(aq) + Pb^{2+}(aq) + NO_3^-(aq) \rightarrow PbS(s) + NO_3^-(aq)$

b)
Ox.: $\overset{-II}{PbS} + 12\,H_2O \rightarrow \overset{+VI}{PbSO_4} + 8e^- + 8\,H_3O^+$
Red.: $\overset{+V}{HNO_3} + H_3O^+ + e^- \rightarrow \overset{+IV}{NO_2} + 2\,H_2O$ / · 8
Redox: $PbS(s) + 8\,HNO_3(aq) \rightarrow PbSO_4(s) + 8\,NO_2(g) + 4\,H_2O(l)$ [5 BE]

18. a) Die Pflanzen entziehen dem Boden die Mineralsalze, die sie für ihr Wachstum benötigen. Da der Mensch die Pflanzen von ihrem Standort entfernt, unterbricht er den natürlichen, geschlossenen Kreislauf der Mineralien. Somit können die Mineralien beim Absterben der Pflanzen nicht mehr zurück in den Boden gelangen und der Mensch muß die entzogenen Mineralsalze nachliefern, d. h. düngen. [3 BE]
b) Natriumnitrat (Natronsalpeter); Kalkstickstoff; Harnstoff. [2 BE]
c) Überschüssige Mineralien kann der Boden nicht speichern und sie werden entweder rasch oberirdisch in die Bäche und Flüsse gespült, wodurch deren Pflanzenbewuchs sich zu stark entwickelt, oder sie belasten das Grundwasser und gefährden damit unsere Trinkwasserversorgung. Aus dem Nitrat kann im Körper Nitrit entstehen und dieses wirkt in höheren Dosierungen krebserzeugend, teilweise sogar tödlich! [3 BE]

19. a) Massenanteil $w(N) = 35\,\%$ [2 BE]
b) Ammoniumnitrat ist
- stark hygroskopisch, zerfließt und verklumpt; es ist deshalb weder lagerstabil noch streufähig.
- bei höheren Temperaturen ein Explosivstoff; es zerfällt dabei ausschließlich in gasförmige Produkte:
  $2\ NH_4NO_3(s) \rightarrow 2\ N_2(g) + O_2(g) + 4\ H_2O(g)$
  Dies könnte der Fall sein, wenn in einer Lagerhalle mit NH_4NO_3 ein Brand ausbräche. [4 BE]

20. a) Nach kurzer Zeit sprudelt das Wasser nach innen in den Rundkolben („Springbrunnen"), wobei der Indikator ein alkalisches Milieu der Lösung im Kolben anzeigt. [2 BE]
b) Ammoniakgas löst sich ausgezeichnet im Wasser. Bereits der erste in den Kolben eindringende Wassertropfen löst praktisch das gesamte NH_3 im Kolben, so daß ein Unterdruck entsteht, der das Wasser nach innen saugt.
$NH_3(g) \xrightarrow{\text{Wasser}} NH_3(aq)$
Der Indikator zeigt das Vorhandensein von Hydroxidionen an, die durch Reaktion von gelöstem Ammoniakgas mit Wasserteilchen entstehen:
$NH_3(aq) + H_2O \rightarrow NH_4^+(aq) + OH^-(aq)$ [3 BE]

21. Das reine Wasser besitzt eine viel geringere elektrische Leitfähigkeit, weil das gelöste Ammoniakgas mit den Wasserteilchen reagiert und Ionen bildet:
$NH_3(aq) + H_2O \rightarrow NH_4^+(aq) + OH^-(aq)$ [3 BE]

22. Zum Salz werden Natriumhydroxid sowie ein paar Tropfen Wasser gegeben. Anschließend hält man das mit Wasser befeuchtete Indikatorpapier dicht über dieses Gemisch. Bei Anwesenheit von Ammoniumionen zeigt das feuchte Indikatorpapier eine alkalische Reaktion an (Blaufärbung), weil Ammoniakgas entweicht und im feuchten Indikatorpapier nach dem Lösen zur Hydroxidionenbildung führt:
$NH_4X(aq) + NaOH(aq) \rightarrow NaX(aq) + NH_3(g) + H_2O(l)$
$NH_3(aq) + H_2O(l) \rightarrow NH_4^+(aq) + OH^-(aq)$ [5 BE]

8.4.2 Phosphor

1. a) Weißer Phosphor:
   sehr geringe Entzündungstemperatur (50 °C). Er besteht aus P_4-Tetraedern, wobei die bindenden Elektronenpaare einen Winkel von 60° bilden, sich gegenseitig stark abstoßen und das Molekül instabil machen.
   Roter Phosphor:
   viele Atome sind zu flächigen Riesenmolekülen verknüpft; die bindenden Elektronenpaare bilden fast den idealen, energiearmen Tetraederwinkel – roter Phosphor ist stabiler als weißer Phosphor. [6 BE]
   b) Weißer Phosphor:
   Geringere Dichte, geringere Siede- und Schmelztemperatur; leuchtet an Luft; selbstentzündlich; sehr giftig.
   Roter Phosphor:
   Höhere Dichte, höhere Siede- und Schmelztemperatur; leuchtet nicht; nicht selbstentzündlich; ungiftig. [3 BE]

2. a) Man erhitzt roten Phosphor unter Luftabschluß ($T > 250$ °C). [1 BE]
   b) Die Reibflächen der Sicherheitsstreichhölzer enthalten diese Phosphormodifikation! [1 BE]

3. Auf einer Reibfläche befindet sich ein Gemisch aus rotem Phosphor und Glaspulver, im Zündholzköpfchen ein Gemisch aus einem brennbaren Stoff (z. B. Schwefel oder Antimonsulfid) und einem sauerstoffliefernden Oxidationsmittel (z. B. Kaliumchlorat). Beim Anstreichen des Köpfchens wird von der Reibfläche etwas Phosphor abgerieben, der bei höherer Temperatur (Reibungsenergie) und durch das Chlorat Feuer fängt und den brennbaren Stoff im Köpfchen entflammt. [5 BE]

4. In all seinen Modifikationen ist der Phosphor zu reaktiv.
   Phosphor kommt in der Natur nur in mineralischer Form, hauptsächlich als Phosphorit [$Ca_3(PO_4)_2$] und Apatit, vor. [2 BE]

5. Phosphoratome sind größer (voluminöser) als Stickstoffatome; 1. und 2. Energiestufe (Schale) der Phosphoratome sind vollgefüllt (insgesamt 10 Elektronen). Zur Ausbildung einer Dreifachbindung müßten diese Atome einander stark genähert werden, was zu einer erheblichen Abstoßung (der Elektronenhüllen) der Atome führen würde.
   Nur die Elemente der ersten Achterperiode sind zur Ausbildung von Mehrfachbindungen befähigt (Mehrfachbindungsregel!). [4 BE]

6. a) Die Lackmuslösung wird gerötet; Oxoniumionen sind entstanden. [2 BE]
   b) $P_4O_{10}(s) + 6\,H_2O(l) \rightarrow 4\,H_3PO_4(aq)$
   $H_3PO_4(aq) + H_2O(l) \rightarrow H_3O^+(aq) + H_2PO_4^-(aq)$ [2 BE]
   c) Das Verbrennungsprodukt zählt deshalb zu den Anhydriden. [1 BE]

7. Phosphor(V)-oxid kann durch die Vorgabe der Wertigkeit nur die Verhältnisformel $(P_2O_5)_n$ besitzen.
   Aus den Atommassen von P (31 u) und O (16 u) ergibt sich die Molekülmasse der Verhältnisformel $(P_2O_5)_n$ zu 142 u. Damit wird n = 2 und die Molekülformel lautet P_4O_{10} mit $M(P_4O_{10}) = 284$ g/mol. [2 BE]

8. Phosphate: $AlPO_4$; Hydrogenphosphate: $Al_2(HPO_4)_3$;
   Dihydrogenphosphate: $Al(H_2PO_4)_3$ [3 BE]

9. Alle Säuren sind Protonendonatoren, d. h. sie verfügen über wenigstens ein positiv polarisiertes H-Atom. Dieses kann, je nach Polarisierungsstärke, mehr oder weniger leicht auf einen geeigneten Protonenakzeptor (Base) übertragen werden.
   Beide Säuren besitzen polare OH-Gruppen bzw. polare O-H-Bindungen, die in der H_2SO_4 polarer sind, da das zentrale S-Atom mit zwei weiteren O-Atomen, das zentrale P-Atom in der H_3PO_4 nur mit einem elektronegativen O-Atom verbunden ist. Je größer die Anzahl weiterer O-Atome am Zentralatom ist, um so größer ist deren polarisierende Wirkung auf das Bindungselektronenpaar der O-H-Bindung und um so leichter gelingt die Abspaltung und Übertragung des Protons auf eine Base. [5 BE]

10. Aus der Reaktionsgleichung $P_4O_{10}(s) + 6\,H_2O \rightarrow 4\,H_3PO_4$
    folgt: $n(H_2O) : n(P_4O_{10}) = 6 : 1$
    und $m(H_2O) = 6m(P_4O_{10}) \cdot M(H_2O) : M(P_4O_{10})$
    $= 3{,}8$ Gramm [4 BE]

11. (1) $4\,P(s) + 5\,O_2(g) \rightarrow P_4O_{10}(s)$
    (2) $P_4O_{10}(s) + 6\,H_2O \rightarrow 4\,H_3PO_4(l)$
    (1+2) $4\,P(s) + 5\,O_2(g) + 6\,H_2O \rightarrow 4\,H_3PO_4(l)$
    $n(P) : n(H_3PO_4) = 4 : 4 = 1 : 1;\ n(P) = n(H_3PO_4)$
    $m(P) = m(H_3PO_4) \cdot M(P) : M(H_3PO_4)$
    $= 316 \cdot 10^3\,g = 316\,kg$ [5 BE]

12. a) Da es sowohl in Wasser als auch in schwachen Säuren kaum löslich ist, kann es von Pflanzen nur sehr langsam aufgenommen werden. [1 BE]
    b) 1) Durch Umsetzung mit Schwefelsäurelösung entsteht wasserlösliches Calciumdihydrogenphosphat und Gips (Superphosphat):
       $Ca_3(PO_4)_2(s) + 2\,H_2SO_4(aq) \rightarrow Ca(H_2PO_4)_2(aq) + 2\,CaSO_4(s)$
       2) Durch Umsetzung mit Phosphorsäurelösung entsteht ausschließlich Calciumdihydrogenphosphat (Doppelsuperphosphat):
       $Ca_3(PO_4)_2(s) + 4\,H_3PO_4(aq) \rightarrow 3\,Ca(H_2PO_4)_2(aq)$ [4 BE]

13. $PO_4^{3-}(aq) + H_2O(l) \rightarrow HPO_4^{2-}(aq) + OH^-(aq)$ [2 BE]

14. Es ist tetraedrisch gebaut, wobei das Phosphoratom im Schwerpunkt des Tetraeders sitzt und die Sauerstoffatome dessen Ecken bilden. [2 BE]

15. Die starke Zufuhr an Phosphaten führt in Gewässern zu einem starken Pflanzenwachstum, vor allem der Algen. Das biologische Gleichgewicht des Gewässers wird gestört. Die Pflanzen nehmen sich gegenseitig den Lebensraum weg, sterben dadurch ab und sinken auf den Gewässergrund. Ihre Zersetzung verbraucht den im Wasser gelösten Sauerstoff und es kommt zur Fäulnisbildung. Dabei werden Giftstoffe wie z. B. Schwefelwasserstoff freigesetzt und Fische wie auch andere Lebewesen getötet. Das Gewässer ist „umgekippt". [6 BE]

16. $H_3PO_4(aq) + 3\,KOH(aq) \rightarrow 3\,H_2O + K_3PO_4(aq)$

$$\begin{aligned} n(H_3PO_4) : n(KOH) &= 1 : 3;\ n(KOH) = 3n(H_3PO_4) \\ c(KOH) \cdot V(KOH) &= 3 \cdot c(H_3PO_4) \cdot V(H_3PO_4) \\ V(KOH) &= 3 \cdot c(H_3PO_4) \cdot V(H_3PO_4) : c(KOH) \\ &= 3 \cdot 0{,}2\,mol/l \cdot 50 \cdot 10^{-3}\,l : 0{,}1\,mol/l \\ &= 0{,}30\,l \end{aligned}$$

Es werden 0,30 l der Kalilauge benötigt! [4 BE]

8.5 Kohlenstoff und Silicium (IV. Hauptgruppe)

8.5.1 Kohlenstoff

1. a) elementar: Graphit und Diamant
   b) gebunden:
   - atmosphärisch u. im Wasser: CO_2
   - mineralisch: Carbonate
   - organisch: Bestandteil aller organischen Verbindungen
   - fossile Brennstoffe: Kohle, Erdgas und Erdöl. [3 BE]

2. a) 1) Graphit:
   ebenes Schichtengitter; C-Atome in regelmäßigen Sechsecken angeordnet, so daß jedes C-Atom mit drei weiteren über gleichartige Elektronenpaarbindungen verknüpft ist. Dazu betätigt jedes C-Atom nur drei seiner vier Valenzelektronen; das jeweils vierte Valenzelektron ist innerhalb der Schichten frei beweglich (delokalisiert) und bewirkt dadurch eine Bindungsverstärkung zwischen den C-Atomen einer jeden Schicht. Zwischen den gegeneinander versetzten Schichten bestehen nur schwache Kräfte (van-der-Waals-Kräfte). Der Abstand der einzelnen Schichten ist (mit $3{,}25 \cdot 10^{-10}$ m) größer als der Abstand der einzelnen C-Atome ($1{,}42 \cdot 10^{-10}$ m) innerhalb der Schichten.
   2) Diamant:
   Raumgitter; jedes C-Atom ist von vier weiteren tetraedrisch umgeben und bildet deshalb vier gleichartige Einfachbindungen zu seinen vier Nachbar-C-Atomen aus (Abstand aller C-Atome: $1{,}54 \cdot 10^{-10}$ m). Dadurch sind alle Valenzelektronen an Elektronenpaarbindungen beteiligt. [8 BE]

   b) Unterschiede in den Eigenschaften:
   - Dichte:
     durch den großen Abstand der Schichten im Graphitgitter sind die C-Atome dort weniger dicht gepackt als im Diamantgitter. Diamant hat eine höhere Dichte als Graphit.
   - Farbe:
     die leicht beweglichen Elektronen einer jeden Schicht im Graphitgitter absorbieren die Energie aller Spektralfarben des sichtbaren Lichtes; sie geben aber nur ganz bestimmte Energiebeträge wieder ab, so daß Graphit lediglich einen geringen Teil des sichtbaren Lichtes reflektiert.
     Da der Diamant keine leicht beweglichen Elektronen besitzt, bricht er das Licht und zerlegt es beim Durchgang durch sein Gitter in die sichtbaren Spektralfarben. Graphit ist schwarzgrau und metallisch glänzend; Diamant farblos und stark lichtbrechend.
   - Leitfähigkeit:
     Die leicht beweglichen Elektronen im Graphitgitter bedingen dessen gute elektrische und thermische Leitfähigkeit (vgl. Metalle!). Da der Diamant keine solchen Elektronen besitzt, ist er ein Nichtleiter.

- Härte:
  Zwischen den Schichten des Graphitgitters herrschen nur schwache van-der-Waals-Kräfte; deshalb genügen geringe äußere, mechanische Kräfte, um diese Schichten gegeneinander zu verschieben. Im Diamantgitter sind alle Valenzelektronen an Elektronenpaarbindungen beteiligt. Der Graphit ist weich, leicht spaltbar und fühlt sich fettig an. Diamant zeigt extreme Härte, ist aber spröde. [8 BE]

c) Beim Verbrennen von Graphit und Diamant entsteht in beiden Fällen als Oxidationsprodukt CO_2; dieses kann durch Einleiten in Kalkwasser nachgewiesen werden. [3 BE]

d) Graphit ist thermodynamisch stabiler; allerdings ist die Energiedifferenz zwischen beiden Modifikationen mit 2,9 J/mol nur sehr gering, so daß auch die Umwandlungsgeschwindigkeit äußerst niedrig ist. [3 BE]

e) Das Graphitgitter, mit großem Abstand der einzelnen Schichten, kann bei hohem Druck und hoher Temperatur in das dichtere und dann stabilere Diamantgitter überführt werden. [3 BE]

3. Im Graphitgitter wirken zwischen den einzelnen Schichten, entsprechend ihrem großen Abstand, nur schwache van-der-Waals-Kräfte. Bereits durch geringen mechanischen Einfluß lassen sich die Schichten gegeneinander verschieben: Graphit ist weich und kann leicht abgerieben werden.
Innerhalb der einzelnen Schichten sind die Kohlenstoffatome durch starke Elektronenpaarbindungen miteinander verknüpft. Diese Bindungen können erst durch sehr hohe Temperaturen gelöst werden, so daß Graphit hitzestabil ist. [4 BE]

4. Technisch kann Graphit unter hoher Temperatur und hohem Druck in Diamant umgewandelt werden; diese technischen Diamanten werden als „Industriediamanten" bezeichnet. [2 BE]

5. z. B.:

Kohlenstoffmonoxid CO;	Kohlenstoff besitzt die OZ +II;
Methan CH_4;	Kohlenstoff besitzt die OZ −IV;
Tetrachlormethan CCl_4;	Kohlenstoff besitzt die OZ +IV;
Ethan C_2H_6;	Kohlenstoff besitzt die OZ −III;
Ethen C_2H_4;	Kohlenstoff besitzt die OZ −II;
Kohlenstoffdioxid CO_2;	Kohlenstoff besitzt die OZ +IV. [2 BE]

6. a) $CO(g) + 2\,Ag^+(aq) + 2\,OH^-(aq) \rightarrow CO_2(g) + 2\,Ag(s) + H_2O(l)$
Genauere Reaktionsgleichung, da der Silberdiaminkomplex vorliegt:
$CO(g) + 2\,[Ag(NH_3)_2]^+(aq) + 2\,OH^-(aq)$
$\rightarrow 2\,Ag(s) + CO_2(g) + H_2O(l) + 4\,NH_3(aq)$ [4 BE]

b) Redoxreaktion: Silber wird reduziert, Kohlenstoff wird oxidiert, d. h. Elektronenübergang bzw. Änderung der Oxidationszahlen! [2 BE]

c) Einwirkung von konzentrierter Schwefelsäure auf Methansäure (Ameisensäure). Aufgrund ihrer wasserentziehenden Wirkung spaltet die konzentrierte H_2SO_4 aus der organischen Säure Wasser ab und setzt dabei deren Anhydrid, das CO, frei:

$$HCOOH(aq) \xrightarrow{\text{konz. } H_2SO_4} CO(g) + H_2O(l)$$ [4 BE]

8.5.2 Silicium

1. a) $SiO_2(s) + 2\,C(s) \rightarrow Si(s) + 2\,CO(g)$; $\Delta H > 0$
   Elektrothermische Reduktion von Siliciumdioxid führt zu „metallurgischem" Roh-Silicium.
   $Si(s) + 3\,HCl(g) \rightarrow SiHCl_3(g) + H_2(g)$; $\Delta H < 0$
   Das Roh-Silicium wird in Trichlorsilan umgewandelt, das als Edukt für die Produktion für polykristallines Reinst-Silicium dient:
   $4\,SiHCl_3(g) + 2\,H_2(g) \rightarrow 3\,Si(s) + SiCl_4(g) + 8\,HCl(g)$; $\Delta H > 0$ [5 BE]
   b) Umwandlung des polykristallinen Reinst-Siliciums in einen Einkristall mittels Tiegelziehen nach *Czochralski* oder durch Zonenschmelzen. [3 BE]

2. z.B.:
   a) Silicium ist ungiftig und ökologisch unbedenklich.
   b) Silicium ist in sehr großer Menge verfügbar, es ist das Hauptelement der unbelebten Natur (kommt aber nie elementar, sondern nur an Sauerstoff gebunden vor). Silicium ist zu etwa 1/3 am Aufbau der Erdrinde beteiligt, und deshalb deren zweithäufigstes Element.
   c) Es ist relativ gut schmelzbar (1412 °C), zeigt ein gutes Kristallisationsvermögen, ist hart und trotzdem gut bearbeitbar.
   d) Es reagiert leicht mit Sauerstoff; das primär gebildete SiO_2 bildet eine dünne und festhaftende Schicht, die das darunterliegende Element vor weiteren chemischen Angriffen schützt.
   e) Es ist in allen Säuren unlöslich. [3 BE]

3. a) 1) CO_2:
   einzelne, lineare, dreiatomige Moleküle. Die beiden O-Atome sind durch Doppelbindungen mit dem C-Atom verbunden: unpolares Molekül (O=C=O); stärkere zwischenmolekulare Kräfte sind nicht möglich; kleine Molekülmasse (44 u).
   SiO_2:
   Nach der Doppelbindungsregel können Si-Atome keine Doppelbindungen mit O-Atomen eingehen. Zum Erreichen der Edelgaskonfiguration bilden Si- und O-Atome Einfachbindungen aus; jedes Si-Atom ist tetraedrisch von vier O-Atomen umgeben, die ihrerseits wieder mit Si-Atomen verbunden sind. Auf diese Weise entsteht ein dreidimensionales, diamantartiges, makromolekulares Gitter:

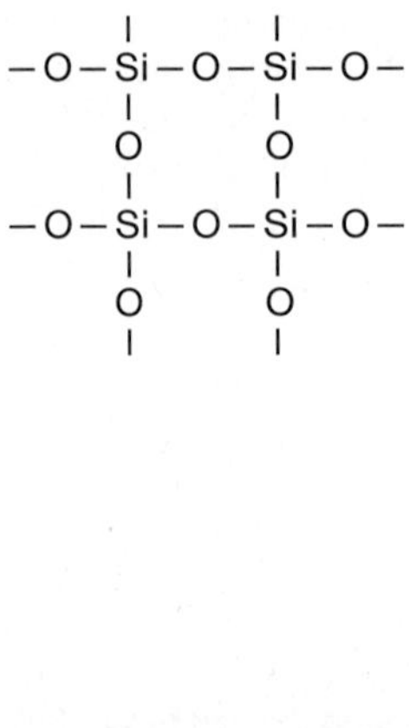

[8 BE]

2) Innerhalb der IV. Hauptgruppe nimmt, wie in den anderen Hauptgruppen auch, der Atomradius von oben nach unten zu; Si-Atome sind demnach voluminöser als C-Atome. Als Folge der unterschiedlichen Atomgrößen ist unter anderem die Elektronegativität des Siliciums geringer als die des Kohlenstoffs, aber auch kleiner als die des Wasserstoffs. Deshalb ist das Si-Atom in Si-H-Verbindungen positiv, das C-Atom in den vergleichbaren Kohlenwasserstoffverbindungen dagegen negativ polarisiert. Das kommt auch durch die Oxidationszahlen der Si- und C-Atome in den entsprechenden Verbindungen zum Ausdruck:

$\overset{-IV+I}{CH_4}$ $\qquad$ $\overset{+IV-I}{SiH_4}$

Die großen und positiv polarisierten Si-Atome können leichter von Wasser- bzw. Sauerstoffmolekülen angegriffen werden, weil die Si-Atome weniger gut durch die kleinen H-Atomen abgeschirmt werden als die kleineren negativ polarisierten C-Atome. [6 BE]

b) Jedes Si-Atom ist im makromolekularen Verband von vier O-Atomen und jedes O-Atom von zwei Si-Atomen umgeben. Pro Si-Atom sind das mathematisch zwei O-Atome, woraus die Verhältnisformel SiO_2 resultiert. [3 BE]

4. a) Aufgrund der unterschiedlichen Größen der Si- und C-Atome ist die Ausbildung von Doppelbindungen zwischen Si- und O-Atomen nicht möglich (Doppelbindungsregel; vgl. 3. a) und 3. b)!):

H_2CO_3:

gewinkelte Moleküle, in denen das zentrale C-Atom eine Doppelbindung zu einem O-Atom und zwei Einfachbindungen zu den beiden OH-Gruppen ausbildet:

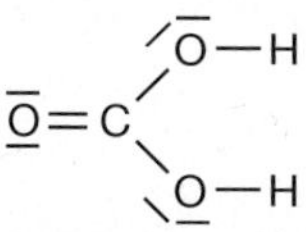

H_2SiO_3:

Wie im SiO_2 erhalten die Si- und O-Atome ihre Edelgaskonfiguration durch Ausbildung von Einfachbindungen. Dies führt in diesem Fall zur Bildung von meist kettenförmigen Molekülen, in denen die Si-Atome tetraedrisch von vier O-Atomen umgeben sind und je zwei Tetraeder eine gemeinsame Spitze besitzen:

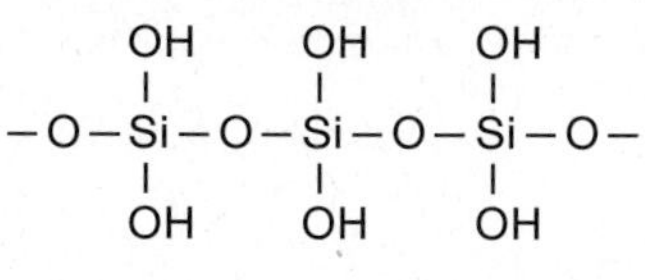

$(H_2SiO_3)_n$

[8 BE]

b) Die H_2CO_3 entsteht aus der H_4CO_4 durch intramolekulare Wasserabspaltung (intramolekulare Kondensation), während die $(H_2SiO_3)_n$ durch intermolekulare Wasserabspaltung aus H_4SiO_4-Molekülen entsteht:

$H_4CO_4(aq) \rightarrow H_2CO_3(aq) + H_2O(l)$

$2\ H_4SiO_4(aq) \rightarrow H_2O(l) + H_6Si_2O_7(aq)$ [4 BE]

c) Ja, rein formal gesehen kann Quarz als maximal mögliches Kondensationsprodukt aus Orthokieselsäure angesehen werden. [2 BE]

5. Es existieren meist verschiedene Kieselsäuren nebeneinander, die durch Kondensationsreaktion aus Orthokieselsäure hervorgegangen sind. [2 BE]

6. a) 1) In eine wäßrige Kochsalzlösung wird zunächst Ammoniak eingeleitet:

$$NaCl(s) \xrightarrow{H_2O} Na^+(aq) + Cl^-(aq)$$
$$NH_3(g) + H_2O(l) \rightarrow NH_4^+(aq) + OH^-(aq)$$

2) In diese Lösung wird anschließend CO_2 eingeleitet; die dabei gebildete H_2CO_3 protolysiert, so daß die durch die Protonenabgabe gebildeten H_3O^+-Ionen die vorliegenden OH^--Ionen neutralisieren:

$$CO_2(g) + H_2O(l) \rightarrow H_2CO_3(aq)$$
$$H_2CO_3(aq) + H_2O(l) \rightarrow H_3O^+(aq) + HCO_3^-(aq)$$
$$H_3O^+(aq) + OH^-(aq) \rightarrow H_2O(l)$$

Die unter anderem in der Lösung verbliebenen Na^+- und HCO_3^--Ionen treten nach einiger Zeit zum wenig wasserlöslichen $NaHCO_3$ zusammen ($NaHCO_3$ fällt aus):

$$Na^+(aq) + HCO_3^-(aq) \rightarrow NaHCO_3(s)$$

3) Das durch Filtration erhaltene $NaHCO_3$ wird ausgeglüht:

$$2\,NaHCO_3(s) \rightarrow Na_2CO_3(s) + H_2O(g) + CO_2(g)$$

Die Reaktionen 1) bis 3) entsprechen formal dem *Solvay*-Verfahren zur Soda-Gewinnung (Na_2CO_3).

4) Zusammenschmelzen von Quarzsand (SiO_2) und Natriumcarbonat liefert das gewünschte Natriumsilicat:

$$SiO_2(s) + Na_2CO_3(s) \rightarrow Na_2SiO_3(s) + CO_2(g)$$ [8 BE]

b)
$$SiO_3^{2-}(aq) + H_2O(l) \rightarrow HSiO_3^-(aq) + OH^-(aq)$$
$$HSiO_3^-(aq) + H_2O(l) \rightarrow H_2SiO_3(aq) + OH^-(aq)$$ [3 BE]

c) Wasserglas ist eine wäßrige Lösung von Natrium- oder Kaliumsilicat (Na_2SiO_3, K_2SiO_3).
Seine konservierende bzw. imprägnierende Wirkung wird durch das CO_2 der Luft eingeleitet; die wäßrige Lösung absorbiert CO_2, wodurch H_3O^+-Ionen gebildet und Silicatanionen protoniert werden.
Durch anschließende Wasserabspaltung werden immer schwerer wasserlösliche Verbände (Polysilicatanionen und Polykieselsäuren) gebildet. So entsteht schließlich eine gallertartige Masse, ein Gel (Kieselsäuregel), das die Poren der Eierschalen, aber auch die des Holzes verschließt. [6 BE]

7. a) Wird eine Alkalisilicatlösung (Wasserglas) mit einer Säure (bevorzugt Schwefelsäure) versetzt, so entsteht nach einiger Zeit ein stark wasserhaltiges Kieselsäure-Gel (vgl. 6.c). Nach dem Auswaschen wird das Gel auf ca. 300 °C erhitzt, und so das adsorbierte Wasser entfernt. Man erhält ein trockenes Kieselsäure-Gel mit dem Handelsnamen *Silicagel.*
Auch die Kieselsäure-Gele sind aus Silicat-Tetraedern aufgebaut (jedes Si-Atom ist tetraedrisch von vier O-Atomen umgeben). Durch die fortschreitende Kondensation entstehen im Gel flächige bis räumlich vernetzte Polysilicate bzw. Polykieselsäuren, in denen die Silicat-Tetraeder so angeordnet sind, daß eine wabenförmige Struktur entsteht, die durch das Erhitzen (Trocknen) nicht verändert wird. Sowohl Kieselsäure-Gel als auch Silicagel sind poröse Stoffe mit einer Vielzahl keiner Hohlräume und verfügen damit über eine riesige innere Oberfläche (bei 1 g Kieselsäure-Gel oder Silicagel sind das bis zu 450 m^2!). Dadurch wird das Silicagel zu einem hervorragenden Adsorptionsmittel für Gase, Dämpfe und Flüssigkeiten. Da Silicagel im besonderen Maße zur Aufnahme von Wasser befähigt ist, findet es als Trockenmittel (Trocknung von Gasen, Flüssigkeiten und Feststoffen) Verwendung. Auf Grund seiner großen inneren Oberfläche kann Silicagel auch als Katalysator eingesetzt werden. [9 BE]

b) Adsorbiertes Wasser hydratisiert die vorhandenen Cobaltionen. Dies zeigt sich im Farbumschlag von Blau nach Blaßrosa. [2 BE]

c) Man erwärmt das feuchte Blaugel und setzt damit das gebundene Wasser frei. [1 BE]

8. a) Zwischen die kompakten Schichten aus Silicat-Tetraedern können Wassermoleküle eingelagert werden. Dadurch quillt zunächst der Ton und es kommt zur Bildung dünner, kleiner Schichtpartikel, die beidseitig von Wassermolekülen umhüllt sind und leicht aneinander vorbeigleiten können. Der feuchte bzw. nasse Ton ist glitschig und gut verformbar. [3 BE]

b) Beim Brennen des Tons verdampft das gesamte aufgenommene Wasser. Die Schichtpartikel können sich zu größeren, festen Verbänden mit neuer Struktur zusammenlagern; der Ton wird hart und porös, und ist damit saugfähig. [3 BE]

c) Tonmineralien verfügen über eine sehr große innere Oberfläche. So wie beide Seiten jeder Schicht viele Wassermoleküle anzulagern vermögen, können auch andere Moleküle oder Ionen reichlich gebunden werden. Im Ackerboden binden die Tonmineralien Wasser und besonders die für das Pflanzenwachstum wichtigen Kalium- und Ammoniumionen, die sonst vom Regenwasser in tiefere Bodenschichten ausgeschwemmt werden würden.
Wird Ton getrocknet und fein pulverisiert („Bleicherde“), so erreicht die Gesamtoberfläche aller Teilchen ein riesiges Ausmaß. Die Silicatteilchen können organische Moleküle, wie z. B. Fett, adsorbieren und eignen sich deshalb gut zur Fleckentfernung aus Textilien. [5 BE]

9. Porzellan wird aus Aluminiumsilicat (Kaolin), Feldspat und Quarz hergestellt. [2 BE]

10. a) Es liegen glasartige und kristalline Bereiche im Material nebeneinander vor. [2 BE]
    b) Keramiken zeichnen sich durch sehr geringe Wärmeleitfähigkeit und gute Widerstandsfähigkeit gegen Temperaturschocks aus; ausgenutzt wird dies für Glaskeramik-Kochfelder und Kochgeschirr. [3 BE]

11. Magnesiumsilicat besitzt Blattstruktur (Schichtsilicat). [2 BE]

12. a) Seine hohe Schmelz- und Flammtemperatur kombiniert mit guter Verarbeitungsfähigkeit ließ Asbest als idealen Werkstoff für den Brandschutz erscheinen. [3 BE]
    b) Als Bandsilikat bildet Asbest feine, nadelförmige Kristalle aus. Gelangen diese in die Lunge, so spießen sie sich dort in das Gewebe. Sie können vom Körper nicht beseitigt werden. Es wurde nachgewiesen, daß Asbest besonders in der Lunge ein drastisch erhöhtes Krebsrisiko birgt! [4 BE]

13. a) Glas stellt ein Gemisch verschiedener chemischer Stoffe dar. [1 BE]
    b) Glas hat einen Erweichungsbereich (keine exakte Schmelztemperatur!). [1 BE]

14. a) Art und Menge der Rohstoffe bestimmen die Eigenschaften. [2 BE]
    b) Quarzglas: keine elektrische Leitfähigkeit
    Normalglas: elektrisch leitfähig [2 BE]
    c) Quarzglas: Es sind keine Ionen vorhanden – die Siliciumatome sind tetraedrisch von vier kovalent gebundenen Sauerstoffatomem umgeben.
    Normalglas: Neben Quarz sind ionische Zusätze wie Ca^{2+} oder Na^{+} enthalten. Damit wird die Schmelze durch vorhandene Ionen elektrisch leitfähig. [3 BE]

15. Gewinnung: Kristalliner Quarz (Bergkristall; SiO_2) wird geschmolzen, die Schmelze entgast und anschließend abgekühlt. „Quarzglas" ist also reines SiO_2-Glas.
    Vorzüge: Quarzglas ist chemisch sehr widerstandsfähig, temperaturbeständig (schwer schmelzbar; Schmelztemp. 1550 °C), durchlässig für UV-Strahlen und hat einen geringen Ausdehnungskoeffizienten (es kann stark erhitzt und schlagartig abgekühlt werden, ohne dabei zu zerspringen). [6 BE]

16. a) Der Metallstift wird sehr rasch heiß. [1 BE]
    b) Glas ist ein schlechter Wärmeleiter, da es im Gegensatz zu Metallen keine leicht anregbaren, delokalisierten Elektronen im Molekülgitter besitzt. [3 BE]

17. a) Zum Abbinden des Kalkmörtels wird das CO_2 der Luft benötigt, während zum Abbinden des Zements Wasser benötigt wird (er bindet unter Wasser ab).
Beim Kalkmörtel wird $Ca(OH)_2$ mittels CO_2 in $CaCO_3$ überführt.
Zement wird durch Brennen tonhaltiger Kalke und anschließendes Pulverisieren des Brenngutes gewonnen. Beim Abbinden bilden sich unter erheblicher Wasseraufnahme wasserhaltige Calciumsilicate, Calciumaluminate und Calciumhydroxid, wobei das aufgenommene Wasser zum größten Teil chemisch gebunden wird.
Diese Reaktionsprodukte kristallisieren langsam aus, verfilzen und bedingen so die Festigkeit des Materials. [5 BE]
b) Beton besteht aus Zement mit einem Zusatz (Zuschlag) von Sand oder Kies. [1 BE]

9. Kohlenwasserstoffe

1. a) Kohlenstoff, Wasserstoff, Sauerstoff, Stickstoff. [2 BE]
   b) C: Substanz stark erhitzen: Verkohlung.
   Substanz oxidieren: es entsteht Kohlenstoffdioxidgas, das Kalkwasser trübt.
   H: Substanz verbrennen und die Produkte abführen; an kalten Gefäßwänden kondensiert Wasser. [2 BE]

2. Jedes Kohlenstoffatom verfügt über vier Valenzelektronen; weder die Abgabe dieser vier noch die Aufnahme von vier weiteren Elektronen zum Erreichen einer Edelgaskonfiguration ist unter herkömmlichen energetischen Bedingungen möglich.
   Kohlenstoffatome zeigen das Bestreben, mit ihren Bindungspartnern Elektronenpaarbindungen einzugehen. Als Element der ersten Achterperiode (2. Periode) zeigt das Kohlenstoffatom dabei, unter strenger Einhaltung der Oktettregel, Vierbindigkeit. [4 BE]

3. Kohlenstoffatome besitzen die Fähigkeit zur Bildung verschiedenster Kohlenstoffgerüste, die durch kovalente Bindungen zusammengehalten werden. [2 BE]

4. Während in einer Strukturformel alle Elektronenpaarbindungen zwischen den Atomen aufgeführt werden müssen, sind in Halbstrukturformeln einzelne Molekülteile – wie bei Summenformeln üblich zusammengefaßt. [2 BE]

5. a) Unter einer homologen Reihe versteht man eine Gruppe von Verbindungen, deren aufeinanderfolgende Glieder sich lediglich durch eine zusätzliche CH_2-Gruppe voneinander unterscheiden. [2 BE]
   b) 1), 2), 3) und 4) [4 BE]

6. a) Unter Isomerie versteht man, daß zwei oder mehrere Verbindungen die gleiche Summenformel (Molekülformel) aufweisen, aber unterschiedliche Strukturen besitzen. [2 BE]
   b) Isomere sind:

1) und 5)	Summenformel C_3H_8O	
2), 4), 6) und 8)	Summenformel C_3H_6O	
3) und 7)	Summenformel $C_6H_{10}O_2Cl_2$	[6 BE]

7. a) 1) 2-Methylpropan
2) 2-Methylbutan
3) 2,2-Dimethylpropan
4) 3,4-Dimethylhexan
5) 2,3,4-Trimethylpentan
6) 4-Ethyl-3,3-dimethylhexan
7) 3-Ethyl-4-methylhexan
8) 2,2-Dimethyloctan
9) 3-Ethyl-2,4-dimethylpentan
10) 2,2,4-Trimethylhexan
11) 3-Ethyl-3,5-dimethylheptan
12) 2,2,3,4-Tetramethylhexan
13) 3,4-Diethyl-3,4,5,6,7-pentamethyl-5-propylnonan [je 2 BE]

b) 2) und 3) stellen i-Pentane, 4) und 5) i-Octane, 7), 9) und 10) i-Nonane sowie 6), 8) und 12) i-Decane dar! [4 BE]

8. a) 1)

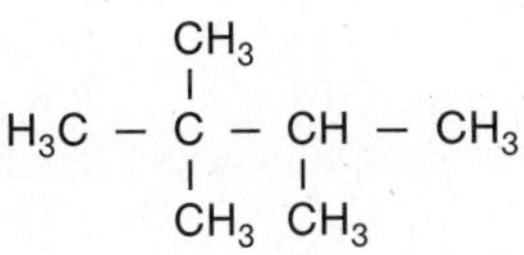

2)

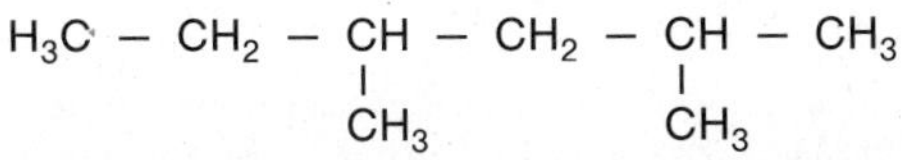

3)

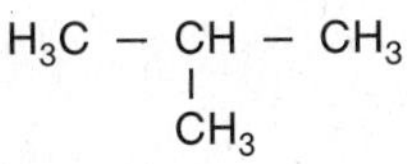

4)

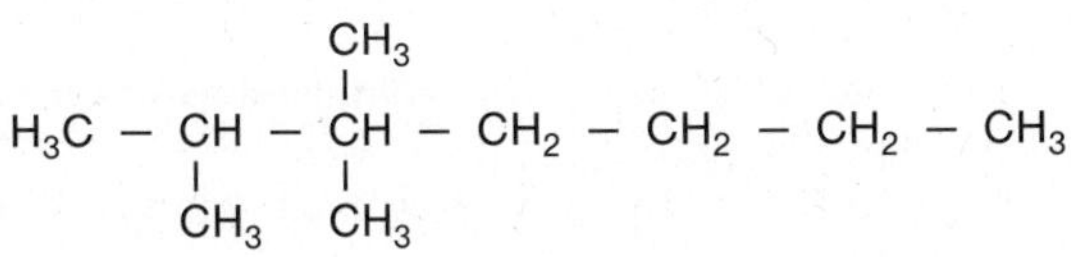

5)

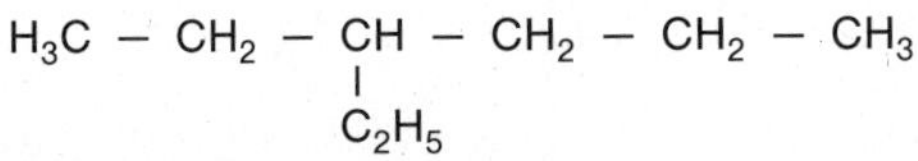

6)

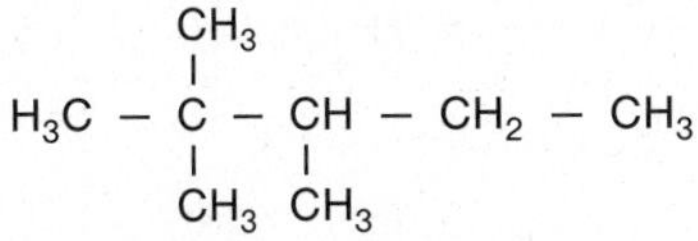

7)

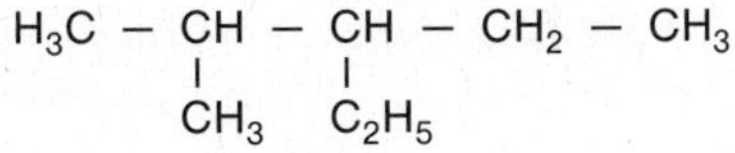

8)

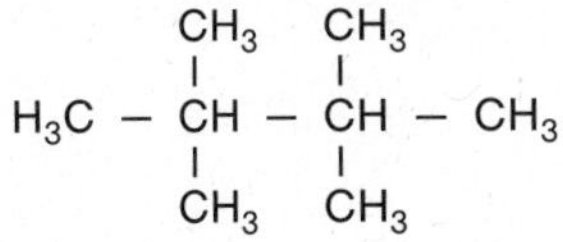

9)

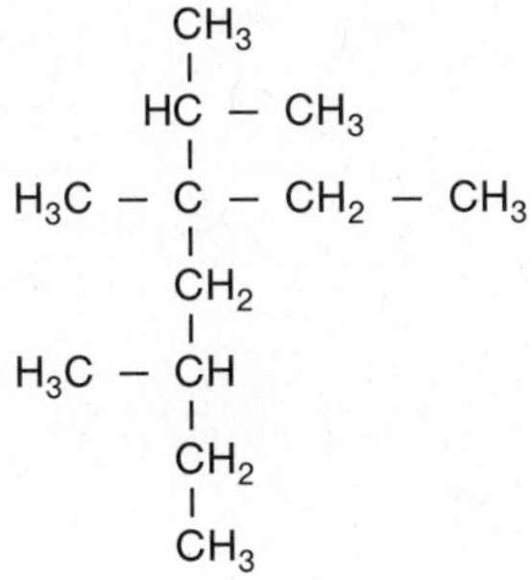

10) 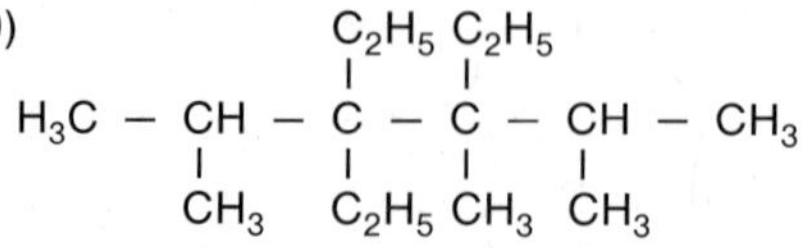

11) 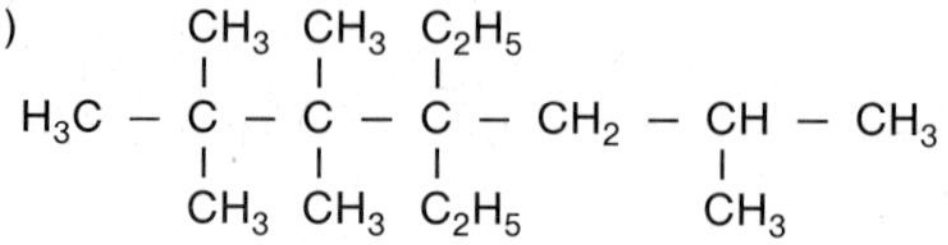

12) 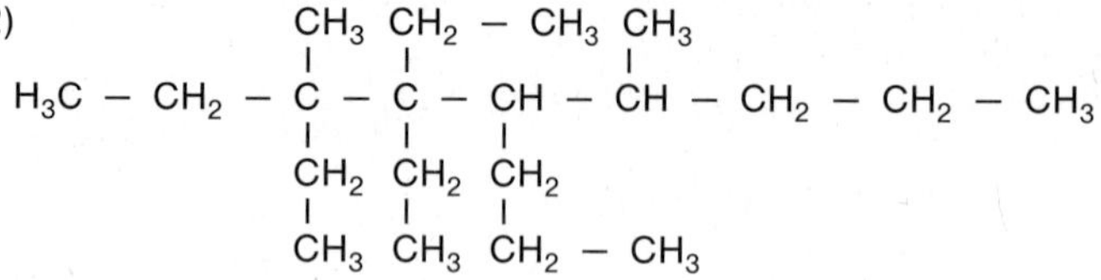

[je 2 BE]

b) Es sind Isomere des Octans; gemeinsame Summenformel C_8H_{18}. [2 BE]

c) Die Chlorderivate können jeweils durch radikalische Substitution hergestellt werden. [1 BE]

d) Beilsteinprobe: Eine kleine Menge der organischen Verbindung wird auf einem Kupferblechstreifen in die nichtleuchtende Brennerflamme gehalten. Wird die Flamme grün-blau, so enthält die Verbindung Halogen(e). [3 BE]

9. a) Die drei KW sind Isomere des Pentans mit der gemeinsamen Summenformel C_7H_{16}. [3 BE]

b) Aus $N(\mathrm{C}) : N(\mathrm{H}) = 1 : 2$ und $m_a = 84\,\mathrm{u}$ folgt:
$(\mathrm{CH_2})_n = 84\,\mathrm{u}$; $(14\,\mathrm{u})_n = 84\,\mathrm{u}$; $n = 6$
Die Molekülformel lautet: C_6H_{12}
Da der Kohlenwasserstoff Bromwasser nicht entfärbt, handelt es sich um eine gesättigte Verbindung, die, um der Vierbindigkeit der Kohlenstoffatome zu genügen, eine cyclische Struktur besitzen muß.
z. B.:

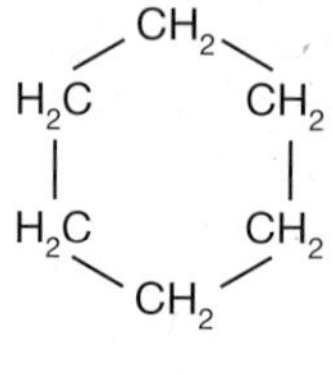

Cyclohexan

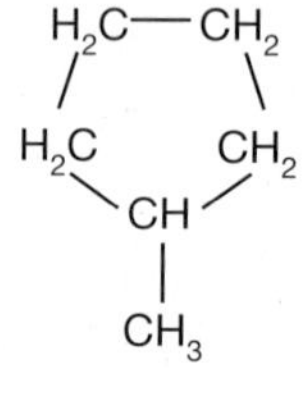

1-Methylcyclopentan

[5 BE]

10. Iodmoleküle sind völlig unpolar; ebenso die Alkane, auf Grund der tetraedrischen Anordnung aller Bindungen um die C-Atome. Wassermoleküle dagegen sind polar. Entsprechend der Löslichkeitsregel („Gleiches löst Gleiches") löst sich das unpolare Iod in unpolaren Lösungsmitteln (z. B. in flüssigen Alkanen) gut, im polaren Wasser dagegen kaum. [5 BE]

11. Zugabe von Bromwasser; diese Reaktion verläuft mit Propan negativ, mit Propen positiv (Addition von Brom an die C=C-Doppelbindung), d. h. das Bromwasser wird entfärbt. [3 BE]

12. Pentan (C_5H_{12}) besitzt zwei Wasserstoffatome mehr als Penten (C_5H_{10}). Penten besitzt im Gegensatz zu Pentan eine Doppelbindung. [2 BE]

13. a) $M(\text{KW}) = \text{Dichte}(\text{KW}) \cdot V_m$;
$= 1{,}875\,\text{g/l} \cdot 22{,}4\,\text{l/mol} = 42\,\text{g/mol}$.
Da der Kohlenwasserstoff (KW) Bromwasser entfärbt, ist er ungesättigt.
Das Atomzahlenverhältnis in Alkenen ist
$N(\text{C}) : N(\text{H}) = 1:2$; $M(CH_2)_n = 42\,\text{g/mol}$; $n = 3$
Die Summenformel lautet: C_3H_6
Die Strukturformel lautet: $H_2C=CH-CH_3$ Name: Propen [5 BE]

b) 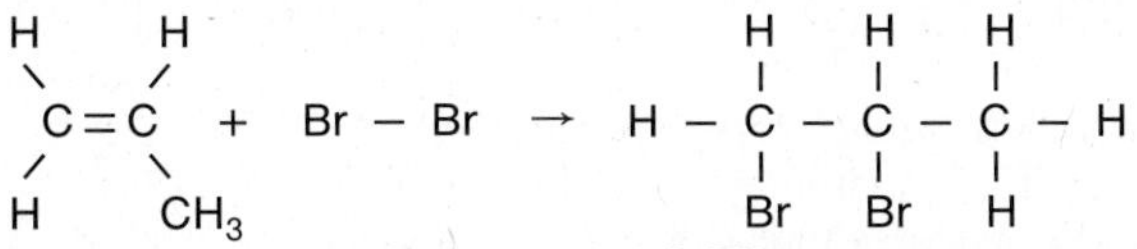

1,2-Dibrompropan [3 BE]

14. a) Rohöl ist ein Gemisch aus mehr als tausend unterschiedlichster Kohlenwasserstoffe, versehen mit verschiedenen Begleitsubstanzen, wie z. B. feinem Sand, Wasser, sauerstoff-, stickstoff- und schwefelhaltigen organischen Stoffen. [2 BE]
b) z. B.: 1) Möglichst hoher Anteil an niedrig siedenden (kurzkettigen) Kohlenwasserstoffen.
2) Möglichst geringer Schwefelgehalt. [2 BE]
c) Je höher der Anteil an niedrig siedenden Kohlenwasserstoffen und je niedriger der Schwefelgehalt ist, umso geringer ist die Dichte und die Viskosität des Rohöls. [2 BE]

15. a) 1) Fraktionierte Destillation
2) Raffination
3) Thermisches bzw. katalytisches Cracken
4) Reformieren [4 BE]

b) 1) Fraktionierte Destillation:
Durch Destillation werden Gemische mit ähnlichen Siedetemperaturen gebildet. Rein physikalisches Verfahren, bei dem das verfügbare Rohöl in einem Destillationsturm in verschieden hoch siedende Grundprodukte, wie Raffineriegase, Benzine, Dieselkraftstoffe, Heizöle u. a. getrennt wird.

2) Raffination (Veredelungsprozeß):
Die einzelnen Destillationsprodukte enthalten z. B. noch organische Schwefelverbindungen; bei der Verbrennung von Benzin oder Heizöl entstünde der Schadstoff SO_2. Deshalb müssen die einzelnen Fraktionen durch einen chemischen Prozeß gereinigt, z. B. entschwefelt und damit „veredelt" werden.

3) Cracken:
Lange Kohlenwasserstoffketten werden in kürzere Ketten gespalten. Der enorme Bedarf an Benzin (kurzkettige, niedrig siedende Kohlenwasserstoffe) kann durch die Rohöldestillation alleine nicht gedeckt werden. Deshalb müssen längerkettige Kohlenwasserstoffe (höher siedende Fraktionen) in relativ kurzkettige umgewandelt werden. Dieses Ziel wird durch thermisches oder katalytisches Cracken (Molekülspaltung) erreicht.

4) Reformieren:
Nach der Entschwefelung, aber auch nach dem Cracken entspricht das erhaltene Benzin noch nicht den Anforderungen, die an einen hochwertigen Vergaserkraftstoff gestellt werden. Die heutige Mindestanforderung an ein klopffestes Benzin macht einen hohen Gehalt an verzweigten oder ringförmigen Kohlenwasserstoffen notwendig. Da katalytische Reformieren ermöglicht die Umwandlung (Isomerisierung) von unverzweigten in verzweigte oder ringförmige Kohlenwasserstoffe. [8 BE]

16. a) Beim Verdichten des Benzin-Luft-Gemisches im Verbrennungsmotor entsteht Wärme, die das Gemisch vorzeitig, d. h. vor dem Zündfunken, zur Explosion bringt. Der sich im Zylinder nach oben bewegende Kolben wird von der Explosion gebremst. Dies nehmen wir als „Klopfen" des Motors wahr. Die Octanzahl stellt die Maßzahl für die Klopffestigkeit von Vergaserkraftstoffen dar.
Hochoctaniges Benzin ist besonders klopffest, d. h. es neigt nicht zur motorschädigenden Selbstentzündung. [4 BE]

b) Superbenzin hat einen besonders hohen Octanwert. Dieselmotoren funktionieren nach dem Prinzip der Selbstzünder – das Diesel-Luft-Gemisch muß sich selbst entzünden, also ohne Hilfe einer Zündkerze. Dafür ist hochoctaniges Superbenzin denkbar ungünstig. Diesel besitzt stets eine niedrige Octanzahl! [2 BE]

10. Chemie und Umwelt

1. a) $C(s) + 4\,FeS_2(s) + 12\,O_2(g) \rightarrow CO_2(g) + 2\,Fe_2O_3(s) + 8\,SO_2(g)$ [2 BE]

b) In feuchter Luft lösen sich die Gase CO_2 und SO_2 im Wasserdampf, kondensieren diesen zu feinen Nebeltröpfchen und bilden dabei Säuren. Dadurch werden H_3O^+-Ionen angeliefert:

$CO_2(g) + H_2O(g) \rightarrow H_2CO_3(aq)$
$H_2CO_3(aq) + H_2O(l) \rightarrow H_3O^+(aq) + HCO_3^-(aq)$
$SO_2(g) + H_2O(g) \rightarrow H_2SO_3(aq)$
$H_2SO_3(aq) + H_2O(l) \rightarrow H_3O^+(aq) + HSO_3^-(aq)$

Durch Autoxidation geht ein Teil der H_2SO_3 in H_2SO_4 über, die durch Protonenabgabe ebenfalls H_3O^+-Ionen anliefert:

$H_2SO_4(aq) + H_2O(l) \rightarrow H_3O^+(aq) + HSO_4^-(aq)$
$HSO_4^-(aq) + H_2O(l) \rightarrow H_3O^+(aq) + SO_4^{2-}(aq)$ [6 BE]

c) 1) Leitungsdrähte aus Aluminium werden von den H_3O^+-Ionen unter H_2-Entwicklung oxidiert (Korrosion):

Oxidation:	Al	$\rightarrow Al^{3+}(aq)$	$+ 3e^-$	/ · 2
Reduktion:	$2\,H_3O^+ + 2e^-$	$\rightarrow H_2$	$+ 2\,H_2O$	/ · 3
Redox:	$2\,Al(s) + 6\,H_3O^+(aq)$	$\rightarrow 2\,Al^{3+}(aq) + 3\,H_2(g)$	$+ 6\,H_2O(l)$	

2) Auch Zink und Eisenbleche korrodieren:

Oxidation:	Zn	$\rightarrow Zn^{2+}$	$+ 2e^-$	
Reduktion:	$2\,H_3O^+ + 2e^-$	$\rightarrow H_2$	$+ 2\,H_2O$	
Redox:	$Zn(s) + 2\,H_3O^+(aq)$	$\rightarrow Zn^{2+}(aq) + H_2(g)$	$+ 2\,H_2O(l)$	
Oxidation:	Fe	$\rightarrow Fe^{3+}$	$+ 3e^-$	/ · 2
Reduktion:	$2\,H_3O^+ + 2e^-$	$\rightarrow H_2$	$+ 2\,H_2O$	/ · 3
Redox:	$2\,Fe(s) + 6\,H_3O^+(aq)$	$\rightarrow Fe^{3+}(aq) + 3\,H_2(g)$	$+ 6\,H_2O(l)$	[6 BE]

d) „Waldsterben":

1) Durch die zunehmende Anreicherung von H_3O^+-Ionen im Boden werden die natürlichen humusbildenden und mineralisierenden Prozesse gehemmt.
2) Aus den im Boden vorhandenen Aluminiumsilicaten (z. B. Tonen) werden die auf Pflanzen stark toxisch wirkenden Al^{3+}-Ionen freigesetzt.
3) Kalium-, Magnesium- und Calciumionen werden als Bestandteil schwerlöslicher Mineralien im Boden festgehalten, unter normalen Bedingungen durch eine natürliche Ansäuerung des Bodens langsam und allmählich in lösliche Verbindungen überführt und dienen so als wichtige Pflanzenmineralstoffe. Durch den „Sauren Regen" wird die Auflösung schwerlöslicher Verbindungen stark beschleunigt und die für die Pflanzen notwendigen Ionen schnell aus den für die Wurzeln erreichbaren Bodenschichten ausgewaschen. [6 BE]

2. Aus der Reaktionsgleichung: $S(s) + O_2(g) \rightarrow SO_2(g)$ folgt:
   $n(S) : n(SO_2) = 1 : 1$ bzw. $n(S) = n(SO_2)$
   $m(S) : M(S) = V(SO_2) : V_m$
   $m(S) = (V(SO_2) \cdot M(S)) : V_m = 20 \cdot 10^3\,g = 20\,kg$
   Massengehalt $w(S) = m(S) : m(\text{Braunkohle})$
   $= 20\,kg : 1000\,kg = 2 : 100 = 2\%$ [4 BE]

3. Aus der Reaktionsgleichung: $S(s) + O_2(g) \rightarrow SO_2(g)$ folgt:
   $n(S) : n(SO_2) = 1 : 1$ bzw. $n(S) = n(SO_2)$
   $m(S) : M(S) = V(SO_2) : V_m = m(SO_2) : M(SO_2)$;
   a) $V(SO_2) = (m(S) \cdot V_m) : M(S)$;
   $= (1{,}26 \cdot 10^6\,g \cdot 22{,}4\,l/mol) : 32\,g/mol = 0{,}882 \cdot 10^6\,l = 882\,m^3$
   b) $m(SO_2) = (m(S) \cdot M(SO_2)) : M(S)$;
   $= (1{,}26 \cdot 10^6\,g \cdot 64\,g/mol) : 32\,g/mol = 2{,}52 \cdot 10^6\,g = 2{,}52\,t.$ [6 BE]

4. a) SO_2 fällt in großen Mengen überall dort an, wo Schwefel oder schwefelhaltiges Material verbrannt (oxidiert) wird.
   Dies ist z. B. beim Abrösten schwefelhaltiger Erze (u. a. zur Metallgewinnung), oder in konventionellen Kraftwerken (vornehmlich in Kohlekraftwerken) der Fall, wo schwefelhaltiges fossiles Material (Heizöl, Kohle) verbrannt wird. [2 BE]
   b) Verringerung der SO_2-Emission durch
   - Entschwefelung der Brennstoffe (Heizöl, Stein- und Braunkohle)
   - Entfernung des SO_2 aus den Abgasen (Rauchgasentschwefelungsanlagen): Im Prinzip wird das SO_2-haltige Abgas durch eine wäßrige Calciumhydroxidsuspension geleitet; das dabei entstehende Calciumsulfit ($CaSO_3$) wird anschließend mittels Luftsauerstoff zum Calciumsulfat ($CaSO_4$) oxidiert. Der erhaltene Gips kann nach dem Reinigen und Trocknen als Baustoff weiterverwendet werden.
     $Ca(OH)_2(aq) + SO_2(g) \rightarrow CaSO_3(s) + H_2O(l)$
     $2\,CaSO_3(s) + O_2(g) + 2\,H_2O \rightarrow 2\,CaSO_4 \cdot 2\,H_2O(s)$ [6 BE]

5. 10 ppm sind $10\,cm^3/m^3$ oder $10\,cm^3/1000\,dm^3(l)$;
   In 2 Liter ($=2\,dm^3$) dürfen enthalten sein:
   $10\,cm^3 : 500 = 2 \cdot 10^{-2}\,cm^3$ [2 BE]

6. Die Zerstörung der Oberfläche von Feststoffen, insbesondere von Metallen und Gesteinen durch Umwelt- und Witterungseinflüsse, wird als Korrosion bezeichnet. [2 BE]

7. Im Zusammenhang mit der wachsenden industriellen Produktion und der Zunahme des Autoverkehrs stiegen die Emissionen von Schwefeldioxid und Stickoxiden beträchtlich an. Diese Oxide bilden mit der Luftfeuchtigkeit Säuren und beschleunigen als „Saurer Regen" das Rosten erheblich. [3 BE]

8. a) Das durch Verbrennungsvorgänge in die Luft gelangte Schwefeldioxid löst sich in Niederschlägen und bildet mit dem Wasser primär Schweflige Säure:
   $SO_2(g) + H_2O(l) \rightarrow H_2SO_3(aq)$
   Durch Autoxidation entsteht daraus H_2SO_4 (vgl. 1. b). [4 BE]
   b) $CaCO_3(s) + H_2SO_4(aq) + 2\,H_2O \rightarrow CaSO_4 \cdot 2\,H_2O(s) + CO_2(g) + H_2O$ [2 BE]
   c) Wie aus der Reaktionsgleichung in b) ersichtlich, reagiert die Schwefelsäure mit dem Marmor zu Calciumsulfat (Gips). Der entstehende Gips ist nicht nur in Wasser besser löslich als der Marmor, er nimmt auch durch den Einbau von Hydratwasser ein größeres Volumen ein. Beides führt unter Einwirkung von Frost zu Rissen und zur Verwitterung. [3 BE]

9. a) Nein, denn seine Oberfläche würde rasch von fein verteiltem elementarem Schwefel überzogen werden, womit seine Wirksamkeit verloren ginge. [3 BE]
   b) Vor dem Katalysator müßten die Schwefeloxide entfernt werden, z. B. durch eine Rauchgaswäsche, die das Schwefeldioxid bindet. [2 BE]
   c) $SO_2(g) + H_2O \rightarrow H_2SO_3(aq)$ oder besser
   $SO_2(g) + Ca(OH)_2(aq) \rightarrow CaSO_3(aq) + H_2O$ [2 BE]

10. Energiesparmaßnahmen z. B.:
    - Geräte mit geringem Stromverbrauch kaufen,
    - Energiesparlampen vewenden,
    - Heizung und Lüftung von Wohnungen optimal vornehmen,
    - möglichst oft öffentliche Verkehrsmittel benutzen,
    - unnötige Fahrten mit Kraftfahrzeugen unterlassen oder eventuell Fahrgemeinschaften bilden,
    - Verpackungsmaterial aus Kunststoff vermeiden,
    - Abfall aus Glas und Metall dem Recycling zuführen,
    - Fahrzeuge mit möglichst geringem Energieverbrauch kaufen,
    - nur Autos mit geregeltem Katalysator fahren.

    Damit wird der Ausstoß nitroser Gase direkt beeinflußt, d. h. verringert. [4 BE]

11. Autoabgase enthalten die Gase CO_2, CO, NO_x sowie Kohlenwasserstoffe (KW) und SO_2 in geringerem Umfang. Diese Substanzen belasten die Umwelt verschiedenartig.
    CO_2: „Treibhauseffekt“ – die Erdatmosphäre wird wärmer, die Polkappen schmelzen ab, der Meeresspiegel steigt!
    CO: Vergiftungen bei Mensch und Tier. CO wird vom Hämoglobin der roten Blutkörperchen gebunden und verringert somit die Sauerstoffaufnahme des Körpers.
    NO_x: Bildet mit der Luftfeuchtigkeit Salpetersäure (einen Bestandteil des Sauren Regens) und verändert den Boden zum Nachteil der Flora und Fauna.
    SO_2: Mit Luftfeuchtigkeit entsteht Schweflige Säure, die zur Schwefelsäure aufoxidiert werden kann. Beide sind im Sauren Regen enthalten.
    KW: Zusammen mit Stickstoffoxiden bilden sie unter UV-Strahlung Folgeprodukte, die ebenfalls am Waldsterben beteiligt sind. [10 BE]

12. Am Dreiwege-Katalysator werden Kohlenstoffmonooxid und Kohlenwasserstoffe oxidiert, während Stickstoffoxide reduziert werden. [3 BE]

13. Dichte der Luft: 1,29 g/l;
$w(SO_2) = 3{,}87 \cdot 10^{-6}\,g/1{,}29\,g = 3 \cdot 10^{-6} = 3\,ppm$
Der MAK-Wert für SO_2 wurde (um 50%) überschritten; für alle Beschäftigten besteht an diesem Arbeitsplatz die Gefahr gesundheitlicher Schäden! [3 BE]

14. Der Zusatz von Glasscherben (20–60%) ermöglicht es, die Ausgangsstoffe zur Glasproduktion schon bei 1300 bis 1600 °C zu schmelzen. Damit ergibt sich eine beträchtliche Energie- und Rohstoffeinsparung durch das Recycling. Weniger Energieverbrauch bedeutet stets auch geringere Belastung der Umwelt durch Kraftwerksemmissionen! [4 BE]

15. a) Gewinnung: Bakterielle Zersetzung von Stallmist.
Zusammensetzung: CH_4 (ca. 60%), CO_2 (ca. 35%), H_2, H_2S, NH_3, N_2. [3 BE]
b) Heizöl: 75.000 Liter Ersparnis: 37.500,– DM [2 BE]
c) Der zersetzte Dung ist mineralienreicher Naturdünger. Dieser kann als hochwertiger Dünger gestreut werden, wodurch Rohstoffe geschont werden. Es wird außerdem weniger Gülle auf die Felder ausgebracht, was eine Verringerung der Gewässerbelastung zur Folge hat. [4 BE]

16. a) $CHCl_3$: Lösungsmittel für Fette und Öle (Narkosemittel);
CCl_2F_2: Kältemittel, Treibgas für Sprays;
$CBrF_3$: Feuerlöschmittel;
C_2H_5Cl: Vereisungsspray (örtliche Betäubung). [6 BE]
b) Die industriell massiv, z. B. als Lösungsmittel oder Insektizide, eingesetzten Chlorkohlenwasserstoffderivate können biologisch oft nicht oder nur sehr schwer abgebaut werden. Sie können sich in der Nahrungskette anreichern! Viele Halogenalkane sind außerdem giftig, wirken betäubend (z. B. $CHCl_3$), sind krebserregend (z. B. CCl_4) oder stehen im Verdacht an der Zerstörung der Ozonschicht beteiligt zu sein (z. B. CCl_2F_2). [5 BE]

17. Das Ammoniakgas löst sich in den stark wasserhaltigen Schleimhäuten der Atemwege und Lunge. Durch die einsetzende Bildung von Hydroxidionen
$[NH_3(aq) + H_2O(l) \rightarrow NH_4^+(aq) + OH^-(aq)]$
kann das umliegende Gewebe zerstört werden (Eiweiße werden im alkalischen Milieu zersetzt). [3 BE]

18. $CH_4 + 2\,O_2 \rightarrow CO_2 + 2\,H_2O$
$n(CH_4) : n(CO_2) = 1 : 1;\; n(CH_4) = n(CO_2)$
$m(CH_4) : M(CH_4) = V(CO_2) : V_m$
$V(CO_2) = m(CH_4) \cdot V_m : M(CH_4)$
$= 1000\,g \cdot 22{,}4\,l/mol : 16\,g/mol$
$= 1400\,l$
Bei der Verbrennung von 1 kg Erdgas entstehen 1400 l Kohlenstoffdioxid; d.h ca. 350 l Kohlenstoffdioxid weniger als bei der Verbrennung der gleichen Masse an Steinkohle. [4 BE]